JavaScript
コードレシピ集

株式会社ICS
池田泰延 鹿野壮 著

技術評論社

> **動作確認環境**
> 本書の記述、サンプルファイルは2018年12月現在の最新版のブラウザー（Apple Safari、Google Chrome、Microsoft Edge、Mozilla Firefox）で確認しています。

注意

ご購入・ご利用の前に必ずお読みください

本書に記載された内容は、情報の提供のみを目的としています。したがって、本書を用いた運用は、必ずお客様自身の責任と判断によっておこなってください。これらの情報の運用の結果について、技術評論社および著者はいかなる責任も負いません。

本書記載の情報は、2018年12月現在のものを掲載していますので、ご利用時には、変更されている場合もあります。また、ソフトウェアに関する記述は、特に断わりのないかぎり、2018年12月現在での最新バージョンをもとにしています。ソフトウェアはバージョンアップされる場合があり、本書での説明とは機能内容や画面図などが異なってしまうこともありえます。

以上の注意事項をご承諾いただいた上で、本書をご利用願います。これらの注意事項をお読みいただかずに、お問い合わせいただいても、技術評論社および著者は対処しかねます。あらかじめ、ご承知おきください。

本文中に記載されている製品名、会社名は、すべて関係各社の商標または登録商標です。なお、本文中に™マーク、®マークは明記しておりません。

はじめに

本書では、現場で利用可能なJavaScriptの最新テクニックを網羅的に学べます。全体を通して次のようなメリットを得ることができるでしょう。

- JavaScriptのイマドキの書き方を学べる
- 何年経っても使い続けられる基礎力が付く
- ECMAScriptの最新仕様もキャッチアップできる

JavaScriptは長い歴史のなかで、コードの書き方が変わってきました。JavaScriptを習得するからには、一度覚えた書き方を何年も使いたいというのが本音ではないでしょうか。

JavaScriptはECMAScriptの仕様を元にしています。ECMAScript 2015（以下、ES2015）の登場は大きな出来事であり、この仕様によってJavaScriptでモダンなプログラムの書き方ができるようになりました。ES2015以降も毎年新しい仕様が登場し、ES2016、ES2017、ES2018と次々と新しい追加仕様が策定されています。フロントエンドエンジニアの技術は移り変わりが早いといわれていますが、ECMAScriptに根ざしたJavaScriptの書き方はすぐには廃れません。本書はES2015以降の新文法を基本として記述しているので、時代が進んでも使い続けられるコードばかりです。

JavaScriptにはさまざまなライブラリ・フレームワークがあります。ReactやVue.js、Angularなど流行のJavaScriptライブラリを使うにしても、ECMAScriptの新しい書き方を使わなければ真価を発揮できません。JavaScriptの基礎力を補う目的でも本書を利用できます。

本書の注意点として、古いブラウザーであるInternet Explorer 11（以下IE11）には直接対応していません。IE11はES2015以降に追加された新文法・新機能の多くを利用できないためです。ただ、新しいJavaScriptを使っていてもIE11で動作可能にするための対策方法があり、フロントエンドの開発では一般的に利用されています。具体的な手段は、本書のサポートページに記載していますので、参考にしてください。

JavaScriptを使えば、ウェブサイトに多彩なインタラクションやデータ連動など、動的な仕組みを加えることができるようになります。本書で紹介しているJavaScriptのコードは、現場でよく使う実践的なものを中心にピックアップしました。利用シーンとともに紹介していますので、使いたい部分から読み進めていくのもよいでしょう。各解説にはサンプルコードも含まれています。ブラウザーで動作を確認したり、コードを変更したりしてみると、より理解が深まるでしょう。ぜひ本書を通して、JavaScriptの可能性に触れてみてください。

2018年12月　池田泰延・鹿野壮

本書の読み方

❶ 項目名
JavaScriptを使って実現したいテクニックを示しています。

❷ 利用シーン
実現したいテクニックがどのようなシーンで利用できるのかを示しています。

❸ Syntax
目的のテクニックを実現するために必要なJavaScriptの機能と構文です。

❹ 本文
目的のテクニックを実現するために、どのJavaScript機能をどのような考えで使用するかなど、方針や具体的な手順を解説しています。

❺ JavaScript
サンプルファイルのなかで、目的のテクニックを構成するJavaScriptコードを示しています。紙面の掲載コードだけでは動作が完結しない場合は、「部分」と表記しています。

---

136 ❶ セレクター名に一致する要素をひとつ取得したい

❷ 利用シーン　セレクターから要素を取得したいとき

Syntax

❸

メソッド	意味	戻り値
document.querySelector(セレクター名)	セレクター名に一致する要素を取得する	要素 (Element)

❹ HTML要素を操作するためには、まず操作対象のHTML要素を取得する必要があります。JavaScriptにはセレクター名、ID名、クラス名などを指定してHTML要素を取得する仕組みがあります。
document.querySelector()メソッドはセレクターに合致するHTML要素をひとつ取得するメソッドです。セレクターとは要素を指定するための条件式で、CSSにおける#ID名、.クラス名、:nth-child(番号)などのことです。なお、セレクターに合致する要素が複数ある場合は最初の要素が返ります。

■ HTML

```html
<div id="foo"></div>

<ul class="list">
  <li class="item"></li>
  <li class="item"></li>
  <li class="item"></li>
</ul>
```

■ JavaScript

```javascript
❺
// foo要素
document.querySelector('#foo');
// .list要素内の、2番目の.item要素
document.querySelector('.list .item:nth-child(2)');
```

❻ HTML
サンプルファイルのなかで、目的のテクニックを構成するHTMLコードを示しています。

❼ サンプルファイル
サンプルのファイル名とディレクトリを示しています。

❽ 実行結果
サンプルファイルを実行したときのブラウザー表示やコンソールログを示しています。

❾ コラム
テクニックの補足、関連情報です。

サンプルファイルについて
本書掲載の多くのテクニックは、サンプルファイルを用意しています。
以下の技術評論社Webサイトからダウンロード方法を確認してください。

URL https://gihyo.jp/book/2019/978-4-297-10368-2/support

CONTENTS

Chapter 1 JavaScriptの基礎   017

- 001 JavaScriptの基礎を覚えたい …… 018
- 002 JavaScriptの書き方を知りたい …… 019
- 003 JavaScriptを別ファイルに書きたい …… 021
- 004 プログラムの実行途中の値をログで確認したい …… 023
- 005 計算プログラムを書きたい …… 029
- 006 変数を使いたい (let) …… 030
- 007 定数を使いたい (const) …… 033
- 008 プログラムに対してコメントを書きたい …… 037
- 009 ふたつの値を比較したい (比較演算子) …… 038
- 010 複合代入演算子を使いたい …… 040
- 011 関数 (function) を扱いたい …… 041
- 012 アロー関数 (=>) で関数を定義したい …… 044
- 013 関数に渡す値の初期値を設定したい …… 046
- 014 関数に任意の数の引数を渡したい …… 047
- 015 条件に応じて処理を分けたい (if文) …… 049
- 016 条件に応じて処理を分けたい (switch文) …… 052
- 017 処理を繰り返したい (for文) …… 056
- 018 処理を繰り返したい (while文) …… 058
- 019 反復処理をスキップしたい …… 059

Chapter 2 真偽値や数値や文字の取り扱い   061

- 020 真偽値を取り扱いたい …… 062
- 021 数値を取り扱いたい …… 064
- 022 四捨五入、切り捨て、切り上げをしたい …… 066
- 023 ランダムな数を使いたい …… 068
- 024 数学的な計算を行いたい …… 071

025	三角関数を使いたい	073
026	文字列を取り扱いたい	076
027	文字列の長さを取得したい	077
028	文字列の両端の空白を取り除きたい	079
029	文字列を検索したい❶（インデックスを調べる）	080
030	文字列を検索したい❷（含まれているかを調べる）	083
031	文字列を取り出したい	085
032	○文字目〜○文字目までの文字列を取り出したい	088
033	○文字目から○文字だけ取り出したい	090
034	文字列を別の文字列に置き換えたい	091
035	文字列を分割したい	094
036	文字列を結合したい	097
037	文字列を大文字・小文字に変換したい	099
038	複数行の文字列や文字列内の式を簡易に使いたい	101
039	正規表現を使いたい	103
040	特定の文字が含まれているか、正規表現で調べたい	105
041	数値の桁数を指定して小数点表示したい	107
042	文字列を指定の長さになるよう繰り返したい	110
043	文字列をURIエスケープしたい	113
044	文字列をURLデコードしたい	116

Chapter 3　複数データの取り扱い　117

045	配列を定義したい	118
046	配列の長さを取得したい	120
047	配列の各要素に対して処理を行いたい❶	121
048	配列の各要素に対して処理を行いたい❷	124
049	配列の各要素に対して処理を行いたい❸	125
050	要素を追加したい	126
051	要素を削除したい	127
052	要素の一部を置き換えたい	128
053	配列を連結したい	129
054	配列の要素を結合して文字列にしたい	130
055	要素を検索したい	131

056	配列から条件を満たす要素を取得したい	132
057	配列の並び順を逆順にしたい	136
058	配列をソートしたい	137
059	オブジェクトを含む配列をソートしたい	139
060	文字列の順番で配列をソートしたい	143
061	ある配列から別の配列を作りたい	144
062	ある配列から条件を満たす別の配列を作りたい	146
063	各要素から単一の値を作りたい	150
064	配列に似たオブジェクトを配列に変換したい	152
065	複数の値をまとめて代入したい（分割代入）	155
066	配列をシャッフルしたい	156
067	複数のデータを保持できるオブジェクト型を使いたい	158
068	オブジェクトの定義、値の取得、値の更新を行いたい	160
069	オブジェクトを複製したい	162
070	オブジェクトのプロパティーがあるかどうかを調べたい	165
071	オブジェクトの各値について処理をしたい	167
072	複数の変数にまとめて値を代入したい（分割代入）	168
073	オブジェクトを編集不可能にしたい	170

Chapter 4　データについて深く知る　173

074	データの型について知りたい	174
075	イミュータブル（不変性）とミュータブル（可変性）について知りたい	176
076	データの型を調べたい	177
077	オブジェクトのインスタンスかどうかを調べたい	179
078	値渡しと参照渡しを使い分けたい	181
079	型を変換したい	184
080	値が未定義の場合の取り扱いについて知りたい（undefined）	186
081	データの値がない場合の取り扱いについて知りたい（null）	187

Chapter 5　日付や時間の取り扱い　189

082	西暦を取得したい	190
083	日付を取得したい	191

084	時刻を取得したい	193
085	曜日を取得したい	195
086	日本式の表記の時刻を取得したい	197
087	日付文字列からタイムスタンプ値を取得したい	199
088	Dateインスタンスに別の日時を設定したい	200
089	日付・時刻値を加算・減算したい	202
090	日付・時刻の差分を計算したい	203
091	経過時間を調べたい	204
092	カウントダウン処理をしたい	206
093	アナログ時計を表示したい	208

Chapter 6 ブラウザーの操作方法　　213

094	アラートを表示したい	214
095	コンファームを表示したい	216
096	文字入力プロンプトを表示したい	218
097	ウインドウサイズを調べたい	219
098	デバイスピクセル比を調べたい	221
099	デバイスピクセル比をcanvas要素に適用したい	222
100	タッチができるかどうかを調べたい	224
101	ページを移動したい	225
102	ページをリロードしたい	226
103	履歴の前後のページに移動したい	227
104	ハッシュ(#)に応じて処理を分けたい	228
105	ハッシュ(#)の変更を検知したい	229
106	新しいウインドウを開きたい	231
107	ウインドウのスクロール量を調べたい	232
108	ウインドウをスクロールさせたい	233
109	タイトルを書き換えたい	234
110	ページにフォーカスされているか調べたい	236
111	全画面表示にしたい	238
112	オンライン、オフラインに応じて処理を分けたい	241

Chapter 7　ユーザーアクションの取り扱い　243

- 113　ユーザー操作に合わせて発生する「イベント」について知りたい……244
- 114　ユーザーの操作が起こったときに処理を行いたい……245
- 115　イベントリスナーを一度だけ呼び出したい……247
- 116　設定したイベントリスナーを削除したい……248
- 117　ページが表示されたときに処理をしたい……249
- 118　クリック時に処理をしたい……252
- 119　マウスを押したときや動かしたときに処理をしたい……253
- 120　マウスオーバー時に処理をしたい……255
- 121　マウスオーバー時に処理をしたい（バブリングあり）……257
- 122　マウス操作時の座標を取得したい……259
- 123　スクロール時に処理をしたい……262
- 124　テキスト選択時に処理をしたい……263
- 125　タッチ操作時に処理をしたい……266
- 126　タッチ操作時のイベントの発生情報を取得したい……268
- 127　キーボード入力時に処理をしたい……270
- 128　入力されたキーを調べたい……272
- 129　タブがバックグラウンドになったときに処理をしたい……274
- 130　画面サイズが変更になったときに処理をしたい……277
- 131　画面サイズがブレークポイントを超えたときに処理をしたい……280
- 132　イベントを発火させたい……284
- 133　デフォルトのイベントをキャンセルしたい……286
- 134　ドラッグアンドドロップを取り扱いたい……289

Chapter 8 HTML要素の操作方法　295

- 135　JavaScriptでの要素の取り扱い方を知りたい　296
- 136　セレクター名に一致する要素をひとつ取得したい　298
- 137　ID名に一致する要素を取得したい　300
- 138　セレクター名に該当する要素をまとめて取得したい　301
- 139　クラス名に一致する要素をすべて取得したい　303
- 140　<html>要素や<body>要素を取得したい　304
- 141　子要素・前後要素・親要素を取得したい　307
- 142　親要素の末尾に要素を追加したい　308
- 143　指定要素の直前に要素を追加したい　310
- 144　要素の前後に別の要素を追加したい　312
- 145　HTMLコードを要素として挿入したい　314
- 146　要素を動的に削除したい　316
- 147　自分自身の要素を削除したい　318
- 148　要素を生成したい　320
- 149　要素を複製したい　323
- 150　要素を他の要素で置き換えたい　325
- 151　新ノードと旧ノードを入れ替えたい　327
- 152　要素内のテキストを取得したり、書き換えたりしたい　329
- 153　要素内のHTMLを取得したり、書き換えたりしたい　331
- 154　要素（自分自身を含む）のHTMLを取得したり、書き換えたりしたい　334
- 155　要素の属性を取得したり、書き換えたりしたい　335
- 156　ページ内のaタグで_blankになってるものに「rel="noopener"」を付与したい　336
- 157　要素のクラス属性の追加や削除をしたい　338
- 158　要素のクラスの有無を切り替えたい　340
- 159　スタイルを変更したい　343
- 160　スタイルを取得したい　345

Chapter 9 フォーム要素の操作方法　347

- 161　テキストボックスの情報を取得したい　348
- 162　テキストボックスの変更を検知したい　350

163	テキストエリアの情報を取得したい	352
164	テキストエリアの変更を検知したい	354
165	チェックボックスの情報を取得したい	356
166	チェックボックスの変更を検知したい	358
167	ローカルファイルの情報を取得したい	360
168	ローカルファイルのファイルをテキストとして読み込みたい	362
169	ローカルファイルのファイルをDataURLデータとして読み込みたい	364
170	ラジオボタンの情報を取得したい	366
171	ラジオボタンの変更を検知したい	368
172	ドロップダウンメニューの情報を取得したい	370
173	ドロップダウンメニューの変更を検知したい	372
174	スライダーの情報を取得したい	374
175	スライダーの変更を検知したい	376
176	カラーピッカーの情報を取得したい	378
177	カラーピッカーの変更を検知したい	380
178	都道府県のプルダウンをJavaScriptから作りたい	382
179	フォームの送信時に処理を行いたい	385

Chapter 10　アニメーションの作成　387

180	JavaScriptからCSS Transitions・CSS Animationsを使いたい	388
181	CSS Transitionsの終了時に処理を行いたい	390
182	CSS Animationsの終了時に処理を行いたい	392
183	アニメーションのための「Web Animations API」を使いたい	394
184	要素の大きさを変えたい	396
185	要素を移動させたい	398
186	要素の透明度を変化させたい	400
187	要素の明度を変化させたい	402
188	要素の彩度を変化させたい	404
189	requestAnimationFrame()を使いたい	406
190	requestAnimationFrame()でHTML要素を動かしたい	408

Chapter 11 画像・音声・動画の取り扱い　411

- 191 画像をスクリプトで読み込みたい ……… 412
- 192 画像の読み込み完了時に処理を行いたい ……… 413
- 193 ウェブページ内の画像を遅延読み込みさせる ……… 415
- 194 Base64の画像を表示する ……… 417
- 195 スクリプトからimg要素を追加したい ……… 418
- 196 音声を使いたい ……… 420
- 197 音声をスクリプトで制御したい ……… 422
- 198 音声の再生位置を変更したい ……… 423
- 199 音声のボリュームを変更したい ……… 424
- 200 音声を読み込みたい (Web Audio API) ……… 425
- 201 動画を読み込みたい ……… 427
- 202 動画をスクリプトで制御したい ……… 429
- 203 カメラを使いたい ……… 431

Chapter 12 SVGやcanvas要素を取り扱う　433

- 204 SVGを使いたい ……… 434
- 205 SVGで要素を動的に追加したい ……… 437
- 206 SVG要素のスタイルを変更したい ……… 439
- 207 SVG要素をマウス操作したい ……… 440
- 208 SVG要素をアニメーションさせたい ……… 441
- 209 SVGで描いたグラフィックをダウンロードさせたい ……… 443
- 210 キャンバス要素を使いたい ……… 445
- 211 キャンバス要素に塗りと線を描きたい ……… 447
- 212 キャンバスに画像を貼り付けたい ……… 449
- 213 キャンバスの画素情報を使いたい ……… 451
- 214 画像のRGBA値を調べたい ……… 453
- 215 キャンバスの画像を加工したい ……… 455
- 216 キャンバスの画像をDataURLで取得したい ……… 457
- 217 PNG/JPEGなど異なる形式のDataURLを取得したい ……… 459
- 218 キャンバスで描いたグラフィックをダウンロードしたい ……… 461

Chapter 13 処理の実行タイミングを制御する　463

- 219　一定時間後に処理を行いたい　464
- 220　一定時間後の処理を解除したい　466
- 221　一定時間ごとに処理を行いたい　467
- 222　一定時間ごとの処理を解除したい　469
- 223　非同期処理を行えるPromiseを使いたい　471
- 224　Promiseで処理の成功時・失敗時の処理を行いたい　473
- 225　Promiseで並列処理をしたい　475
- 226　Promiseで直列処理をしたい　477
- 227　Promiseで動的に直列処理をしたい　479

Chapter 14 さまざまなデータの送受信方法　481

- 228　JSONの概要を知りたい　482
- 229　JSONをパースしたい　484
- 230　オブジェクトをJSONに変換したい　485
- 231　JSONの変換時にインデントを付けたい　486
- 232　JSONの変換ルールをカスタマイズしたい　487
- 233　fetch()メソッドでテキストを読み込みたい　488
- 234　fetch()メソッドでJSONを読み込みたい　490
- 235　fetch()メソッドでXMLを読み込みたい　492
- 236　fetch()メソッドでバイナリを読み込みたい　494
- 237　fetch()メソッドでデータを送信したい　496
- 238　XMLHttpRequestでテキストを読み込みたい　500
- 239　XMLHttpRequestでデータの読み込み状況を取得したい　502
- 240　XMLHttpRequestで読み込み中の通信をキャンセルしたい　505
- 241　バックグランドでスクリプトを実行させたい　507
- 242　バックグランドでサービスワーカーを実行させたい　510
- 243　プッシュ通知を実行させたい　513

Chapter 15 ローカルデータの取り扱い　517

- 244　localStorageを使ってローカルデータを使いたい……518
- 245　Storage APIからデータを消したい……521
- 246　Cookieを使ってローカルデータを使いたい……523
- 247　Cookieからデータを読み出したい……525

Chapter 16 スマートフォンのセンサー　527

- 248　位置情報を取得したい……528
- 249　ジャイロセンサーや加速度センサーを使いたい……531
- 250　バイブレーションを使いたい……535

Chapter 17 プログラムのデバッグ　537

- 251　情報・エラー・警告を出力したい……538
- 252　オブジェクトの構造を出力したい……539
- 253　エラーの挙動について知りたい……541
- 254　Errorオブジェクトを生成したい……542
- 255　エラーを投げたい……543
- 256　エラー発生時にエラーを検知したい……545
- 257　エラー発生時にもコードを実行したい……547
- 258　エラーの種類について知りたい……549

Chapter 18 関数やクラスについて詳しく知る　　551

- 259　関数内で使う定数や変数の影響範囲（スコープ）について知りたい …………… 552
- 260　クラスを定義したい ……………………………………………………………………… 555
- 261　クラスを使いたい（インスタンス化）………………………………………………… 557
- 262　クラスで変数を使いたい ……………………………………………………………… 558
- 263　クラスでメソッドを使いたい ………………………………………………………… 562
- 264　インスタンスを作らずに呼び出せる静的なメソッドを使いたい ……………… 564
- 265　クラスを継承したい …………………………………………………………………… 565
- 266　クラスで値を設定・取得するためのsetter・getterを使いたい ……………… 566
- 267　thisが参照するものを固定したい（アロー関数）………………………………… 568

Chapter 19 JavaScriptをより深く知る　　571

- 268　JavaScriptの読み込みタイミングを最適化したい ……………………………… 572
- 269　処理ごとにファイルを分割したい（ESモジュール）……………………………… 574
- 270　モジュールをエクスポートしたい（export）……………………………………… 576
- 271　モジュールをインポートしたい（import）………………………………………… 577
- 272　モジュールを用いたJavaScriptをHTMLで読み込みたい …………………… 579
- 273　反復処理のためのイテレータを使いたい ………………………………………… 580
- 274　イテレータを自作したい（ジェネレータ）………………………………………… 582
- 275　自分自身のみと等しくなるデータを扱いたい（Symbol）……………………… 586
- 276　配列やオブジェクトに独自メソッドを追加したい ……………………………… 588
- 277　キーと値のコレクション「Map」を使いたい …………………………………… 592
- 278　重複しない値のコレクションのための「Set」を使いたい …………………… 596

　Index ………………………………………………………………………………………… 599

JavaScriptの基礎

Chapter 1

001 JavaScriptの基礎を覚えたい

利用シーン JavaScriptでできることの**概要**や**仕様の基本**を知りたいとき

JavaScriptとは、ウェブブラウザー上で動作するプログラミング言語です。文書構造のためのHTML、見た目のためのスタイルシートとともに、ウェブページを構築するための重要な要素です。JavaScriptで可能なことは多岐に渡り、一例として次のようなことができます。

- 数値や文字、配列などのデータを扱う
- 日付や時間を扱う
- ブラウザーを操作する
- ユーザーのアクションに伴って処理を行う
- ページ上の要素を操作する
- フォームを操作する
- アニメーションする
- 画像・音声・動画を取り扱う
- データ通信する
- ローカルデータを取り扱う

JavaScriptの仕様は「ECMAScript」といい、ECMA Internationalという団体によって議論が行われています。2015年にリリースされた仕様ECMAScript 2015（ES2015）はとりわけ大きなアップデートで、それまでJavaScriptにはなかったクラス構文、ブロックスコープ、アロー関数、モジュール機能など、多くの新機能が追加されました。ES2015以降は、毎年バージョンアップが重ねられていくことになっています。

- ES2015（2015年）
- ES2016（2016年）
- ES2017（2017年）
- ES2018（2018年）

本書ではES2015以降の最新機能も紹介しています。逆に、ES2015より前のバージョンで使用頻度や重要性が低いと考えられるものはあえて説明を省いています。

JavaScriptはかつて主にウェブブラウザーで動作するものでしたが、2010年代になってサーバーサイドでも使われるようになりました。代表的なテクノロジーとしてNode.js※が有名です。つまり、JavaScriptを使えば、フロントエンドの制御を作れるだけでなく、サーバーサイドも実装可能なのです。本書ではNode.jsの解説はしていませんが、JavaScriptの基本的な文法はNode.jsでも応用できるものばかりです。ぜひ、本書を通して、利用の幅が広がっているJavaScriptを習得していきましょう。

※ HTMLの要素を扱うDOMの命令群やcanvasをはじめとするマルチメディア系の要素はNode.jsで利用できません。逆にいうと、それ以外の命令のJavaScriptはNode.jsで実行可能です。

002 JavaScriptの書き方を知りたい

利用シーン JavaScriptをブラウザーで動かしたいとき

Syntax

構文	意味
<script>JavaScripの処理</script>	JavaScriptの処理を記述する

JavaScriptで簡単なプログラムを書いてみましょう。JavaScriptはブラウザーで動作できるので、HTMLを使ってJavaScriptを使う準備をします。HTML内のscriptタグで囲んだ箇所がJavaScriptの記述場所です。例として、alert()というアラートを出す命令文を書きます。

■ HTML　　　　　　　　　　　　　　　　　　　　　　　　002/index.html

```html
<!doctype html>
<html lang="ja">
<head>
  <meta charset="UTF-8">
  <title></title>
  <link rel="stylesheet" href="style.css"/>
  <script>
    alert('こんにちは');
  </script>
</head>
<body></body>
</html>
```

このHTMLファイルをブラウザーで開くと、画面上に「こんにちは」という文字が表示されます。

▼ 実行結果

scriptタグは基本的にどこに書いても構いません。今回の例ではheadタグの中に書いていますが、bodyタグの中に書くことも可能です。alert()メソッドを記述した後には、セミコロン（;）を記述しています。これは、JavaScriptの文（statement）の終了を表します。セミコロンを省略しても、適切にコードを改行していれば動作します。

003 JavaScriptを別ファイルに書きたい

利用シーン JavaScriptをHTMLとは別のファイルに書きたいとき

Syntax

構文（HTMLコード）	意味
`<script src="JavaScriptファイルのパス" defer></script>`	JavaScriptのファイルを読み込む

JavaScriptは、拡張子.jsを付けてファイルを作成することで、別ファイル内に処理を記述できます。HTMLでは、scriptタグを用いてJavaScriptを読み込みます。たとえば、main.jsというJavaScriptファイルを作り、index.htmlから読み込むコードは次の通りです。

■ HTML

003/index.html

```html
<!doctype html>
<html lang="ja">
<head>
  <meta charset="UTF-8">
  <title></title>
  <link rel="stylesheet" href="style.css"/>
  <!-- main.jsを読み込む -->
  <script src="main.js" defer></script>
</head>
<body></body>
</html>
```

■ JavaScript

003/main.js

```javascript
alert('こんにちは');
```

このHTMLファイルをブラウザーで開くと、画面上に「こんにちは」という文字が表示されます。

▼ 実行結果

scriptタグのdefer属性は、HTMLの解析完了後にJavaScriptを実行するための指定です。詳しくはChapter 19の「JavaScriptの読み込みタイミングを最適化したい」を参照してください。▶▶268

JavaScriptファイルは、複数ファイルを読み込めます。記述順にファイルが読み込まれ、それぞれの処理が順番に実行されます。

■ HTML　　　　　　　　　　　　　　　　　　　複数ファイルを読み込む例

```html
<head>
  <script src="script1.js" defer></script>
  <script src="script2.js" defer></script>
  <script src="script3.js" defer></script>
</head>
```

JavaScriptのファイルパスは相対パス・ルートパス・絶対パス等で指定可能です。JavaScriptを外部ファイルとして作成することで、文書構造を定義するHTMLコードとJavScriptコードを分離でき、処理の見通しがよくなるでしょう。

■ HTML　　　　　　　　　　　　　　　　　　　相対パスで指定する例

```html
<script src="./script/script.js" defer></script>
```

■ HTML　　　　　　　　　　　　　　　　　　　ルートパスで指定する例

```html
<script src="/project/script/script.js" defer></script>
```

■ HTML　　　　　　　　　　　　　　　　　　　絶対パスで指定する例

```html
<script src="https://example.com/script/script.js" defer></script>
```

004 プログラムの実行途中の値をログで確認したい

- スクリプトの値を調べたいとき
- コンソールパネルで値を表示したいとき

Syntax

メソッド	意味	戻り値
console.log(値1, 値2, ...)	コンソールにメッセージを文字列する	なし

console.log()メソッドを使うと、ブラウザーの開発者ツール内のコンソールパネルにメッセージを出力できます。任意の値を出力できるので、プログラム途中で値がどのように変化しているかを知りたいときなどに便利です。ブラウザーのコンソールは、ブラウザーによって表示方法が異なります。コラム「各種ブラウザーでのコンソールパネルの表示方法」を参照してください。

■ **JavaScript**　　　　　　　　　　　　　　　　　　　　　004/log/main.js

```javascript
const a = 10;
const b = 20;
const sum = a + b;
console.log(sum); // 結果: 30
```

▼ 実行結果

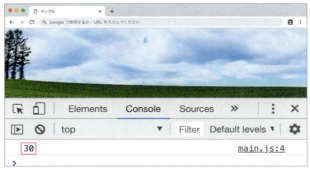

ブラウザーの開発者ツール内のコンソールパネルにログが表示されている

Column

console.log()メソッドの引数の数

console.log()メソッドの引数には複数の値をカンマ区切りで設定できます。次のコードでは文字列と現在時刻をconsole.log()メソッドに割り当てていますが、結果は結合され、ひとつのログとして出力されています。

■ JavaScript　　　　　　　　　　　　　　　　　004／multi_log／main.js

```javascript
console.log('こんにちは。', '現在', new Date(), 'です');
```

▼ 実行結果

「こんにちは。（現在時刻）です」と出力される

004

プログラムの実行途中の値をログで確認したい

各種ブラウザーでのコンソールパネルの表示方法 Column

Microsoft Edge
1. ウインドウ右上のメニューバーより［その他のツール］→［開発者ツール］
   を選択（または F12 キーを押す）
2. ［コンソール］タブを選択

Google Chrome
1. ウインドウ右上のメニューバーより[その他のツール]→[デベロッパー ツール]を選択（または F12 キーを押す）
2. [Console]タブを選択

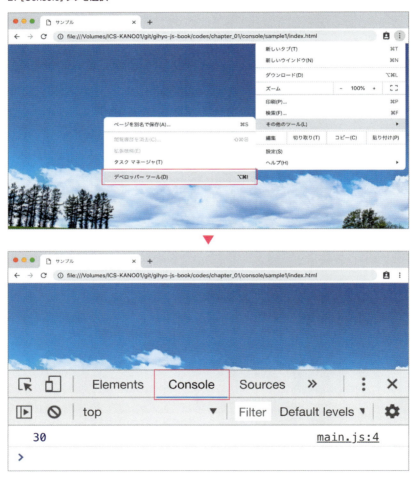

004

プログラムの実行途中の値をログで確認したい

Safari (macOS)
1. メニューバーより [Safari] → [環境設定...] を選択
2. [詳細] タブを選択
3. [メニューバーに"開発"メニューを表示] にチェックを入れる
4. メニューバーより [開発] → [JavaScriptコンソールを表示] を選択

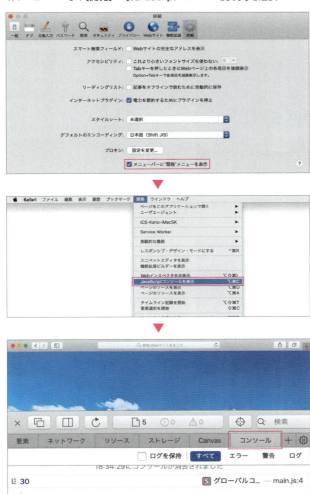

004 プログラムの実行途中の値をログで確認したい

Mozilla Firefox
1. ウインドウ右上のメニューバーより[その他のツール]→[ウェブ開発ツール]→[ウェブコンソール]を選択
2. コンソールタブを選択

005 計算プログラムを書きたい

利用シーン **四則演算を行いたいとき**

Syntax

構文	意味
+	数値の加算(足し算)を行う
-	数値の減算(引き算)を行う
*	数値の乗算(掛け算)を行う
/	数値の除算(割り算)を行う
%	除算の余りを求める
**	数値のべき乗を計算する

+、-、*、/、%、**は、数値の基本的な演算を行う演算子です。数値と数値の間に演算子を記述することで、数値計算が行われます。足し算と引き算は算数で学ぶ記号と同じですが、かけ算は×の代わりにアスタリスク*を、割り算は÷の代わりにスラッシュ/を使います。除算の余りを求める演算子にはパーセント%を使います。

■ **JavaScript**

```javascript
console.log(100 + 200); // 300
console.log(200 - 80); // 120
console.log(100 * 3); // 300
console.log(400 / 5); // 80
console.log(402 % 5); // 2
console.log(2 ** 3); // 8
```

006 変数を使いたい (let)

利用シーン
- 値に名前を付けて取り扱いたいとき
- 値を使いまわしたいとき
- 再代入可能な変数を扱いたいとき

Syntax

構文	意味
let 変数名 = 値	変数にデータを代入。値の再代入は可能。

JavaScriptでは、数値・文字列などさまざまな値を取り扱います。それらの値に名前を付け、繰り返し利用しやすくしたものを「変数」や「定数」といいます。変数・定数に値をあてがうことを、「値を代入する」「値を格納する」と表現します。JavaScriptでは、constで定数を、letで変数を扱います。

たとえば、変数myNameに文字列「鈴木」を代入するには次のように記述します。変数myNameをalert()で出力してみると、myNameに格納された「鈴木」という文字列が表示されます。

■ JavaScript

006/let/main.js

```javascript
// 変数「myName」に「'鈴木'」を代入する
let myName = '鈴木';
// myNameをalert()で表示する
alert(myName);
```

▼ 実行結果

myNameの内容が表示される

変数には任意の値を代入できます。次のコードのように文字列や日付、
関数も代入できます。

■ JavaScript

```javascript
let myString = '鈴木'; // 文字列を代入
let currentDate = new Date(); // 現在の日付を代入
let myFunction = () => console.log('関数です'); // 関数を代入
```

letで宣言した変数には、値を再代入できます。次のコードでは、
myNameには鈴木が代入されていましたが、高橋に変更されています。

■ JavaScript

```javascript
// 変数myNameを定義
let myName = '鈴木';
// myNameに別の値を再代入
myName = '高橋';
```

値が格納された変数は、値そのものと同じ振る舞いをするため、次のよう
なことが可能です。

- **数値の変数同士で加算（足し算）や減算（引き算）を行う**
- **文字列の変数同士を結合する**
- **変数を別の変数に代入する**

次のコードでは、+の演算子によって、変数の足し算や結合をしています。

■ JavaScript   006/let_2/main.js

```javascript
// 数値の変数同士の足し算
let number1 = 10;
let number2 = 20;
let sum = number1 + number2;
console.log(sum); // 結果: 30

// 文字列の変数を結合する
let familyName = '鈴木';
let firstName = '太郎';
let fullName = familyName + firstName;
console.log(fullName); // 結果: '鈴木太郎'

// 変数を別の変数に代入する
let value1 = 100;
let value2 = value1;
console.log(value2); // 結果: 100（value1と同じ値）
```

▼ 実行結果

```
30
鈴木太郎
100
```

初期値を省略した場合

変数の場合は初期値の省略が可能で、省略した場合はundefinedという値になります。undefinedはまだ何も定義されていないことを示します。

■ JavaScript

```javascript
let value;
console.log(value); // undefined
```

複数の変数をまとめて宣言する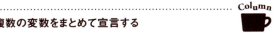

カンマで区切ると、まとめて変数を定義できます。letを書く手間が少しだけ省けます。

■ JavaScript

```javascript
let a = 1,
  b = 2,
  c;

console.log(a + b); // 3
console.log(c); // undefined
```

007 定数を使いたい（const）

利用シーン
- 値に名前を付けて取り扱いたいとき
- 値を使いまわしたいとき
- 再代入不可能な定数を扱いたいとき

Syntax

構文	意味
const 定数名 = 値	定数にデータを設定。値の再代入は不可

JavaScriptではconstで定数を扱います。たとえば、定数myNameに文字列「鈴木」を代入するには次のように記述します。定数myNameをalert()で出力してみると、myNameに格納された「鈴木」という文字列が表示されます。

■ **JavaScript** 　　　　　　　　　　　　　　　　　007/const/main.js

```javascript
// 定数「myName」に「'鈴木'」を代入する
const myName = '鈴木';
// myNameをalert()で表示する
alert(myName);
```

▼ 実行結果

myNameの内容が表示される

定数には任意の値を代入できます。次のコードのように文字列や関数も
代入できます。

■ JavaScript
```javascript
const myString = '鈴木'; // 文字列を代入
const myFunction = () => console.log('関数です'); // 関数を代入
```

定数は、変数と異なり値の再代入ができません。したがって次のコードは
エラーになります。

■ JavaScript
```javascript
// 定数myNameを定義
const myName = '鈴木';
// myNameに別の値を再代入できない。
myName = '高橋';
```

変数も定数と同じく、定数同士の計算や結合が可能です。次のコードで
は数値と文字列をプラス演算子で処理しています。

■ JavaScript   007/const_2/main.js
```javascript
// 数値の変数同士の足し算
const number1 = 10;
const number2 = 20;
const sum = number1 + number2;
console.log(sum); // 30

// 文字列の変数を結合する
const familyName = '鈴木';
const firstName = '太郎';
const fullName = familyName + firstName;
console.log(fullName); // '鈴木太郎'
```

▼ 実行結果

30
鈴木太郎

定数を使いたい (const)

constの初期値は省略できない

定数の場合、初期値（最初に代入する値）は省略できません。必ず値を代入しましょう。

■ JavaScript

```javascript
// 初期値の省略は不可能
const value;
```

複数の定数をまとめて宣言する

カンマで区切ると、定数をまとめて定義できます。constを書く手間が少しだけ省けます。

■ JavaScript

```javascript
const a = 1,
  b = 2;

console.log(a + b); // 結果: 3
```

配列やオブジェクトの定数は変更が不可能なわけではない

定数は、値を再代入できないだけであって、完全に変更が不可能なわけではありません。たとえば、次のように配列やオブジェクトを扱う場合は、中身は変更できます。

■ JavaScript

```javascript
const myArray = ['鈴木', '田中', '高橋'];
myArray[0] = '後藤'; // myArray[0]が変更される。
エラーは発生しない

const myObject = { id: 20, name: '鈴木' };
myObject.name = '後藤'; // myObject.nameが変更される。エラーは発生しない
```

007 定数を使いたい（const）

配列やオブジェクトを変更できないようにするには、後述するObject.freeze()メソッドを用いる必要があります。

letよりconstを積極的に利用しよう

昨今のJavaScriptの書き方としては、定数のconstを積極的に用い、値の再代入が必要な場合のみ変数のletを使うことが多いです。そうすることで、再代入されている変数はletだけだとわかりやすくなり、コードが読みやすくなります。

008 プログラムに対してコメントを書きたい

利用シーン
- プログラムの処理内容にメモを残したいとき
- プログラムを一時的に無効化したいとき

Syntax

構文	意味
//	//以降をコメントとして扱う
/* */	/*から*/をコメントとして扱う

プログラムが肥大化したり、複数人で開発したりする場合、誰がそのソースコードを見てもわかるように、コメントを適切に記述するのが望ましいです。JavaScriptでは、用途に応じてふたつのコメント形式があります。//は、文の//以降をコメントアウトします。/**/は、/*から*/をコメントとして扱います。/**/は、複数行のコメントにも使えます。

■ JavaScript

```javascript
const value = 100; // 価格
const tax = 1.1; // 消費税10%

// 消費税込みの値段を求める
const price = value * tax;


const result = 100 + 200 /* + 300 */ + 400;
console.log(result); // 700

/* これは複数行のコメントです。
改行しても有効です。   */

/*
 * このように体裁を整えて
 * 使うこともできます。
 */
```

009 ふたつの値を比較したい（比較演算子）

- ふたつの値を比較したいとき
- 変数が等しい値であるか調べたいとき

Syntax

構文	意味
値1 == 値2	値1と値2が等しいかどうか
値1 === 値2	値1と値2が等しく、型も同じかどうか
値1 != 値2	値1と値2が等しくないかどうか
値1 !== 値2	値1と値2が等しくない、または型が異なるかどうか
値1 < 値2	値1が値2より小さいかどうか
値1 <= 値2	値1が値2以下かどうか
値1 > 値2	値1が値2より大きいかどうか
値1 >= 値2	値1が値2以上かどうか

ふたつの値を比較したい場合に使う「比較演算子」には上表のようにさまざまな種類があります。いずれも結果は真（true）、偽（false）となります。

■ JavaScript

```javascript
console.log('鈴木' == '鈴木'); // 値が等しいので、true
console.log(10 < 30); // true
console.log(20 >= 30); // false
```

配列、オブジェクトなどのオブジェクト型を比較する場合は、参照先が同じ場合のみ等しくなります。

■ JavaScript

```javascript
const array1 = [1, 2, 3];
const array2 = [1, 2, 3];
console.log(array1 == array2); // false。参照先が異なる。

const array3 = [1, 2, 3];
const array4 = array3;
console.log(array3 == array4); // true。参照先が同じ。
```

> **Column**
>
> ==と===の違い
>
> JavaScriptのデータは数値、文字列などの「型」があります。==で値を比較する場合、型が異なれば両方の型が同じだとみなされて比較されます。
>
> ■ JavaScript
>
> ```javascript
> console.log(10 == '10'); // 結果：true（両方とも同じ型とみなされて比較）
> ```
>
> ===で値を比較する場合、型が異なるものは異なる値として扱われます。!=と!==の関係も同様です。
>
> ■ JavaScript
>
> ```javascript
> console.log(10 === '10'); // 結果：false（10と'10'が異なる型として比較される）
> console.log(20 != '20'); // 結果：false（両方とも同じ型とみなされて比較される）
> console.log(20 !== '20'); // 結果：true（20と'20'が異なる型とみなされて比較）
> ```

010 複合代入演算子を使いたい

 計算などを簡略化して記述したいとき

Syntax

構文	意味
x = y	x = y
x += y	x = x + y
x -= y	x = x - y
x *= y	x = x * y
x **= y	x = x ** y
x /= y	x = x / y
x %= y	x = x % y

=は代入の際に使う演算子「代入演算子」と呼ばれます。応用したものに、左辺と右辺の演算後、演算結果を左辺の変数に代入できる「複合代入演算子」というものがあります。四則演算等の記号とイコールを組み合わせることで、コードを少し短く記述できます。使い方は次の通りです。

■ JavaScript

```
let a = 10;
let b = 20;
a += b; // a = a + bと同じ意味
console.log(a); // 結果: 30

let c = '鈴木';
let d = '一郎';
c += d; // c = c + dと同じ意味.
console.log(c); // 結果: '鈴木一郎'

let e = 5;
let f = 2;
e *= f; // e = e * fと同じ意味
console.log(e); // 結果: 10
```

011 関数(function)を扱いたい

利用シーン
- 処理をひとまとめにして名前を付けたいとき
- 処理を使いまわしたいとき

Syntax

構文	意味
function 関数名(引数) { 処理内容 }	関数を定義する
return 値	関数内で値を返す
関数名();	関数を実行する

関数とは、ある入力値を受け取って処理を行い、その結果を返す仕組みのことです。functionで関数を定義し、任意の関数名を設定します。{}で囲まれた部分(ブロック)が関数の処理内容となります。次の例は、入力値aを受け取り「a + 2」の結果を返す関数myFunctionの定義です。入力値aのことを「引数」といいます。

■JavaScript

```javascript
function myFunction(a) {
  const result = a + 2;
  return result;
}
```

引数は何個でも与えることができます。カンマで区切って記述します。

■JavaScript

```javascript
function calcSum(a, b, c) {
  const result = a + b + c;
  return result;
}
```

また、引数を与えないこともできます。

■ JavaScript

```javascript
function myFunction() {
  console.log('こんにちは');
  return 100;
}
```

関数から返る値のことを「戻り値」といい、「return 戻り値」と記述します。
次の例では、resultが戻り値です。

■ JavaScript

```javascript
function myFunction(a) {
  const result = a + 2;
  return result;
}
```

処理結果が不要な場合は、戻り値を省略できます。

■ JavaScript

```javascript
function myFunction() {
  console.log('こんにちは');
}
```

returnによって、その時点で関数の処理は終了します。return以降のブロック内の処理は実行されません。

■ JavaScript

```javascript
function myFunction() {
  return 100;

  // 実行されない
  console.log('こんにちは');
}
```

関数 (function) を扱いたい

returnはいくつも記述でき、次のように引数の条件によって戻り値を出し分けるような使い方ができます。次の例では、aが100以上ならば「return a」が実行され、「return b」は実行されません。aが100未満ならば、「return b」だけが実行されます。

■ JavaScript

```javascript
function myFunction(a, b) {
  // aが100以上ならばaを返す
  if (a >= 100) {
    return a;
  }

  // aが100未満ならばbを返す
  return b;
}
```

宣言した関数を実行するには、関数名の後に()を付与します。引数を与える場合は()内に記述します。

■ JavaScript

```javascript
// 関数の宣言
function calcFunction(price, tax) {
  const result = price + price * tax;
  return result;
}

// 関数を実行し、戻り値をmyResultに代入する
const myResult = calcFunction(100, 0.1);
console.log(myResult); // 結果: 110
```

引数が不要な関数であれば、()内には何も記述しません。

■ JavaScript

```javascript
function myFunction() {
  console.log('こんにちは');
}

myFunction(); // 結果: 'こんにちは'
```

012 アロー関数（=>）で関数を定義したい

利用シーン
- 関数を簡略化して記述したいとき
- thisを固定したいとき

Syntax

構文	意味
(引数) => { 処理内容 }	関数を定義する

関数を定義する方法は、function宣言の他にアロー関数というものもあります。アロー関数のメリットはふたつあります。

1. 関数を簡略化して記述可能
2. thisを束縛できる（Chapter 18で解説します）

アロー関数で関数を定義するには次のようにします。

■ JavaScript

```javascript
// 関数の定義
const calcSum = (a, b, c) => {
  const result = a + b + c;
  return result;
};
```

関数の実行はfunctionのときと同様です。

■ JavaScript

```javascript
calcSum(1, 2, 3);
```

アロー関数は、functionと異なりいくつかの省略記法があります。引数が1個の場合は()を省略できます。次の関数は、引数aを受け取り、「a + 2」の結果を返します。引数が0個か、2個以上のときは省略できません。1個のときのみ省略できます。

■ JavaScript

```javascript
// 関数の宣言
const myFunction1 = (a) => {
  return a + 2;
};

// 関数の宣言（カッコを省略）
const myFunction2 = a => {
  return a + 2;
};
```

アロー関数内の処理が1行のときは、{}とreturnを省略できます。

■ JavaScript

```javascript
// aを受取ってa + 2を返す関数
const myFunction3 = (a) => a + 2;
```

013 関数に渡す値の初期値を設定したい

利用シーン
- 引数の初期値を設定しておきたいとき
- 引数を省略可能にしておきたいとき

Syntax

構文	意味
function 関数名(引数1, 引数2 = 初期値2, 引数3 = 初期値3) { }	関数に値を渡す
(引数1, 引数2 = 初期値2, 引数3 = 初期値3) => { }	関数に値を渡す

関数の引数では、「値 = 初期値」とすることで初期値を定義できます。初期値が設定されている引数は省略可能で、省略された場合は初期値が使われます。「デフォルト引数」といいます。

サンプルとして、税込みの値段の計算を例にします。calcFunction()関数の箇所で税率taxというデフォルト引数0.08が設定されています。第二引数の有無の違いで結果result1とresult2の値が変わっているのは、引数の指定がなければデフォルト引数0.08が使われているためです。

■ JavaScript

```javascript
/**
 * 税込みの値段を返す関数
 * @param price 価格
 * @param tax 税率
 */
function calcFunction(price, tax = 0.08) {
  const result = price + price * tax;
  return result;
}

// taxの引数を省略すると、初期値の0.08が使用される
const result1 = calcFunction(100);
console.log(result1); // 結果: 108

// taxの引数を指定すると、その値が使用される
const result2 = calcFunction(100, 0.1);
console.log(result2); // 結果: 110
```

014 関数に任意の数の引数を渡したい

利用シーン 引数の数が決まっていない関数を定義したいとき

Syntax

構文	意味
function 関数名(...引数) { }	不特定数の引数を受け取る関数を定義する
(...引数) => { }	不特定数の引数を受け取る関数を定義する
引数[インデックス]	インデックスを指定して引数を使用する

0個の引数、1個の引数、2個の引数というように、不特定数の引数を受け取る関数を定義するには、「...引数」のように、「...」を記述します。受け取った引数は、引数[0]、引数[1]と、インデックスを指定して使用できます。「残余引数（rest parameters）」といいます。

サンプルとして引数の合計値を返す関数の定義を通して、使い方を紹介します。calcSum()関数では、pricesに引数が配列として格納されています。そのため、2個の引数を渡した場合は要素数2個の配列となります。引数が3個の場合は、要素数3個の配列となります。calcSum()関数の内部では、配列のすべての値を加算して戻り値を計算しています。

■ JavaScript

```javascript
/**
 * 引数の合計値を返す関数
 * @param prices
 * @returns {number}
 */
function calcSum(...prices) {
  let result = 0;
  for (const value of prices) {
    result += value;
  }
  return result;
}
```

014

関数に任意の数の引数を渡したい

```javascript
const result1 = calcSum(10, 20);
console.log(result1); // 結果: 30

const result2 = calcSum(5, 10, 15);
console.log(result2); // 結果: 30
```

015 条件に応じて処理を分けたい（if文）

利用シーン 特定の条件の場合のみ処理を行いたいとき

Syntax

構文	意味
if (条件1) { 処理1 }	条件1を満たせば処理1を行う
else if (条件2) { 処理2 }	条件1を満たさず、条件2を満たせば処理2を行う
else { 処理3 }	条件1も条件2も満たさなければ処理3を行う

プログラムには条件に応じて処理を振り分けるケースがよくあります。JavaScriptではif・else if・elseを用いて処理の振り分けができます。サンプルとして、定数の値に応じて、3種類のアラート文言を出し分けるコードを紹介します。定数myPriceに100を代入すると、「myPrice >= 50」が真（true）になります。ifの後のブロック（{}部分）が実行されます。else ifやelseの後のブロックは実行されません。

■ **JavaScript**　　　　　　　　　　　　　　　　　　　　　　　015/main.js

```javascript
const myPrice = 100;

if (myPrice >= 50) {
  alert('myPriceは50以上です');
} else if (myPrice >= 10) {
  alert('myPriceは10以上50未満です');
} else {
  alert('myPriceは10未満です');
}
```

▼ 実行結果

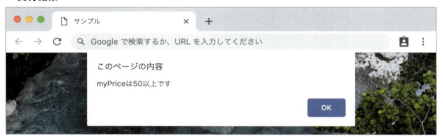

myPriceを20に変更すると「myPrice >= 50」が偽（false）、「myPrice >= 10」が真（true）なので、if elseの後のブロックが実行されます。

■ JavaScript

```
const myPrice = 20;
```
中略

▼ 実行結果

myPriceを1に変更すると「myPrice >= 50」が偽（false）、「myPrice >= 10」も偽（false）なので、elseの後のブロックが実行されます。

■ JavaScript

```
const myPrice = 1;
```
中略

015 条件に応じて処理を分けたい（if文）

▼ 実行結果

else ifやelseは、条件文を処理する必要がなければ、必ずしも記述しなくても構いません。次のコードではelse ifを使わずに記述しています。

■ JavaScript

```javascript
if (true) {
  alert('Hello');
}

const randomNum = Math.random() * 10;

if (randomNum >= 5) {
  alert('randomNumは5以上');
} else {
  alert('randomNumは5未満');
}
```

ブロック内の処理が1行だけの場合、{}は省略できます。複数行の場合は省略できません。記述は短くなりますが、コードの見通しが悪くなってしまうため注意しましょう。

■ JavaScript

```javascript
const randomNum = Math.random() * 10;

if (randomNum >= 5) alert('randomNumは5以上');
```

016 条件に応じて処理を分けたい（switch文）

 利用シーン 条件に応じて複数の処理を使い分けたいとき

Syntax

構文	意味
switch (式)	判定式に応じて処理を振り分ける
case 値: 処理	条件を満たせば処理を実行する
default: 処理	どの条件も満たさない場合の処理

switch文は、条件に応じて処理を振り分けるために使います。
定数myFruitの値に応じてアラート文言を出し分けるサンプルを通して、
使い方を紹介します。

■ JavaScript　　　　　　　　　　　　　　　　　　　　　　　　016/main.js

```javascript
const myFruit = 'りんご';

switch (myFruit) {
  case 'りんご':
    alert('りんごです');
    break;
  case 'みかん':
    alert('みかんです');
    break;
  default:
    alert('その他です');
    break;
}
```

▼ 実行結果

myFruitに'りんご'を代入したとき

▼ 実行結果

myFruitに'みかん'を代入したとき

▼ 実行結果

myFruitに'いちご'を代入したとき

switch文では()内の値が、caseに記述した各値と合致するもののみ処理を行います。caseの値の後には:を記述します。breakは処理の終了を明示する命令です。breakを記載しないと、caseはその下の処理を実行します。次の例では、「りんごです」「みかんです」「その他です」の3つが続けて実行されます。

■ **JavaScript**

```javascript
const myFruit = 'りんご';

switch (myFruit) {
  case 'りんご':
    alert('りんごです');
  case 'みかん':
    alert('みかんです');
  default:
    alert('その他です');
}
```

この性質を利用し、複数の値をまとめて処理することも可能です。

■ **JavaScript**

```javascript
const myFruit = 'りんご';

switch (myFruit) {
  case 'りんご':
  case 'みかん':
    alert('りんごかみかんです');
    break;
  default:
    alert('その他です');
}
```

caseからbreakまで、defaultからbreakまでは「句」という区切りとなり、それぞれcase句、default句とも呼びます。breakを記述し忘れて予期せぬエラーが出ないよう注意しましょう。defaultはcaseの値がどれも合致しないときに実行されますが、省略も可能です。

016

条件に応じて処理を分けたい（switch文）

■ JavaScript

```javascript
const myFruit = 'りんご';

switch (myFruit) {
  case 'りんご':
  case 'みかん':
    alert('りんごかみかんです');
    break;
  // defaultは省略
}
```

> **Column**
>
> **switchの式は厳密な等価**
>
> switchの式と値は厳密な等価（===）で比較されます。したがって次の例では1番目の句は実行されず、2番目の句が実行されます。
>
> ### ■ JavaScript
>
> ```javascript
> // 文字列の'100'
> const myValue = '100';
>
> switch (myValue) {
>   case 100:
>     // 文字列の'100'ではないので実行されない
>     console.log('数字の100です');
>     break;
>   default:
>     console.log('数字の100ではありません');
>     break;
> }
> ```

017 処理を繰り返したい（for文）

 利用シーン 処理を繰り返して行いたいとき

Syntax

構文	意味
for (初期化処理; 反復の条件; 反復の終わりの処理) { 反復処理 }	処理を繰り返す

for文は処理を繰り返すために使います。大量の処理を繰り返し扱うときや、配列を処理するときに役立ちます。for文は次のコードのように記述します。0、1、2、3、……と数字を順番に出力するサンプルです。

■ JavaScript

```javascript
// 0, 1, 2, ..,と順番に出力する
for (let index = 0; index < 10; index++) {
  console.log(index);
}
```

▼ 実行結果

0
1
2
3
4
5
6
7
8
9

「初期化処理」部分では、繰り返しの最初に実行する処理を記述します。上記の例では、初期化処理で「let index = 0;」と書くことで、変数indexに0を代入しています。「繰り返し」部分では、繰り返しを行うための条件を指定します。上記のコードの「index < 10;」の指定によって、indexが10以上になるまで処理が繰り返されます。

「反復の終わりの処理」は、各反復の終了時に実行されます。処理が終わるたびにindexへ1を加算しています。

1. 「初期化処理」が実行され、indexに0が代入される
2. 「反復の条件」であるindex < 10を満たし、console.log(index); が実行される（0の出力）
3. 「反復の終わり」でindex++が実行され、indexが1になる
4. 「反復の条件」であるindex < 10を満たし、console.log(index); が実行される（1の出力）
5. 「反復の終わり」でindex++が実行され、indexが2になる
6. （・・・繰り返し・・・）
7. 「反復の終わり」でindex++が実行され、indexが10になる
8. 「反復の条件」indexが10未満を満たさないので、処理が終了する

018 処理を繰り返したい（while文）

 ある条件が満たされるまで、処理を繰り返して行いたいとき

Syntax

構文	意味
while (反復の条件) { 反復処理 }	処理を繰り返す

while文は、条件を満たす限り処理を繰り返す構文です。for文と似ていますが、while文は反復の条件しか記載しないため、反復がいずれ終了するようにコードを書かなくてはなりません。

次のコードは、変数myNumberの値が10以上になるまで1を加算し続けるサンプルです。0、1、2と順番に出力され、10が出力された後に処理は終了します。

■ JavaScript

```javascript
let myNumber = 0;
while (myNumber < 10) {
  console.log(myNumber);
  myNumber += 1;
}
```

019 反復処理をスキップしたい

利用シーン
- 繰り返し処理で、特定の条件下のみ処理をスキップしたいとき
- forループ内のコードを浅くしたいとき

Syntax

構文	意味
continue	forループの処理を途中でスキップする

for文やwhile文で繰り返し処理をしている際、途中で処理を抜けたいケースがあります。continue文を使うと、それ以降の処理がスキップされ、次のループに移行します。

次のコードは、indexが奇数の場合のみログを出力するサンプルです。スキップされるのはfor文内のブロック（{}で囲まれた部分）であることに注意してください。

■ JavaScript

```javascript
for (let index = 0; index < 10; index++) {
  if (index % 2 === 0) {
    // indexが偶数（2で割った余りが0）の場合は、これ以降の処理はスキップされる。
    continue;
  }

  // 奇数のみが出力される
  console.log(index);
}

// ループが終了したら実行される
console.log('ループ終了');
```

▼ 実行結果

1
3
5
7
9
ループ終了

反復処理をスキップしたい

continueを有効に使うと、for内の処理のネスト（入れ子）を浅くできます。たとえば、次の関数は、引数のflgAがtrueで、for文のインデックスが奇数のときのみログを出力します。if文のネストが深くなり、コードが煩雑になっています。

▪ JavaScript

```javascript
function myFnction(flgA) {
  for (let index = 0; index < 10; index++) {
    if (flgA === true) {
      if (index % 2 !== 0) {
        console.log(index);
      }
    }
  }
}
```

次のようにcontinueを使えば、ネストが浅くなりコードの可読性が向上します。

▪ JavaScript

```javascript
function myFnction(flgA) {
  for (let index = 0; index < 10; index++) {
    if (flgA === false) {
      continue;
    }

    if (index % 2 === 0) {
      continue;
    }

    console.log(index);
  }
}
```

真偽値や数値や
文字の取り扱い

Chapter

2

020 真偽値を取り扱いたい

利用シーン
- 古いブラウザーからのアクセスであれば警告を出すとき
- 入力フォームでユーザーが必要項目を記入していなければ送信ボタンを無効化したいとき

「Aという条件であればAの処理を、Bという条件であればB」というように、処理の場合分けをするのはプログラミングにおいて必須の機能です。JavaScriptのデータ型のひとつにBoolean型（真偽値型）があり、true（真）かfalse（偽）を表します。

■ JavaScript　　　　　　　　　　　　　　　　　　　　　　　　　020/main.js

```javascript
const a = 10;
const b = 20;

console.log(a < b); // 結果: true
console.log(a > b); // 結果: false
```

多くの場合、if文とともに用いられ、条件に応じて処理を振り分けるのに使われます。

■ JavaScript　　　　　　　　　　　　　　　　　　　　　　　　　020/main.js

```javascript
// iPhoneかどうかの判定
const isIOs = navigator.userAgent.includes('iPhone');

if (isIOs) {
  // iOS用の処理
}
```

0以外の数値型、''以外の文字列型、配列型、オブジェクト型などをifの条件式として使用した場合はtrue扱いになります。

■ JavaScript　　　　　　　　　　　　　　　　　　　　　　　020/main.js

```javascript
// 「こんにちは鈴木さん」とアラートが表示される
const userName = '鈴木';
if (userName) {
  alert(`こんにちは${userName}さん`);
}

// addressが''なので、アラートは表示されない
const address = '';
if (address) {
  alert(`あなたは${userName}に住んでいますね？`);
}
```

真偽値に!を付与することで、真偽値が反転します（論理否定演算子）。

■ JavaScript

```javascript
// JavaScriptに「a」がふくまれるかどうか
const flg = 'JavaScript'.includes('a');
console.log(!flg); // 結果: false
```

また、真偽値以外の型は真偽値に変換されます。

■ JavaScript

```javascript
console.log(!'鈴木'); // 結果: false
console.log(!24); // 結果: false
console.log(![1, 2, 3]); // 結果: false
```

!を2回付与することで、データをBoolean型に変換します。

■ JavaScript

```javascript
console.log(!!'鈴木'); // 結果: true
console.log(!!24); // 結果: true
console.log(!![1, 2, 3]); // 結果: true
```

021 数値を取り扱いたい

利用シーン JavaScriptで数値計算をしたいとき

数値はJavaScriptにおける基本的なデータ型のひとつで、整数や小数を取り扱うことができます。数値の型はNumber型です。

■ **JavaScript**
```
const a = 10; // 結果: 10
const b = 1.23; // 結果: 1.23
const c = -5; // 結果: -5
```

数値を用いて、次のようなことができます。

内容	例
数学的な計算をする	10の2乗を計算する
数値を四捨五入する	税込み金額を整数にまるめる
三角関数を扱う	アニメーションの軌跡を求める
ランダムな数値を扱う	アニメーションにランダム性を持たせる

JavaScriptにおける数値は、通常使用する10進数以外にも16進数、8進数、2進数で表すことができます。

表記例	意味
10、240、12400、3.14	10進数
0xFF0000、0xCCCCCC	16進数
0o123、0o7777	8進数
0b111、0b0101010	2進数

数学の世界では数の大きさは無限に存在しますが、JavaScriptで表すことができる数には限りがあります。

定数	意味	値
Number.MAX_VALUE	最大の整数	1.7976931348623157e+308
Number.MIN_VALUE	最小の「正の」整数	5e-324
Number.MAX_SAFE_INTEGER	正確に扱える最大の整数	9007199254740991
Number.MIN_SAFE_INTEGER	正確に扱える最小の整数	-9007199254740991

Number.MIN_SAFE_INTEGERからNumber.MAX_SAFE_INTEGER以外の範囲では、計算結果に誤差が生じます。

Column 不正な計算結果の場合などに返される特別な値

数値には、不正な計算結果の場合などに返される特別な値が存在します。直接使うことはほとんどありませんが、エラー発生時に遭遇する可能性があるので覚えておくとよいでしょう。

定数	意味	値
NaN	数値ではない値。不正な計算結果の場合などに返される	NaN
Number.POSITIVE_INFINITY	正の無限の値	Infinity
Number.NEGATIVE_INFINITY	負の無限の値	-Infinity

022 四捨五入、切り捨て、切り上げをしたい

利用シーン
- 税込み金額の計算時、小数点を切り捨てるとき
- 要素の幅や高さをJavaScriptから指定するとき、整数扱いにしたいとき

Syntax

メソッド	意味	戻り値
Math.round(数値)	四捨五入する	数値
Math.floor(数値)	切り捨てる（数値以下の最大の整数を返す）	数値
Math.ceil(数値)	切り上げる（数値以上の最小の整数を返す）	数値
Math.trunc(数値)	数値の整数部分を返す	数値

四捨五入や切り捨てにはMath.round()、Math.floor()、Math.ceil()、Math.trunc()メソッドを利用します。使い方は次の通りです。

■ **JavaScript**

```javascript
Math.round(6.24); // 結果: 6
Math.floor(6.24); // 結果: 6
Math.ceil(6.24);  // 結果: 7
Math.trunc(6.24); // 結果: 6

Math.round(7.8); // 結果: 8
Math.floor(7.8); // 結果: 7
Math.ceil(7.8);  // 結果: 8
Math.trunc(7.8); // 結果: 7
```

Math.round()メソッドは次のような挙動をします。

- 小数点部分が0.5以上であれば、次に大きい整数へ切り上げ
- 小数点部分が0.5未満であれば、次に小さい整数へ切り下げ

負の値は次のようにまるめられることに注意してください。

■ **JavaScript**

```javascript
Math.round(-7.49); // 結果: -7（小数点が0.5以上なので切り上げられる）
Math.round(-7.5);  // 結果: -7（小数点が0.5以上なので切り上げられる）
Math.round(-7.51); // 結果: -8（小数点が0.5未満なので切り下げられる）
```

Math.floor()、Math.ceil()メソッドは次のような挙動です。

- **Math.floor(数値)：数値以下の最大の整数を返す**
- **Math.ceil(数値)：数値以上の最小の整数を返す**

負の数値が引数であれば、次のようになります。

■ JavaScript

```
Math.floor(-8.6); // -8.6以下の最大の整数-9を返す
Math.ceil(-8.6);  // -8.6以上の最小の整数-8を返す
```

Math.trunc()は値の正負にかかわらず、数値の整数部分を返します。

■ JavaScript

```
Math.trunc(-8.6); // 整数部分の-8を返す
```

以下は、6.24、-7.49を、各メソッドで処理するサンプルを通して、使い方を紹介します。

■ JavaScript

022/main.js

```
document.querySelector('.result1').innerHTML = Math.round(6.24);
document.querySelector('.result2').innerHTML = Math.ceil(6.24);
document.querySelector('.result3').innerHTML = Math.floor(6.24);
document.querySelector('.result4').innerHTML = Math.trunc(6.24);
document.querySelector('.result5').innerHTML = Math.round(-7.49);
document.querySelector('.result6').innerHTML = Math.ceil(-7.49);
document.querySelector('.result7').innerHTML = Math.floor(-7.49);
document.querySelector('.result8').innerHTML = Math.trunc(-7.49);
```

▼ 実行結果

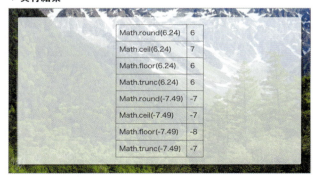

023 ランダムな数を使いたい

利用シーン
- ランダムな確率で処理を行いたいとき
- アニメーションにランダム性を加えたいとき

Syntax

メソッド	意味	戻り値
Math.random()	浮動小数点の擬似乱数を返す（0以上1未満）	数値

Math.random()は、0以上1未満の浮動小数点の擬似乱数を返します。
使い方は次の通りです。

■ JavaScript

```javascript
Math.random(); // 0以上1未満のランダムな小数
Math.floor(Math.random() * 100); // 0以上100未満のランダムな整数
10 + Math.floor(Math.random() * 10); // 10以上20未満のランダムな整数
```

ボタンをクリックするたびに、ランダムにグラデーション色を変えるサンプルを通して、使い方を紹介します。

■ HTML
023/index.html

```html
<!-- ボタン -->
<button class="button">カラー変更</button>
<!-- グラデーションが表示される長方形 -->
<div class="rectangle"></div>
```

■ CSS
023/style.css

```css
.rectangle {
  width: 100%;
  height: calc(100% - 50px);
  --start: hsl(0, 100%, 50%);
  --end: hsl(322, 100%, 50%);
  background-image: linear-gradient(-135deg, var(--start), var(--end));
}
```

※ --start、--endはCSS変数です。

■ JavaScript　　　　　　　　　　　　　　　　　　　　　023/main.js

```javascript
/** 長方形 */
const rectangle = document.querySelector('.rectangle');

// ボタンをクリックしたらonClickButton()を実行する
document.querySelector('.button').addEventListener('click',
onClickButton);

/** ボタンをクリックする度に、長方形のグラデーション色を変える */
function onClickButton() {
  // 0~359の間のランダムな数を取得する
  const randomHue = Math.trunc(Math.random() * 360);
  // グラデーションの開始色と終了色を決定
  const randomColorStart = `hsl(${randomHue}, 100%, 50%)`;
  const randomColorEnd = `hsl(${randomHue + 40}, 100%, 50%)`;

  // 長方形のグラデーションのための変数(--startと--end)を変更
  rectangle.style.setProperty('--start', randomColorStart);
  rectangle.style.setProperty('--end', randomColorEnd);
}
```

▼ 実行結果

▼

ボタンをクリックするたびにグラデーションの色が変わる

> Column
> ### 安全な乱数を使いたいならcrypto.getRandomValues()を使う

メソッド	意味	戻り値
crypto.getRandomValues(型付き配列)	乱数の配列を返す	配列

パスワードなどのセキュリティが求められる文字列を生成したい場合には、Math.random()よりもcrypto.getRandomValues()を用います。型付き配列を引数とすることで、指定の数の乱数の配列を生成します。使い方は次の通りです。

```javascript
// ランダムな整数（16ビット符号なし）が10個格納された配列を生成する
// 例：[8918, 14634, 53220, 62158, 64876, ...
const randomArray1 = crypto.getRandomValues(new Uint16Array(10));
// 配列を繋げて乱数を作成
// 例：89181463453220621586....
randomArray1.join('');

// 32ビット符号なしの配列を用いて乱数を作成
// 例：8903029687333746740037 2283 ...
crypto.getRandomValues(new Uint32Array(10)).join('');
```

024 数学的な計算を行いたい

- 数値の絶対値を扱いたいとき
- 数値のべき乗を扱いたいとき
- 数値の対数を扱いたいとき

Syntax

メソッド	意味	戻り値
Math.abs(数値)	数値の絶対値を計算する	数値
Math.pow(数値A, 数値B)	べき乗（数値Aの数値B乗）を計算する	数値
Math.sign(数値)	数値符号を計算する(-10なら-1、21なら1、0の場合は0)	数値
Math.sqrt(数値)	数値の平方根（√2など）を計算する	数値
Math.log(数値)	自然対数を計算する	数値
Math.exp(数値)	指数関数（eの累乗）を計算する	数値

Syntax

プロパティー	意味	型
Math.E	自然対数の底（ネイピア数 e）を返す	数値

Mathオブジェクトには、高機能なグラフやアニメーション表現を行う際に使える数学的な計算メソッドが用意されています。この他にも多くのメソッドがありますが、代表的なメソッドの使い方は次の通りです。

■ JavaScript

```javascript
Math.abs(-10);     //  -10の絶対値。10
Math.pow(2, 10);   //  2の10乗。1024
Math.sign(2);      //  2が正なので1
Math.sign(-2);     //  -2が負なので-1
Math.sqrt(16);     //  16の平方根。4
Math.log(Math.E);  //  eの自然対数。1
```

024

数学的な計算を行いたい

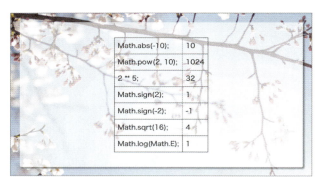

Mathオブジェクトの代表的なメソッド

025 三角関数を使いたい

利用シーン
- 三角関数で数値計算したいとき
- 座標から角度を求めたいとき
- 円弧にそって要素をアニメーションさせたいとき

Syntax

プロパティー	意味	型
Math.PI	円周率	数値

Syntax

メソッド	意味	戻り値
Math.cos(数値)	コサイン	数値
Math.sin(数値)	サイン	数値
Math.tan(数値)	タンジェント	数値
Math.acos(数値)	アークコサイン	数値
Math.asin(数値)	アークサイン	数値
Math.atan(数値)	アークタンジェント	数値
Math.atan2(y座標, x座標)	(x, y)の座標がなす角度	数値

※ 数値の単位はラジアンです。

サイン、コサイン、タンジェントなど、三角関数を使うためのメソッドです。canvasやSVGでアニメーションを行うときにはよく使います。使い方は次の通りです。

■ JavaScript

```
Math.PI; //  円周率。3.141592653589793
Math.cos((90 * Math.PI) / 180); //  cos90度。6.123233995736766e-17 ※
Math.sin((90 * Math.PI) / 180); //  sin90度。 1
Math.tan((45 * Math.PI) / 180); //  tan45度。0.9999999999999999 ※
Math.acos(1); //  アークコサイン1。0
(Math.atan2(1, 1) * 180) / Math.PI; //  (1, 1)の座標がなす角度。45（度）。
```

※ JavaScriptの10進数の有効桁数が15である（IEEE 754の倍精度の規格）ため、実際のcos90度やtan45度の値（それぞれ0、1）と比べて誤差が生じます。

Math.cos()やMath.acos()に渡す数値の単位はラジアンです。円周の長さはπで表されるので、度数との変換式は次のようになります。三角関数を使うときは度数をラジアンで変換して使う方がわかりやすいでしょう。

```
ラジアン = (度 * Math.PI) / 180;
```

三角関数を用いて、画像の回転アニメーションを作成してみましょう。たとえば、半径100の円周上においてdegree度の位置の座標は次のように表すことができます。

■ JavaScript

```javascript
// 角度
let degree = 0;

// 回転させたい角度をラジアンで求める
const rotation = (degree * Math.PI) / 180;

// 回転角から位置を求める
const targetX = 100 * Math.cos(rotation);
const targetY = 100 * Math.sin(rotation);
```

degreeを一定時間ごとに1度ずつ増加させると、円周上のアニメーションが実現できます。

■ HTML 025/index.html

```html
<div class="character">
</div>
```

■ JavaScript 025/main.js

```javascript
/** キャラクター画像 */
const character = document.querySelector('.character');

/** 角度 */
let degree = 0;
```

025

三角関数を使いたい

```javascript
// ループの開始
loop();

/**
 * 画面更新ごとに実行される関数
 */
function loop() {
  // 回転させたい角度をラジアンで求める
  const rotation = (degree * Math.PI) / 180;
  // 回転角から位置を求める
  const targetX = window.innerWidth / 2 + 100 * Math.cos(rotation) - 50;
  const targetY = window.innerHeight / 2 + 100 * Math.sin(rotation) - 50;
  // characterの位置として反映する
  character.style.left = `${targetX}px`;
  character.style.top = `${targetY}px`;
  // 角度を1度増やす
  degree += 1;
  // 次の画面更新タイミングでloop()を実行する
  requestAnimationFrame(loop);
}
```

▼ 実行結果

画像が円状に動く

026 文字列を取り扱いたい

利用シーン
- 文字列の長さを取得するとき
- 文字列を検索するとき
- 文字列を取り出すとき
- 文字列を置き換えるとき
- 文字列を分割するとき
- 文字列を結合するとき

文字列はJavaScriptにおける基本的なデータ型のひとつです。シングルクオート（'）、ダブルクオート（"）、バッククオート（`）で文字列を囲んで使用します。型はString型です。

■ JavaScript

```
const a = 'JavaScript'; // 「JavaScript」という文字列
const b = '鈴木'; // 「鈴木」という文字列
const c = `ウェブデザイン`; // 「ウェブデザイン」という文字列
```

文字列を用いて、次のようなことができます。

内容	例
文字列の長さを取得する	JavaScriptという文字列の長さを求める
文字列を検索する	ウェブデザインという文字列にデザインが含まれているかを調べる
文字列を取り出す	ウェブデザインという文字列から最初の3文字を求める
文字列を置き換える	「猫が好きという」文字列の「猫」を「犬」に置き換える
文字列を分割する	URLのハッシュからパラメーターを取り出す
文字列を結合する	「鈴木」と「一郎」の文字列を結合する

特殊文字を扱いたい場合は、右のように表記します。

表記	意味
\'	シングルクオート
\"	ダブルクオート
\`	バッククオート
\\	バックスラッシュ
\n	改行
\r	復帰

027 文字列の長さを取得したい

 入力フォームで文字数をカウントしたいとき

Syntax

プロパティー	意味	型
文字列.length	文字列の長さ	数値
Array.from(文字列).length	文字列の長さ	数値

「'文字列'.length」で文字の長さ（文字の数）を取得できます。使い方は次の通りです。

■ JavaScript

```javascript
'ウェブデザイン'.length; // 7
'JavaScript'.length; // 10
```

テキストエリアに入力中の文字数をカウントするサンプルを通して使い方を紹介します。

■ HTML
027/index.html

```html
<textarea class="textarea"></textarea>
<p>現在 <span class="string_num">0</span>文字入力中です。</p>
```

■ JavaScript
027/main.js

```javascript
/** テキストエリア */
const textarea = document.querySelector('.textarea');

/** 入力中の文字数 */
const string_num = document.querySelector('.string_num');

// テキストを入力する度にonKeyUp()を実行する
textarea.addEventListener('keyup', onKeyUp);
```

```
function onKeyUp() {
  // 入力されたテキスト
  const inputText = textarea.value;
  // 文字数を反映
  string_num.innerText = inputText.length;
}
```

▼ 実行結果

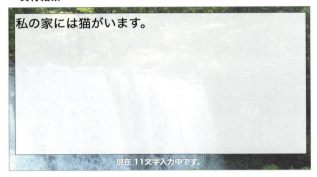

文字数をカウントしている様子

文字によってはlengthだけでは取得できないので注意

Column

次のような文字は、lengthで文字列の長さを取得すると1にはなりません。

■ JavaScript

```
'🐱'.length; // 2
'臼'.length; // 2。「臼」は「臼」とは異なる漢字
```

原因は、これらの文字がサロゲートペアであることです。JavaScriptでは基本的に一文字あたりを2バイトで表現しますが、絵文字や特殊な文字の場合は4バイトとして表現します。これらの4バイトとして表現される文字をサロゲートペアといいます。サロゲートペアを含めて一文字としてカウントするには、次のようにArray.from( )を用います。

■ JavaScript

```
Array.from('🐱').length; // 1
Array.from('臼').length; // 1
```

028 文字列の両端の空白を取り除きたい

 文字列両端の空白を取り除きたいとき

Syntax

メソッド	意味	戻り値
文字列.trim()	文字列の両端の空白を取り除く	文字列

文字列両端の空白を取り除くことをトリミングといいます。trim()メソッドは文字列両端の空白を取り除き、新しい文字列を返すメソッドです。取り除かれる空白の対象は、スペースとタブと改行文字です。trim()メソッドは両端の空白を取り除くメソッドであり、文字列中の空白は取り除かれないことに注意してください。

■ JavaScript

```javascript
// 両端にスペース(半角スペース)がある場合
const targetString1 = '   こんにちは   ';
const trimmedString1 = targetString1.trim();
console.log(trimmedString1); // 結果: 'こんにちは'

// 改行コードが末尾にある場合
const targetString2 = 'りんごを食べました\n';
const trimmedString2 = targetString2.trim();
console.log(trimmedString2); // 結果: 'りんごを食べました'

// 文字列中の空白は取り除かれない
const targetString3 = '   りんご。   みかん。   ';
const trimmedString3 = targetString3.trim();
console.log(trimmedString3); // 結果: 'りんご。   みかん。
```

029 文字列を検索したい❶（インデックスを調べる）

利用シーン 文字列がどの位置にあるか調べたいとき

Syntax

メソッド	意味	戻り値
対象の文字列.indexOf(検索したい文字列, [検索開始インデックス※])	文字列が最初に現れるインデックス	数値
対象の文字列.lastIndexOf(検索したい文字列, [検索開始インデックス※])	文字列が最後に現れるインデックス	数値
対象の文字列.search(正規表現)	正規表現にマッチする文字列のインデックス	数値

※ 検索開始インデックスは省略可能です。

「文字列からある文字列を検索したい」という場合に使うメソッドです。indexOf()メソッドは、「対象の文字列」の中の「検索したい文字列」が見つかるインデックス（位置）を取得します。インデックスは0から始まります。たとえば、1文字目のインデックスは0、5文字目のインデックスは4です。文字列が含まれていない場合は、-1が返ります。検索文字列の大文字・小文字が区別されます。

■ JavaScript

```javascript
const myString = 'JavaScriptを覚えよう';

// 含まれる場合
const a1 = myString.indexOf('JavaScript');
console.log(a1); // 結果: 0

const a2 = myString.indexOf('覚えよう');
console.log(a2); // 結果: 11

const a3 = myString.lastIndexOf('a');
console.log(a3); // 結果: 3

// 含まれない場合
```

```javascript
const b1 = myString.indexOf('HTML');
console.log(b1); // 結果: -1

const b2 = myString.indexOf('j');
console.log(b2); // 結果: -1（大文字小文字の区別のため）
```

検索開始インデックスを指定すると、そのインデックスから文字列を検索します。検索開始インデックスを省略した場合、0が検索開始インデックスとして用いられます。

■ JavaScript

```javascript
const myString = 'JavaScriptを覚えよう';
const c1 = myString.indexOf('JavaScript', 4);
console.log(c1); // 結果: -1
```

文字列「JavaScriptを覚えよう」内の、指定文字のインデックスを表示するサンプルを通して使い方を紹介します。

■ HTML　　　　　　　　　　　　　　　　　　　　　　　029／index.html

```html
<main>
  <h1>「JavaScriptを覚えよう」中のインデックス</h1>
  <table>
    <tr><th>indexOf('JavaScript')</th><td class="result1"></td></tr>
    <tr><th>indexOf('覚えよう')</th>   <td class="result2"></td></tr>
    中略
```

■ JavaScript　　　　　　　　　　　　　　　　　　　　029／main.js

```javascript
const targetString = 'JavaScriptを覚えよう';

document.querySelector('.result1').innerHTML
= targetString.indexOf('JavaScript');
document.querySelector('.result2').innerHTML
= targetString.indexOf('覚えよう');
中略
```

029

文字列を検索したい❶（インデックスを調べる）

▼ 実行結果

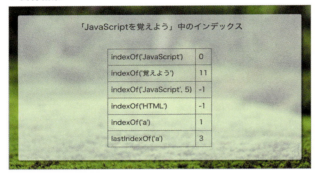

正規表現で検索するには

より高度な検索を行う場合は、正規表現を使います。search()メソッドは正規表現にマッチする文字のインデックスを取得します。正規表現を用いて、文字列「JavaScriptを覚えよう」から「JavaScript」と「HTML」が含まれているインデックスを調べるコードは次の通りです。

■ JavaScript

```
const myString = 'JavaScriptを覚えよう';

const s1 = myString.search(/JavaScript/);
console.log(s1); // 結果: 0

const s2 = myString.search(/HTML/);
console.log(s2); // 結果: -1
```

030 文字列を検索したい❷（含まれているかを調べる）

利用シーン
- 文字列が含まれているか調べたいとき
- 入力フォームで不適切な語が含まれていないかを調べるとき

Syntax

メソッド	意味	戻り値
対象の文字列.includes(検索したい文字列, [検索開始インデックス※])	文字列が含まれているかどうか	真偽値
対象の文字列.startsWith(検索したい文字列, [検索開始インデックス※])	文字列で始まるかどうか	真偽値
対象の文字列.endsWith(検索したい文字列, [検索開始インデックス※])	文字列で終わるかどうか	真偽値

※ 検索開始インデックスは省略可能です。

includes()、startsWith()、endsWith()メソッドを使うと、検索したい文字列が含まれているかどうかを調べることができます。includes()メソッドは文字列のどこかに含まれていれば結果はtrueとなります。startsWith()メソッドは文字列のはじめが引数と同じであるかを調べます。同様に、endsWith()メソッドは文字列の末尾が引数と同じであるかを調べます。

■ JavaScript

```javascript
const myString = 'JavaScriptを覚えよう';

const a1 = 'JavaScriptを覚えよう'.includes('JavaScript');
console.log(a1); // 結果: true

const a2 = 'JavaScriptを覚えよう'.startsWith('覚えよう');
console.log(a2); // 結果: false

const a3 = 'JavaScriptを覚えよう'.endsWith('覚えよう');
console.log(a3); // 結果: true
```

030

文字列を検索したい❷(含まれているかを調べる)

文字列「JavaScriptを覚えよう」内に、指定文字が含まれているかどうかを表示するサンプルを通して使い方を紹介します。先述のindexOf()メソッドが文字列のインデックスを調べるのに対して、includes()メソッドは文字列が含まれるかどうかを調べます。 ▶▶029

■ HTML　　　　　　　　　　　　　　　　　　　　　　　030/index.html

```html
<main class="main">
  <h1>「JavaScriptを覚えよう」中の文字の存在チェック</h1>
  <table>
    <tr><th>includes('JavaScript')</th> <td class="result1"></td>
    </tr>
    <tr><th>includes('覚えよう')</th>         <td class="result2"></td>
    </tr>
```
中略

■ JavaScript　　　　　　　　　　　　　　　　　　　　　030/main.js

```javascript
const targetString = 'JavaScriptを覚えよう';

document.querySelector('.result1').innerHTML
 = targetString.includes('JavaScript');
document.querySelector('.result2').innerHTML
 = targetString.includes('覚えよう');
```
中略

▼ 実行結果

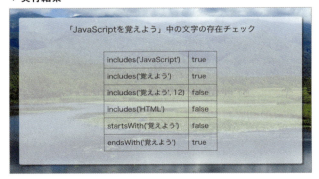

031 文字列を取り出したい

 利用シーン 指定した場所の文字列を取り出すとき

Syntax

メソッド	意味	戻り値
文字列.charAt([インデックス※])	指定インデックスの文字を取得する	文字

※ 省略可能です。

ある文字列から文字列を取り出したい場合に使用するメソッドを紹介します。charAt()メソッドは、指定したインデックス（位置）にある文字列を取得します。

■ JavaScript

```javascript
'JavaScript'.charAt(3); // a
'JavaScript'.charAt();  // J（引数省略時は0のインデックス）
```

検索ボックスに入力した一文字と一致する県名をリストアップするサンプルを紹介します。県名はiタグで表され、漢字とひらがなのdata-属性を持っています。charAt()メソッドを用い、県名と一致するかどうかをチェックして、一致しない場合にはhideクラスを付与します。hideクラスが付与された要素は、「display: none;」がCSSより指定され、非表示になります。

■ HTML

031/index.html

```html
<header>
  <label>県名の最初の一文字を入力してください <input id="search-word-input" maxlength="1" type="text"></label>
</header>
<div id="prefecture-list">
  <button data-name="北海道" data-phonetic="ほっかいどう">北海道</button>
  <button data-name="青森" data-phonetic="あおもり">青森</button>
  <button data-name="岩手" data-phonetic="いわて">岩手</button>
  <button data-name="宮城" data-phonetic="みやぎ">宮城</button>
  <button data-name="秋田" data-phonetic="あきた">秋田</button>
  <button data-name="山形" data-phonetic="やまがた">山形</button>
中略
```

■ JavaScript   031 / main.js

```javascript
/** 検索語 */
const searchWordText = document.querySelector('#search-word-input');

/** 県名のリスト */
const prefectureList = document.querySelectorAll('#prefecture-list button');

// 文字が入力される度に、内容のチェックを行う
searchWordText.addEventListener('keyup', () => {
  // 検索語の最初
  const searchWord = searchWordText.value;

  // 県名リストについてループ
  // elementはそれぞれの要素にあたる
  prefectureList.forEach((element) => {
    // 検索語がなければ、全ての要素を表示する
    if (searchWord === '') {
      element.classList.remove('hide');
      return;
    }

    // 件名を取得
    const prefectureName = element.dataset.name;
    // ふりがなを取得
    const phonetic = element.dataset.phonetic;

    // 検索語の最初の一文字が一致するかどうかで、hideクラスの付与を決定する
    // hideクラスが付与された要素は、画面上から削除される
    if (
      searchWord.charAt(0) === prefectureName.charAt(0) ||
      searchWord.charAt(0) === phonetic.charAt(0)
    ) {
      // 検索語の最初の一文字が一致する場合、「hide」クラスを除去
      element.classList.remove('hide');
    } else {
      // 検索語の最初の一文字が一致しない場合、「hide」クラスを追加
```

031 文字列を取り出したい

```
        element.classList.add('hide');
    }
  });
});
```

▼ 実行結果

| 県名の最初の一文字を入力してください | い |
| 岩手 | 茨城 | 石川 |

| 県名の最初の一文字を入力してください | 福 |
| 福島 | 福井 | 福岡 |

入力語を元に、最初の一文字が一致する県名をリストアップする

032 ○文字目〜○文字目までの文字列を取り出したい

- ○文字目〜○文字目まで取り出したいとき
- ○文字目以降をすべて取り出したいとき

Syntax

メソッド	意味	戻り値
文字列.slice(開始インデックス, [終了インデックス[※]])	指定範囲内の文字列を取得する	文字列
文字列.substring(開始インデックス, [終了インデックス[※]])	指定範囲内の文字列を取得する	文字列

※ 省略可能です。

文字列から部分的に文字列を取り出したい場合には、slice()、substring()メソッドが使えます。開始インデックスから終了インデックスの直前までの文字を取り出します。終了インデックスを省略した場合は、全文字列を取得します。「○文字目以降をすべて取り出したいとき」と「○文字目〜○文字目まで取り出したいとき」に使うといいでしょう。使い方は次の通りです。

■ JavaScript

```
'JavaScript'.slice(0, 4); // Java
'JavaScript'.slice(0); // JavaScript（引数省略時は全文字を返す）
'JavaScript'.substring(0, 4); // Java
'JavaScript'.substring(0); // JavaScript（引数省略時は全文字を返す）
```

slice()メソッドのインデックスには負の値も指定可能で、末尾から文字列を取り出したいときに役立ちます。インデックスが負の場合、「文字列の長さ-1」が開始インデックスとなります。たとえば、「鈴木のポートフォリオ」という文字列で-4を指定すると、インデックス6にある文字「フ」が返ります。対して、substring()のインデックスに負の値を指定するとその値は0とみなされます。よって、末尾から文字列を取り出したいときにはsubstring()は使えません。

■ JavaScript

```
// sliceの場合
'鈴木のポートフォリオ'.slice(3, -4); // ポート
'鈴木のポートフォリオ'.slice(-4, -1); // フォリ

// substringの場合
'鈴木のポートフォリオ'.substring(3, -3); // substring(3, 0)と同じ意味。「鈴木の」
が返る
'鈴木のポートフォリオ'.substring(-4, -1); // substring(0, 0)と同じ意味。''(空
文字)が返る
```

> Column
>
> ### slice()、substring()の違い
>
> slice()、substring()は似たメソッドですが、開始インデックスが終了イ
> ンデックスより大きくなったときの挙動が異なります。substring()の場
> 合は、開始インデックスと終了インデックスが入れ替わったものとして
> 処理されます。
>
> ■ JavaScript
>
> ```
> // 3を開始インデックスとして文字を取り出そうとする。終
> 了インデックスの1には到達しないので、''(空の文字列)が返
> る
> 'ようこそ日本へ'.slice(3, 1);
> // 1を開始インデックス、3を終了インデックスとして文字を
> 取り出す。'うこ'が返る
> 'ようこそ日本へ'.substring(3, 1);
> ```

033 ○文字目から○文字だけ取り出したい

 ○文字目から○文字だけ取り出したいとき

Syntax

メソッド	意味	戻り値
文字列.substr(開始インデックス, [何文字取得するか※])	指定範囲内の文字列を取得する	文字列

※ 省略可能です。

substr()メソッドを使うと、取り出したい文字数を第二引数に指定します。「○文字目から○文字だけ取り出したいとき」に使うといいでしょう。使い方は次の通りです。

■ JavaScript

```
// 4を開始インデックスとして。そこから6文字だけ取り出す
'JavaScript'.substr(4, 6); // Script
```

034 文字列を別の文字列に置き換えたい

利用シーン
- 文字列を別の文字列に置換したいとき
- 文字列内の不要な改行コードをbrに置き換えたいとき
- スペースを削除したいとき

Syntax

メソッド	意味	戻り値
対象文字列.replace(文字列1, 文字列2)	文字列1を文字列2に置き換える	文字列
対象文字列.replace(正規表現, 文字列)	正規表現によって文字列を置き換える	文字列

文字列を別の文字列へ置き換える場合に使うメソッドです。使い方は次の通りです。

■ JavaScript

```javascript
// image1.pngをimage2.pngに置き換え
const imageName = 'image1.png';
imageName.replace('1.png', '2.png'); // image2.png

// 文字列内の改行コードを削除
const inputText = '鈴木\n一郎';
inputText.replace('\n', ''); // 鈴木一郎
```

replace()メソッドの第一引数が文字列の場合、置換対象となるのは最初にマッチした文字のみです。たとえば、090-1234-5678のような電話番号からハイフン-を除こうとして次のコードを使っても、期待の結果にはなりません。

■ JavaScript

```javascript
let phoneNumber = '090-1234-5678';
phoneNumber.replace('-', ''); // 0901234-5678
```

正規表現を用い、gオプション（文字列全体のマッチ）を指定することで、複数文字の置き換えが可能になります。

■ JavaScript

```javascript
phoneNumber.replace(/-/g, ''); // 09012345678
```

テキストエリアに入力した電話番号から、「-」(ハイフン) を取り除く例です。入力フォームでユーザーに電話番号を入力してもらう際、ハイフンあり、なしのどちらでも対応できるようになります。

■ HTML   034/index.html

```html
<input id="phoneNumberText" placeholder="電話番号" type="tel">
<p class="caption"><small>※ 実際にデータは送信されません</small></p>
<button id="submitButton" type="submit">送信する</button>
```

■ JavaScript   034/main.js

```javascript
// #submitButtonをクリックしたときの処理を設定
document.querySelector('#submitButton').addEventListener('click',
(event) => {
  // 電話番号を取得
  const phoneNumber = document.querySelector('#phoneNumberText').value;

  // 電話番号に「-」が含まれている場合は、''(空文字) に置き換える
  const trimmedPhoneNumber = phoneNumber.replace(/-/g, '');
  // 09012345678
  alert(`電話番号は${trimmedPhoneNumber}です`);

  // ボタンのデフォルトの挙動をキャンセル
  event.preventDefault();
});
```

034

文字列を別の文字列に置き換えたい

▼ 実行結果

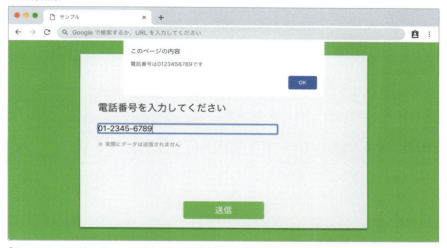

「01-2345-6789」を入力して送信ボタンをクリックすると、ハイフンなしの電話番号がアラートボックス表示される

035 文字列を分割したい

利用シーン
- URLのハッシュ値から値を取り出すとき
- スペースごとに文字列を分割するとき

Syntax

メソッド	意味	戻り値
文字列.split([区切り文字※], [何分割まで許容するか※])	指定範囲内の文字列を取得する	文字列
文字列.split([正規表現※], [何分割まで許容するか※])	指定範囲内の文字列を取得する	文字列

※ 省略可能です。

split()メソッドを使うと、第一引数の文字、または正規表現で区切った配列を取得できます。

■ JavaScript
```
const myUrl = 'http://example.com/?id=123456&name=Suzuki&age=28';
myUrl.split('&');
// ["http://example.com/?id=123456", "name=Suzuki", "age=28"]

myUrl.split(/&|\?/);
// ["http://example.com/", "id=123456", "name=Suzuki", "age=28"]
```

引数に''(空文字)を指定すると、1文字ずつが格納された配列になります。

■ JavaScript
```
'JavaScript'.split('');
// ["J", "a", "v", "a", "S", "c", "r", "i", "p", "t"]
```

引数を省略すると、配列の1要素に全文字が含まれます。

■ JavaScript

```javascript
'JavaScript'.split();
// ["JavaScript"]
```

UFLに付与された「?id=(ID)&name=(名前)&age=(年齢)」という文字列から、ID、名前、年齢といったパラメーターを取得するサンプルを通して使い方を紹介します。

■ HTML   035/index.html

```html
<table>
  <tr><th>ID</th><td class="id"></td></tr>
  <tr><th>name</th><td class="name"></td></tr>
  <tr><th>age</th><td class="age"></td></tr>
</table>
```

■ JavaScript   035/main.js

```javascript
// ハッシュを格納するためのオブジェクト
const hashes = {};

// URLの?hoge=fuga...部分を配列として取得する
const parameters = location.search.split(/&|\?/).filter((value) => {
  return value.includes('=');
});

// hashes[key]=valueの形でオブジェクトに格納する
parameters.forEach((parameter) => {
  // hoge=fugaを['hoge', 'fuga']の配列にする
  const parameterList = parameter.split('=');
  const key = parameterList[0];
  // valueはデコードしておく
  const value = decodeURIComponent(parameterList[1]);

  hashes[key] = value;
});
```

035

文字列を分割したい

```javascript
// 取得したパラメータを反映

// hashesにidが含まれていれば、それを反映
if (hashes['id'] != null) {
  document.querySelector('.id').innerHTML = hashes['id'];
}
```

中略

▼ 実行結果

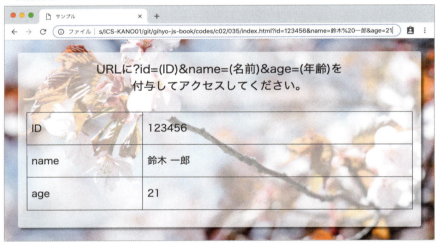

「?id=123456&name=鈴木 一郎&age=21」を付与して、index.htmlをブラウザーで開いたときの様子

036 文字列を結合したい

利用シーン
- 姓と名を結合して姓名の文字列にするとき
- フォルダー名と画像ファイル名を結合して、画像パスの文字列にしたいとき

Syntax

構文	意味
文字列1 + 文字列2 + 文字列3 + ...	文字列1に対して、文字列2、3を結合する
`` `${文字列1}${文字列2}${文字列3}` ``	文字列1、2、3を結合する

代入演算子+を用いると、文字列を結合できます。

■ JavaScript

```javascript
const country = 'アメリカ';
const states = '合衆国';
console.log(country + states); // 結果: 'アメリカ合衆国'
```

テンプレート文字列``を用いても、文字列を結合できます。

■ JavaScript

```javascript
const country = 'アメリカ';
const states = '合衆国';
console.log(`${country}${states}`); // 結果: 'アメリカ合衆国'
```

入力フォームの姓と名を結合し、姓名を表示するサンプルを通して使い方を紹介します。

■ HTML

036/index.html

```html
<div class="name_container">
  <label>姓 <input id="familyNameText" class="text" type="text">
  </label>
  <label>名 <input id="firstNameText" class="text" type="text">
  </label>
</div>
<p id="fullName"></p>
```

■JavaScript

036／main.js

```javascript
/** 姓の入力欄 */
const familyNameText = document.querySelector('#familyNameText');

/** 名前の入力欄 */
const firstNameText = document.querySelector('#firstNameText');

/** 姓名 */
const fullName = document.querySelector('#fullName');

// 文字を入力する度にonKeyUp()を実行する
firstNameText.addEventListener('keyup', onKeyUp);
familyNameText.addEventListener('keyup', onKeyUp);

/** 文字が入力される度に実行される関数 */
function onKeyUp() {
  // 姓
  const familyName = familyNameText.value;

  // 名
  const firstName = firstNameText.value;

  // フルネームを出力
  fullName.innerHTML = familyName + ' ' + firstName;

  // 次のように記述しても可
  // fullName.innerHTML = `${familyName} ${firstName}`;
}
```

▼ 実行結果

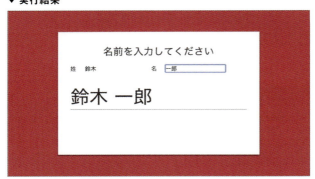

姓と名がテキスト入力のたびに結合して表示される

037 文字列を大文字・小文字に変換したい

利用シーン
- 小文字のアルファベット表記を大文字表記に変更するとき
- サーバーから大文字の値が返ってきた場合、小文字に変換するとき

Syntax

メソッド	意味	戻り値
文字列.toLowerCase()	文字列を小文字に変換する	文字列
文字列.toUpperCase()	文字列を大文字に変換する	文字列

toLowerCase()メソッドは大文字を小文字に、toUpperCase()メソッドは小文字を大文字に変換するメソッドです。使い方は次の通りです。

■JavaScript

```javascript
'TEST'.toLowerCase(); // 結果: 'test'
'john smith'.toUpperCase(); // 結果: 'JOHN SMITH'
```

なんらかの事情で文字列の大文字・小文字が確信できない場合には、これらのメソッドを使って小文字に変換してしまい文字列を比較するといいでしょう。
入力フォームで「TEST」または「test」を入力したら警告を表示するサンプルを通して、使い方を紹介します。

■HTML

037/index.html

```html
<input class="name-input" type="text">
<p class="warning-message"></p>
```

■JavaScript

037/main.js

```javascript
const nameInput = document.querySelector('.name-input');
const warningMessage = document.querySelector('.warning-message');

// .name-inputに文字を入力するたびに処理を実行する
nameInput.addEventListener('input', () => {
  // 入力された文字を取得する
```

```
  const inputStr = nameInput.value;
  // 入力された文字を小文字に変換する
  const normalStr = inputStr.toLowerCase();
  // 文字に「test」が含まれていれば警告を表示する
  if (normalStr.includes('test') === true) {
    warningMessage.textContent = '「test」が含まれてます';
  } else {
    warningMessage.textContent = '';
  }
});
```

▼ 実行結果

「test」または「TEST」が含まれていると警告が表示される

038 複数行の文字列や文字列内の式を簡易に使いたい

利用シーン
- 複数行の文字列を扱いたいとき
- 文字列内で変数を扱いたいとき

Syntax

構文	意味
文字列 + 文字列 + ...	文字列の結合
`` `${文字列1}${文字列2}${文字列3}` ``	文字列の結合、変数の利用

JavaScript内で文字列を結合したり変数を扱ったりしたい場合、+演算子を次のように使います。

■ JavaScript

```javascript
const userName = '鈴木';

const tag =
  '<div class="container">' + 'こんにちは' + userName + 'さん' + '</div>';
```

しかし、行を増やしたり変数を使ったりするたびに+演算子を使用するのは手間ですし、コードの見通しも悪くなります。それを解決するのが「`」によるテンプレート文字列です。テンプレート文字列を用いると、複数行の文字列を扱ったり、文字列内に式を挿入したりできます。

■ JavaScript

```javascript
const userName = '鈴木';

const tag = `<div class="container">こんにちは${userName}さん</div>`;
console.log(tag); // 結果: <div class="container">こんにちは鈴木さん</div>

const str2 = `123 × 123は${123 * 123}です。`;
console.log(str2); // 結果: '123 × 123は15129です。'
```

サンプルとして、h1とpというHTMLコードを動的に書き出し、スクリプト実行時の日付を表示するサンプルを通して使い方を紹介します。

038

複数行の文字列や文字列内の式を簡易に使いたい

■ HTML   038/index.html

```html
<main id="main">

</main>
```

■ JavaScript   038/main.js

```javascript
// 今日の日付を取得
const today = new Date();

// #main内に、HTMLコードを動的に書き出す
document.querySelector('#main').innerHTML = `
  <h1>今日${today.getMonth() + 1}/${today.getDate()}の天気</h1>
  <p>東京は、晴れでしょう</p>
`;
```

▼ 実行結果

HTMLコードの#mainは空だが、スクリプト実行後にブラウザーの開発者ツールで確認するとコードが動的に書き出されているのがわかる

039 正規表現を使いたい

利用シーン
- 条件にマッチする文字列を検索するとき
- 大量の文字列をパターンに沿って一括置換するとき

文字列の置き換えや検索をより柔軟に行うためには、「正規表現」を使うと便利です。たとえば、アクセスしているブラウザーがiOS端末のものかどうかを判定したいとき、ユーザーエージェントにiPhone・iPod・iPadが含まれているかどうかを調べるケースを考えます。正規表現をつかった場合と、そうでない場合の書き方を比べてください。

■ JavaScript

```javascript
// 正規表現を使った場合
if (/iPhone|iPod|iPad/.test(navigator.userAgent)) {
  alert('アクセスしているブラウザーはiOS端末です');
}

// 正規表現を使わなかった場合
if (
  navigator.userAgent.includes('iPhone') ||
  navigator.userAgent.includes('iPod') ||
  navigator.userAgent.includes('iPad')
) {
  alert('アクセスしているブラウザーはiOS端末です');
}
```

文字列のパターン（例でいえば「/iPhone|iPod|iPad/」の部分）を用い、ある文字列がそのパターンにマッチするかどうかを調べることで、検索や置き換えを容易に行えるのが正規表現です。

039

正規表現を使いたい

正規表現パターンの書き方 Column

文字列のパターンは、/で囲みます。

/パターン/

代表的なパターンとして、次のようなものがあります。

パターン	意味
x	xという1文字
xyz	xyzという文字列
[xyz]	x,y,zの1文字
[a-z]	a~zの間の1文字。[a-f]や[A-Za-z]といった指定も可能
[^xyz]	x,y,z以外の1文字
[^a-z]	a~z以外の1文字
abc|xyz	abcまたはxyzという文字列
{数字}	繰り返し回数
^x	最初の文字がx
x$	最後の文字がx
.	改行文字を除く、一文字
x*	xが0個以上続く [※1]
\	直後の文字をエスケープする [※2]
\d	数字 [0-9]と同じ意味
\D	数字以外。 [^0-9]と同じ意味
\w	英数字、アンダースコア。[A-Za-z0-9_]と同じ意味
\s	スペース、タブ、改ページ、改行などの空白文字
\S	空白以外の文字。[^\s]と同じ意味
\t	水平タブ
\n	改行コード

※1 「va*」はvの後aが0回以上続くかどうかを示します。
※2 正規表現で意味のある文字をエスケープするために使います。たとえば、[という文字にマッチさせたければ、「\[」というパターンを書きます。

040 特定の文字が含まれているか、正規表現で調べたい

利用シーン ● 条件にマッチする文字列を検索するとき

Syntax

メソッド	意味	戻り値
/パターン/.test(文字列)	文字列がパターンにマッチするかどうか	真偽値

ある文字列が、パターンにマッチするかどうかを調べるには、正規表現のtest()メソッドを次のように使います。

■ JavaScript

```
/J/.test('JavaScript'); // 「J」が「JavaScript」に含まれるかどうか。true
/^iP/.test('iPhone'); // 「iPhone」が「iP」で始まっているかどうか。true
/\d/.test('鈴木'); // 「鈴木」に数字が含まれているかどうか。false。
/Java.*/.test('JavaScript'); // 「Jav」の後「a」が0回以上続くかどうか。true
/鈴.*郎/.test('鈴木一郎'); // 「鈴郎」または「鈴」と「郎」の間に文字が含まれるかどうか。true。
/\d+-\d+-\d+/.test('090-1234-5678'); // 「数字-数字-数字」という形かどうか。
true
```

正規表現を使って簡易的な電話番号チェックを行うサンプルを通して使い方を紹介します。入力された文字が0から始まる10桁か11桁の数字かどうかをチェックし、不正であれば警告メッセージを表示します。

■ HTML

040/index.html

```
<h2>電話番号を入力してください</h2>
<input id="phoneNumberText" placeholder="電話番号" type="tel">
<p id="warningMessage"></p>
```

■ JavaScript

040/main.js

```
/** 電話番号の入力欄 */
const phoneNumberText = document.querySelector('#phoneNumberText');
```

```javascript
/** 警告メッセージ */
const warningMessage = document.querySelector('#warningMessage');

// 文字が入力される度に、内容のチェックを行う
phoneNumberText.addEventListener('keyup', () => {
  // 入力された電話番号
  const phoneNumber = phoneNumberText.value;
  // 電話番号に「-」が含まれている場合は、''（空文字）に置き換える
  const trimmedPhoneNumber = phoneNumber.replace(/-/g, '');
// 09012345678

  // 0から始まる、10桁か11桁の数字かどうかをチェック
  if (/^[0][0-9]{9,10}$/.test(trimmedPhoneNumber) === false) {
    warningMessage.innerText = '電話番号を正しく入力してください';
  } else {
    warningMessage.innerText = '';
  }
});
```

▼ 実行結果

正規表現を用いて電話番号のチェックを行っている様子。0から始まっていなかったり、10桁・11桁の数字でなかったりすると警告が表示される

041 数値の桁数を指定して小数点表示したい

利用シーン
- 数値3.14159265を'3.14'という文字列に変換するとき
- 数値10を'10.00'という文字列に変換するとき

Syntax

メソッド	意味	戻り値
数値.toFixed([桁数 ※])	小数点以下を、指定桁数にする	文字列
数値.toPrecision([桁数 ※])	指定桁数の精度にする	文字列

※ 省略時は0として扱われます。

数値の小数点の桁数を指定する場合に用いるメソッドです。
toFixed()メソッドは、小数点以下を指定の桁数の文字列に変換します。

■ JavaScript

```
(0.33333).toFixed(2); // 0.33(文字列)
```

小数点以下の桁数が多い場合は近似値になります。

■ JavaScript

```
(123.5678).toFixed(1); // 123.6(近似値に丸められた)
```

小数点以下の桁数が足りない場合は0で埋められます。

■ JavaScript

```
(2.4).toFixed(4); // 2.4000(桁数が4になるよう、0で埋められた)
```

toPrecision()メソッドは、数値を指定の精度の文字列に変換します。

■ JavaScript

```
(0.33333).toPrecision(2); // 0.33(精度2)
(123.456).toPrecision(3); // 123(精度3)
```

toFixed()と同様に小数点以下の桁数が多い場合は近似値、桁数が足りない場合は0で埋められます。

■ **JavaScript**

```javascript
(4.56).toPrecision(2); // 4.6 (近似値に丸められた)
(10).toPrecision(4); // 10.00 (精度4になるよう0で埋められた)
```

15秒間カウントダウンするサンプルを通して使い方を紹介します。「残りミリ秒数÷1000」という計算で残り秒数を算出していますが、その際「toFixed(2)」を指定することで、小数点以下を2桁にしています。

■ **HTML** 041/index.html

```html
<div class="timer">
    <div class="second"></div>
</div>
```

■ **JavaScript** 041/main.js

```javascript
/** 秒用エレメント */
const secondElement = document.querySelector('.second');

// 15秒後をゴールにする
const goalTime = new Date().getTime() + 15 * 1000;

update();

/** 毎フレーム実行される関数 */
function update() {
  // 現在時刻
  const currentTime = new Date().getTime();

  // 目標時刻までの残り時間
  const leftTime = goalTime - currentTime;

  // 残り時間が0秒未満だったら、タイマーを停止する
  中略
```

041

数値の桁数を指定して小数点表示したい

```javascript
    // 秒の表示。小数点(ミリ秒は2桁まで)
    secondElement.innerText = (leftTime / 1000).toFixed(2);

    // 次のフレームで再度update()を実行する
    requestAnimationFrame(update);
}
```

▼ 実行結果

15秒カウントダウンしている様子。ミリ秒が2桁だけ表示されている

042 文字列を指定の長さになるよう繰り返したい

利用シーン 10未満の数値を表示する際、頭に0を付与したいとき

Syntax

メソッド	意味	戻り値
文字列.padStart(繰り返しの長さ, [追加する文字列 ※])	文字列の冒頭に指定の数だけ文字列を追加する	文字列
文字列.padEnd(繰り返しの長さ, [追加する文字列 ※])	文字列の末尾に指定の数だけ文字列を追加する	文字列

※ 省略可能です。

padStart()、padEnd()メソッドを用いると、文字列が指定の長さになるように繰り返します。使い方は次の通りです。

■ JavaScript

```
'5'.padStart(2, '0'); // 05
'ff'.padEnd(6, '0'); // ff0000
```

文字列が指定の長さを超えている場合は、元の文字列をそのまま返します。また、追加文字の指定を省略すると、空文字が追加されます。

■ JavaScript

```
'123'.padStart(3, '0'); // 123
'ff'.padStart(6); // 「    ff」。4つの空文字が冒頭に追加される。
```

padStart()の使用シーン例として、デジタル時計の表示ロジックを紹介します。現在時刻を時間、分、秒に分解して一定時間ごとに表示するロジックです。

■ HTML   042/index.html

```html
<span class="hour"></span>
: <span class="minute"></span>
: <span class="second"></span>
```

■ **JavaScript**　042/main.js

```javascript
/** 時間 */
const hourElement = document.querySelector('.hour');

/** 分 */
const minuteElement = document.querySelector('.minute');

/** 秒 */
const secondElement = document.querySelector('.second');

update();

/**
 * 現在時間を表示する処理
 */
function update() {
  const currentTime = new Date();
```

中略

```javascript
  // 秒の表示
  const second = currentTime.getSeconds();
  secondElement.innerText = addZeroPadding(second);

  // 次のフレームで再度update()を実行する
  requestAnimationFrame(update);
}

/**
 * 2桁の表記になるよう、文字列冒頭に0をつける関数
 * @param num
 * @returns {string}
 */
function addZeroPadding(num) {
  return String(num).padStart(2, '0');
}
```

042

文字列を指定の長さになるよう繰り返したい

コード内で定義したaddZeroPadding()関数は、引数numの1桁の数値（10未満）であれば冒頭に0を付与した文字列を、そうでなければそのまま文字列化したものを返します。

▼ 実行結果

10秒未満では冒頭に0、そうでなければそのまま表示されている

043 文字列をURIエスケープしたい

利用シーン
- URIの日本語をエンコードするとき
- SNSで日本語の文言をシェアする際、エンコードしてURLを発行するとき

Syntax

メソッド	意味	戻り値
encodeURI(文字列)	文字列をエンコードする	文字列
encodeURIComponent(文字列)	文字列をエンコードする	文字列

URIに日本語が含まれている場合、そのままでは取り扱うことができないため、エンコードする必要があります（例：「あ」という文字をエンコードすると「%E3%81%82」になる）。エンコードのためのメソッドは2種類存在し、各々対象となる文字が異なります。encodeURI()、encodeURIComponent()メソッドは、文字列のエンコードのために使われます。なお、アルファベット、数字、-、_、.、!、~、*、'、(、)は、エンコードしてもエスケープされません。

■ JavaScript

```
encodeURI('http://example.com/可愛い猫の ページ.html');
// http://example.com/%E5%8F%AF%E6%84%9B%E3%81%84%E7%8C%AB%E3%81%
AE%20%E3%83%9A%E3%83%BC%E3%82%B8.html

encodeURIComponent('http://example.com/可愛い猫の ページ.html');
// http%3A%2F%2Fexample.com%2F%E5%8F%AF%E6%84%9B%E3%81%84%E7%8C%AB%
E3%81%AE%20%E3%83%9A%E3%83%BC%E3%82%B8.html
```

encodeURI()、encodeURIComponent()の違いは、エスケープしない文字の種類です。encodeURIComponent()は、次の表の文字も含めてエスケープします。

encodeURI()がエスケープしない文字

```
/ ? & = + : @ $ ; , #
```

テキスト入力エリアの文言に、半角スペースと「#JavaScript」というハッシュタグを付けてツイートするサンプルを通して使い方を紹介します。ハッシュタグ用の「#」を入れたり、日本語を使う場合はURLをエンコードしたりする必要があります。

■ HTML　　　　　　　　　　　　　　　　　　　　　　　　043／index.html

```html
<h1>つぶやきたい文字列を入力してください</h1>
<textarea id="tweetTextArea"></textarea>
<button id="tweetButton">ツイートする</button>
```

■ JavaScript　　　　　　　　　　　　　　　　　　　　　　　043／main.js

```javascript
document.querySelector('#tweetButton').addEventListener('click',
() => {
  // ツイート内容を取得
  let tweetText = document.querySelector('#tweetTextArea').value;

  // 半角スペースと #JavaScriptをツイート文言に追加する
  tweetText += ' #JavaScript';

  // エンコードする
  const encodedText = encodeURIComponent(tweetText);

  // ツイート用リンクを作成する
  const tweetURL =
    `https://twitter.com/intent/tweet?text=${encodedText}`;

  // ツイート用リンクを開く
  window.open(tweetURL);
});
```

043

文字列をURIエスケープしたい

▼ 実行結果

文字を入力後「ツイートする」ボタンをクリックすると、「#JavaScript」のハッシュタグつきでエンコードされた文字列をツイートできる

044 文字列をURLデコードしたい

● エンコードされたURI文字列をデコードしたいとき

Syntax

メソッド	意味	戻り値
decodeURI(文字列)	文字列をデコードする	文字列
decodeURIComponent(文字列)	文字列をデコードする	文字列

エンコードされた文字を日本語に戻すためにはデコード処理（例：「%E3%81%82」を「あ」に変換する）をしなければなりません。decodeURI()、decodeURIComponent()メソッドは、文字列のデコードのために使われます。なお、encodeURI()でエンコードされた文字列はdecodeURI()で、encodeURIComponent()でエンコードされた文字列はdecodeURIComponent()でそれぞれ元の文字列にデコードされます。

■ JavaScript

```
decodeURI(
  'http://example.com/%E5%8F%AF%E6%84%9B%E3%81%84%E7%8C%AB%E3%81%AE%20%E3%83%9A%E3%83%BC%E3%82%B8.html'
);
// http://example.com/可愛い猫の ページ.html

decodeURI(
  'http%3A%2F%2Fexample.com%2F%E5%8F%AF%E6%84%9B%E3%81%84%E7%8C%ABE3%81%AE%20%E3%83%9A%E3%83%BC%E3%82%B8.html'
);
// http%3A%2F%2Fexample.com%2F可愛い猫の ページ.html

decodeURIComponent(
  'http%3A%2F%2Fexample.com%2F%E5%8F%AF%E6%84%9B%E3%81%84%E7%8C%ABE3%81%AE%20%E3%83%9A%E3%83%BC%E3%82%B8.html'
);
// http://example.com/可愛い猫の ページ.html
```

複数データの取り扱い

Chapter

3

045 配列を定義したい

利用シーン
- 配列を定義したいとき
- 配列内の値を取得したいとき

Syntax

構文	意味
[]	配列を定義する
配列[インデックス]	配列内の値を取得する

複数の文字列、複数のユーザーデータなど、複数のデータを取り扱いたいケースは多くあります。「配列」はJavaScriptにおける基本的なデータ型のひとつで、複数のデータを扱うことができるデータです。
配列を定義するには[]（角カッコ、ブラケット）で囲み、配列に格納したいデータを指定します。格納するデータの型は問いません。

■ JavaScript

```javascript
const array1 = []; // 空の配列

const array2 = [0, 2, 8]; // 「0」「2」「8」をまとめたデータ型

const array3 = ['鈴木', '高橋']; // 「鈴木」「高橋」をまとめたデータ型

const array4 = [1, '鈴木', false]; // 「1」「鈴木」「false」をまとめたデータ型
console.log(array4); // コンソールに[1, '鈴木', false]が出力される
```

また、配列内に配列を格納したり、オブジェクトを格納したりすることも可能です。

■ JavaScript

```javascript
// [1, 1, 1], [2, 2, 2]をまとめたデータ型
const array5 = [[1, 1, 1], [2, 2, 2]];

// 2つのオブジェクトをまとめたデータ型
const array6 = [{ id: 1, name: '鈴木' }, { id: 2, name: '鈴木' }];
```

「console.log(配列)」とすることで、配列の内容を
コンソールログに出力できます。

■ JavaScript

```javascript
const array = [1, 2, 3];
console.log(array);
```

▼ 実行結果

```
▶ (3) [1, 2, 3]
```

格納されたデータは先頭から0、1、2、……というインデックスが割り振ら
れ、「配列[インデックス]」と指定することでデータを取得できます。

■ JavaScript

```javascript
const array7 = ['鈴木', '高橋']; // 「鈴木」「高橋」をまとめたデータ型
console.log(array7[0]); // 結果: '鈴木'
console.log(array7[1]); // 結果: '高橋'
```

new Array()を用いた配列の初期化

配列の定義には、[]を用いる以外にも、new Array()を用いる方法があ
ります。

■ JavaScript

```javascript
const array7 = new Array('鈴木', '高橋');
// 「鈴木」「高橋」をまとめたデータ型
console.log(array7[0]); // 結果: "鈴木"
console.log(array7[1]); // 結果: "高橋"
```

引数が1個の数値である場合、指定個数の配列が作成されます。

■ JavaScript

```javascript
const array8 = new Array(10); // 10個の値を
格納できる配列
array8[0] = '鈴木';
```

現在のJavaScriptの書き方として、主流で使われているのは[]の書き
方です。

046 配列の長さを取得したい

- 配列の数を数えるとき
- JSONデータの特定の要素の数を数えるとき

Syntax

プロパティー	意味	型
配列.length	配列の長さを取得する	数値

配列の要素の数を取得するには、lengthプロパティーを参照します。使い方は次の通りです。

■ JavaScript

```javascript
const array1 = ['鈴木', '佐藤', '高橋'];
console.log(array1.length); // 結果: 3

const array2 = [{ id: 1, name: 'りんご' }, { id: 2, name: 'オレンジ' }];
console.log(array2.length); // 結果: 2
```

▼ 実行結果

3
2

047 配列の各要素に対して処理を行いたい❶

利用シーン 配列の各要素について処理をするとき

Syntax

構文	意味
配列.forEach(コールバック関数)	配列の各要素についてコールバックを行う

Syntax ▼コールバック関数

構文	意味
([要素※], [インデックス※], [元配列※]) => {}	要素、インデックス、元配列を用いて処理する

※ 省略可能です。

複数のデータを取り扱う配列においては、その各要素についてまとめて処理（ループ処理、繰り返し処理）を行うケースが多いです。
forEach()メソッドは、引数に渡したコールバック関数を用いて要素を順に処理します。コールバック関数は、処理している要素、インデックス、元の配列を取得します。インデックス、元の配列は省略可能です。

■ JavaScript

```javascript
const array = ['いちご', 'みかん', 'りんご'];

array.forEach((value, index) => {
  // インデックスと値を順に出力
  console.log(index, value); // 0 'いちご', 1 'みかん', 2 'りんご'が順に出力
});
```

forやfor ofでループする場合と異なり、後述するmap()やfilter()などによる処理結果をそのままループできるのが特徴です。 ▶061 ▶062

■ **JavaScript**

```javascript
[1, 2, 3, 4, 5, 6, 7, 8]
  // 偶数の配列を生成
  .filter((value) => value % 2 === 0)
  // 偶数の配列についてループ処理
  .forEach((value) => {
    console.log(value);
  });
// 結果: 2, 4, 6, 8が出力される
```

API等から取得したユーザーデータの配列をループ処理し、その中の要素をHTMLに出力するサンプルを通して、使い方を解説します。ユーザーデータはオブジェクト型で、id・name・addressプロパティーを持っています。

■ **HTML** 047／index.html

```html
<h1>ユーザー一覧</h1>
<div class="container">
</div>
```

■ **JavaScript** 047／main.js

```javascript
// API等から出力するユーザーデータの配列
const userList = [
  { id: 1, name: '田中', address: '東京' },
  { id: 2, name: '鈴木', address: '宮城' },
  { id: 3, name: '高橋', address: '福岡' }
];

// コンテナー
const container = document.querySelector('.container');

// userListの配列の各要素についてループ
userList.forEach((userData) => {
  // 各要素を書き出す
  container.innerHTML += `
```

047

配列の各要素に対して処理を行いたい❶

```html
    <div class="card">
        <h2>${userData.name}</h2>
        <p>出身地:${userData.address}</p>
    </div>
`;
});
```

▼ 実行結果

048 配列の各要素に対して処理を行いたい❷

- 配列の各要素について処理したいとき
- 配列のループ処理で、要素のインデックスが不要なとき

Syntax

構文	意味
for (const 要素 of 配列) {}	for...ofでループ

配列はIterableなオブジェクトなので、for of文による処理が可能です。
▶▶273 使い方は次の通りです。

■ JavaScript

```javascript
const array = ['いちご', 'みかん', 'りんご'];

// 配列の各要素についてループ
for (const value of array) {
  console.log(value); // 結果: 'いちご', 'みかん', 'りんご'が順に出力
}
```

▼ 実行結果

いちご
みかん
りんご

049 配列の各要素に対して処理を行いたい❸

利用シーン
- 配列の各要素について処理したいとき
- 配列のループ処理で、要素のインデックスが必要なとき

Syntax

構文	意味
for (let i = 0; i < 配列の長さ; i++) {}	for...ofでループ

for文を用いて配列をループする場合は、次の通りです。

■ JavaScript

```javascript
const array = ['いちご', 'みかん', 'りんご'];

// 配列の長さを取得する
const arrayLength = array.length;

// 配列の各値について処理
for (let i = 0; i < arrayLength; i++) {
  // インデックスiの要素を出力
  console.log(array[i]); // 'いちご', 'みかん', 'りんご'が順に出力
}
```

▼ 実行結果

いちご
みかん
りんご

050 要素を追加したい

利用シーン
- 配列に要素を追加したいとき
- 要素を先頭か、末端のどちらかから追加したいとき

Syntax

メソッド	意味	戻り値
配列.unshift(要素1, 要素2, ...)	先頭に要素を追加する	追加後の個数
配列.push(要素1, 要素2, ...)	末尾に要素を追加する	追加後の個数

unshift()、push()メソッドは、一度初期化した配列に対して、後から要素を追加したい場合に使うメソッドです。戻り値には、追加後の要素数が返ります。追加要素は何個でも構いません。

■ JavaScript

```javascript
const array1 = ['りんご', 'みかん'];
array1.unshift('バナナ'); // 'バナナ'を先頭に追加
console.log(array1); // 結果: ["バナナ", "りんご", "みかん"];

const array2 = ['りんご', 'みかん'];
array2.push('バナナ', 'いちご'); // 'バナナ'、'いちご'を末尾に追加
console.log(array2); // 結果: ["りんご", "みかん", "バナナ", "いちご"];
```

▼ 実行結果

```
▶ (3) ["バナナ", "りんご", "みかん"]
▶ (4) ["りんご", "みかん", "バナナ", "いちご"]
```

051 要素を削除したい

 配列の要素を削除したいとき

Syntax

メソッド	意味	戻り値
配列.shift()	先頭の要素を取り除く	取り除かれた要素
配列.pop()	末尾の要素を取り除く	取り除かれた要素

shift()、pop()メソッドは、後から要素を取り除きたい場合に使うメソッドです。ふたつのメソッドは、先頭を取り除くか、末尾を取り除くかが異なります。戻り値には取り除いた要素が返ります。

■ JavaScript

```
const array1 = ['りんご', 'みかん', 'バナナ'];
const shiftedValue = array1.shift(); // 先頭の要素を取り除く
console.log(shiftedValue); // 結果: "りんご"（取り除かれた要素）
console.log(array1); // 結果: ["みかん", "バナナ"]（操作後の配列）

const array2 = ['りんご', 'みかん', 'バナナ'];
const poppedValue = array2.pop(); // 末尾の要素を削除する
console.log(poppedValue); // 結果: "バナナ"（削除した要素）
console.log(array2); // 結果: ["りんご", "みかん"]（操作後の配列）
```

削除可能な要素がない状態でpop()やshift()を実行すると、undefinedが返ります。エラーは発生しません。

■ JavaScript

```
const array3 = [];
const poppedValue = array3.pop(); // 先頭の要素を削除する
console.log(poppedValue); // 結果: undefined
```

052 要素の一部を置き換えたい

 利用シーン 配列内の要素を別の要素に置き換えるとき

Syntax

メソッド	意味	戻り値
配列.splice(追加位置, 取り出す数, 要素1, 要素2, ...)	指定位置から要素を取り出しつつ、要素を追加する	配列

splice()メソッドは、指定位置から要素を取り出しつつ、新しい要素を追加します。位置を指定して要素を追加する場合に用います。

■ JavaScript

```javascript
const array3 = ['りんご', 'みかん'];
array3.splice(1, 0, 'バナナ'); // インデックス1の位置で、0個取り除きつつバナナを追加する
console.log(array3); // 結果: ["りんご", "バナナ", "みかん"];

const array4 = ['りんご', 'みかん'];
array4.splice(1, 1, 'バナナ', 'いちご'); // インデックス1の位置で、1個取り除きつつ'バナナ', 'いちご'を追加する
console.log(array4); // 結果: ["りんご", "バナナ", いちご"];
```

053 配列を連結したい

 複数の配列をひとつに結合するとき

Syntax

構文	意味
配列1.concat(配列2, 配列3, ...)	配列1に配列2、配列3を結合する
[...配列1, ...配列2, ...配列3]	配列1に配列2、配列3を結合する

複数の配列をひとつの配列へ結合する場合に用います。
concat()メソッドは引数の配列を結合する場合に用います。結合する配列の数は何個でも構いません。なお、結合に用いた配列は破壊しません。

■ JavaScript

```javascript
const array1 = ['鈴木', '佐藤'];
const array2 = ['田中'];
const array3 = array1.concat(array2);
console.log(array3); // 結果: ["鈴木", "佐藤", "田中"]
```

スプレッド構文(...)を用いると、[...配列]のように指定することで、配列の要素をすべて展開した配列が得られます。

■ JavaScript

```javascript
const array4 = ['鈴木', '佐藤'];
console.log([...array4]); // 結果: ["鈴木", "佐藤"]
```

この性質を利用し、次のように配列を結合できます。

■ JavaScript

```javascript
const array5 = ['鈴木', '佐藤'];
const array6 = ['田中'];
const array7 = [...array5, ...array6];
console.log(array7); // 結果: ["鈴木", "佐藤", "田中"]
```

054 配列の要素を結合して文字列にしたい

利用シーン　配列内の文字要素を結合して表示するとき

Syntax

メソッド	意味	戻り値
配列.join([結合文字列※])	配列の各要素を結合して文字列にする	文字列

※ 省略可能です。

join()メソッドは、配列の要素を結合し、文字列として出力する際に使います。要素と要素の間に挿入する文字列を指定でき、省略した場合は「,」（コンマ）で結合されます。

■ JavaScript

```javascript
const array1 = [2, 4, 10];
console.log(array1.join()); // 結果: "2,4,10"(文字列)

const array2 = ['a', 'b', 'c'];
console.log(array2.join('')); // 結果: "abc"(文字列)
```

055 要素を検索したい

利用シーン 配列データの中に特定の要素があるかどうかを調べるとき

Syntax

メソッド	意味	戻り値
配列.indexOf(検索したい要素, [検索開始位置※])	要素のインデックスを調べる	数値
配列.lastIndexOf(検索したい要素, [検索開始位置※])	要素の末尾からのインデックス	数値
配列.includes(検索したい要素, [検索開始位置※])	要素が含まれているかどうかを調べる	真偽値

※ 省略可能です。

配列内の要素を検索したい場合に使うメソッドを紹介します。indexOf()メソッドは、「配列」の中の「要素」が最初に見つかる位置（以下、インデックス）を、lastIndexOf()メソッドは要素が最後に見つかるインデックスを取得します。インデックスは0からスタート。たとえば、1個目の要素のインデックスは0、5個目のインデックスは4です。

■ JavaScript

```javascript
['りんご', 'バナナ', 'みかん'].indexOf('バナナ'); // 1
[0, 2, 4, 6, 4, 2, 0].indexOf(4); // 2
[0, 2, 4, 6, 4, 2, 0].lastIndexOf(4); // 4
```

includes()メソッドは、「配列」内に「要素」が含まれているかどうかを返します。

■ JavaScript

```javascript
['りんご', 'バナナ', 'みかん'].includes('バナナ'); // true
[0, 2, 4, 6, 8, 10].includes(3); // false
```

056 配列から条件を満たす要素を取得したい

利用シーン　ユーザー情報の配列内からIDを元に特定のユーザー情報を取得したいとき

Syntax

メソッド	意味	戻り値
配列.find(コールバック関数)	コールバック関数に合格する最初の要素	要素
配列.findIndex(テスト関数)	コールバック関数に合格する最初の要素のインデックス	数値

Syntax　▼コールバック関数

構文	意味
([要素※], [インデックス※], [元配列※]) => 真偽値	要素を受け取って、真偽値を返す

※ 省略可能です。

find()メソッドは、配列で条件を満たす最初の要素を取得します。

■ JavaScript

```javascript
const myArray = ['鈴木', '田中', '高橋', '後藤'];

// 配列から「田中」を取得
const targetUser = myArray.find((element) => element === '田中');

// 次のように書いても同様
// const targetUser = myArray.find(element => {
//   return element === '田中'
// });

console.log(targetUser); // 結果: '田中'
```

ユーザー検索システムを想定し、ユーザー情報の配列から検索ユーザーの情報を表示するサンプルを通して使い方を紹介します。

■ HTML　　　　　　　　　　　　　　　　　　　　　　　　　　056/index.html

```html
<div class="search-word-wrapper">
  <label>ユーザーID<input id="search-id-input" type="text"></label>
</div>

<p id="search-result">
  該当者なし
</p>
```

■ JavaScript　　　　　　　　　　　　　　　　　　　　　　　056/main.js

```javascript
// idキーとnameキーを持つユーザーデータの配列
const userDataList = [
  { id: 123, name: '高橋' },
  { id: 1021, name: '鈴木' },
  { id: 6021, name: '後藤' }
];

/** 検索IDを入力するinput要素 */
const searchIdInput = document.querySelector('#search-id-input');

/** 検索結果を表示する要素 */
const searchResult = document.querySelector('#search-result');

// 文字が入力される度に、内容のチェックを行う
searchIdInput.addEventListener('keyup', () => {
  // 検索IDを取得する
  const searchId = Number(event.target.value);
  findUser(searchId);
});

/*** ユーザーを検索する */
function findUser(searchId) {
```

```javascript
  // 該当データを取得する
  const targetData = userDataList.find((data) =>
data.id === searchId);

  // 該当データが存在しなかったら、「該当者なし」と表示して終了
  if (targetData == null) {
    searchResult.textContent = '該当者なし';
    return;
  }

  // 該当データの名前を表示する
  searchResult.textContent = targetData.name;
}
```

▼ 実行結果

入力IDに応じたユーザー名が表示される

056 配列から条件を満たす要素を取得したい

findIndex()メソッドは、配列において条件を満たす最初の要素のインデックスを取得します。

■ JavaScript

```javascript
const myArray = ['鈴木', '田中', '高橋', '後藤'];

// 配列から「田中」を取得
const targetIndex = myArray.findIndex((element) => element === '田中');

console.log(targetIndex); // 結果: 1
```

057 配列の並び順を逆順にしたい

 配列の並び順を逆順にしたいとき

Syntax

メソッド	意味	戻り値
配列.reverse()	配列の並び順を反転する	配列

reverse()メソッドは、要素の並び順を反転させます。

■ JavaScript

```javascript
const array2 = [1, 3, 5];
array2.reverse();
console.log(array2); // 結果: [5, 3, 1]
```

▼ 実行結果

```
▶ (3) [5, 3, 1]
```

058 配列をソートしたい

利用シーン 配列の要素の順番を昇順・降順に並び替えたいとき

Syntax

メソッド	意味	戻り値
配列.sort([比較関数※])	配列を比較関数にしたがってソートする	配列

※ 省略可能です。

sort()メソッドは、配列を比較関数にしたがってソートします。比較関数は比較のためのふたつの要素（a、b）を受け取り、戻り値の数値の大小によって順番を決定付けます。比較関数の計算に応じて結果は次のように変わります。

- 0未満……a、bの順に要素をソート
- 0……a、bの順番は変えない
- 0より大……b、aの順に要素をソート

[1, 2, 3, 3, 4, 5]という数値が入った配列を、数字が大きい順にソートしてみましょう。if文でaとbの比較を行い、その結果に応じて1、0、-1を戻り値としています。

■ JavaScript

```javascript
const array1 = [1, 2, 3, 3, 4, 5];

array1.sort((a, b) => {
  // aがbより小さいならば、a, bの順に並べる
  if (a < b) {
    return 1;
  }

  // aとbが等しければ、順番はそのまま
  if (a === b) {
    return 0;
  }
```

配列をソートしたい

```
  // aがbより大きければ、b，aの順に並べる
  if (a > b) {
    return -1;
  }
});

console.log(array1); // 結果: [5, 4, 3, 3, 2, 1]
```

059 オブジェクトを含む配列をソートしたい

利用シーン 配列の要素の順番を昇順・降順に並び替えたいとき

ユーザー名を一覧表示するプログラムを想定し、昇順・降順を入れ替えるサンプルを通して使い方を紹介します。次のようにIDとユーザー名がペアになった配列のソートを考えます。

■ JavaScript

```javascript
// データ
const userDataList = [
  { id: 2, name: '鈴木' },
  { id: 10, name: '田中' },
  { id: 4, name: '佐藤' },
  { id: 29, name: '高橋' },
  { id: 101, name: '小笠原' }
];
```

HTML上に昇順用ボタン、降順用ボタンを配置し、各々をクリックすると昇順・降順が切り替わり、.user_list要素内にユーザー名一覧が表示される仕組みです。

■ HTML 059/index.html

```html
<div class="button-wrapper">
  <button class="ascending">昇順</button>
  <button class="descending">降順</button>
</div>
<ul class="user_list">

</ul>
```

■JavaScript

059／main.js

```javascript
// データ
const userDataList = [
  { id: 2, name: '鈴木' },
  { id: 10, name: '田中' },
  { id: 4, name: '佐藤' },
  { id: 29, name: '高橋' },
  { id: 101, name: '小笠原' }
];

// 表示を更新する
function updateList() {
  let listHtml = '';

  for (const data of userDataList) {
    listHtml += `<li>${data.id} : ${data.name}</li>`;
  }

  document.querySelector('.user_list').innerHTML = listHtml;
}

// 昇順にソート
function sortByAscending() {
  userDataList.sort((a, b) => {
    return a.id - b.id;
  });

  updateList();
}

// 降順にソート
function sortByDescending() {
  userDataList.sort((a, b) => {
    return b.id - a.id;
  });

  updateList();
}

// 昇順ボタンをクリックした時の処理
document.querySelector('.ascending').addEventListener('click', () => {
  sortByAscending();
});
```

```
// 降順ボタンをクリックした時の処理
document.querySelector('.descending').addEventListener('click', () =>
{
  sortByDescending();
});

// 最初に昇順に並べる
sortByAscending();
```

▼ 実行結果

比較関数を省略した場合はUnicodeの順番にソートされる

sort()メソッドの比較関数を省略した場合、文字列としてユニコード（文字コード）の順番にソートされます。それぞれ、[1, 5, 10]、['一', '二', '三']とソートされることを期待して処理を実行すると、思い通りに行きません。特別な理由がない限り、sort()を使う場合は比較関数を明示するべきでしょう。

■ JavaScript

```javascript
const array1 = [5, 1, 10];
array1.sort();
console.log(array1); // 結果: [1, 10, 5];

const array2 = ['三', '二', '一'];
array2.sort();
console.log(array2); // 結果: ["一", "三", "二"];

// 各字のユニコード
// 一 : 19968
// 二 : 20108
// 三 : 19977
```

060 文字列の順番で配列をソートしたい

 アルファベットも大文字・小文字を無視してソートしたいとき

Syntax

メソッド	意味	戻り値
文字列1.localeCompare(文字列2)	文字列1と文字列2を比較する	数値

配列のsort()メソッドで、文字列の順番を比較するにはlocaleCompare()メソッドを利用します。文字コードだけでソートを行うと、アルファベットの大文字の後に小文字が続くため、意図しないソート順になる可能性があります。たとえば、大文字のOrangeが小文字のappleよりも先だと認識されてしまいます。localeCompare()メソッドを利用すれば、アルファベットの大文字小文字を無視したうえでソートされます。次の比較では先頭が小文字のappleが、大文字のOrangeよりも後ろ側にソートされています。

■ JavaScript

```
// 比較関数なしのソート
const arr1 = ['grape', 'Orange', 'apple'];
arr1.sort();
ccnsole.log(arr1); // 結果: [ 'Orange', 'apple', 'grape' ]

// 比較関数にlocaleCompareを利用
ccnst arr2 = ['grape', 'Orange', 'apple'];
arr2.sort((a, b) => a.localeCompare(b));
ccnsole.log(arr2); // 結果: [ 'apple', 'grape', 'Orange' ]
```

▼ 実行結果

```
▶ (3) ["Orange", "apple", "grape"]
▶ (3) ["apple", "grape", "Orange"]
```

061 ある配列から別の配列を作りたい

利用シーン
- 演算して新しい配列を作りたいとき
- 配列要素すべてに対して処理を適用したいとき
- IDと名前を持つオブジェクトの配列からIDだけの配列を作成するとき

Syntax

メソッド	意味	戻り値
配列.map(コールバック関数)	コールバック関数によって新しい配列を生成する	配列

Syntax ▼コールバック関数

構文	意味
([要素※], [インデックス※], [元配列※]) => 変更後の要素	要素を受け取って、変更後の要素を返す

※ 省略可能です。

map()メソッドは、ある配列を元に新しい配列を生成します。map()メソッドは配列の要素ひとつずつに対して処理するので、配列のループ処理を作るのにも役立ちます。各要素は引数に与えたコールバック関数によって処理されます。map()メソッドはforEach()メソッドと似ていますが、forEach()は戻り値がなく実行するだけのメソッドなのに対して、map()メソッドは実行後の結果を配列として返す点で異なっています。

■JavaScript

```javascript
const idList = [4, 10, 20];

const userIdList = idList.map((value) => `userid_${value}`);
console.log(userIdList); // 結果: ["userid_4", "userid_10", "userid_20"]
```

コールバック関数は、要素の他にインデックスや元の配列を受け取ります。

■ JavaScript
```
const idList = [3, 8, 12];

const userIdList = idList.map((value, index) => `userid_${index + 1}_${value}`);
console.log(userIdList); // 結果: ["userid_1_3", "userid_2_8", "userid_3_12"]
```

IDと名前を持つオブジェクトの配列からIDだけの配列を作成するサンプルを通して、map()の使い方を紹介します。

■ JavaScript
```
const apiResponseData = [
  { id: 10, name: '鈴木' },
  { id: 21, name: '田中' },
  { id: 31, name: '高橋' }
];

const idList = apiResponseData.map((value) => value.id);
// 以下でも同様
// const idList = apiResponseData.map(value => {
//   return value.id
// });

console.log(idList); // 結果: [10, 21, 31]
```

062 ある配列から条件を満たす別の配列を作りたい

利用シーン　ユーザー情報の配列から、年齢が18歳以上のユーザーだけの配列を生成するとき

Syntax

メソッド	意味	戻り値
配列.filter(コールバック関数)	コールバック関数に合格した配列を生成する	配列

Syntax ▼コールバック関数

構文	意味
([要素※], [インデックス※], [元配列※]) => 真偽値	要素を受け取って、真偽値を返す

※ 省略可能です。

filter()メソッドは、コールバックに合格した要素からなる新しい配列を生成します。[10, 20, 30, 40]という配列から30以上の要素だけの配列を生成するサンプルを通して、使い方を紹介します。

■ JavaScript

```javascript
const newArray = [10, 20, 30, 40].filter((value) => value >= 30);
console.log(newArray); // 結果: [30, 40]
```

コールバック関数では、受け取った要素が30以上かどうかを判定しています。30以上の要素であればtrueを返し、その要素は新しい配列の一部となります。
コールバック関数の箇所は次のように書き換えても動作します。

■ JavaScript

```javascript
ccnst newArray = [10, 20, 30, 40].filter((value) => {
  return value >= 30;
});
ccnst newArray = [10, 20, 30, 40].filter(function(value) {
  return value >= 30;
});
```

20歳以上、30歳以上、40歳以上というラベルのボタンを作成し、クリックしたボタンに応じてユーザー一覧を出力するサンプルを通して使い方を紹介します。

■ HTML

062/index.html

```html
<div class="button-wrapper">
  <button class="button" data-age="20">20歳以上</button>
  <button class="button" data-age="30">30歳以上</button>
  <button class="button" data-age="40">40歳以上</button>
</div>
<ul class="user_list">
</ul>
```

ボタンクリック時の処理onClickButton()では、button要素のdata-age（カスタムプロパティー）を取得します。条件を満たす配列をuserDataListを元に作成し、updateList()メソッドにより生成しています。

■ JavaScript

062/main.js

```javascript
// データ
const userDataList = [
  { name: '鈴木', age: 18 },
  { name: '田中', age: 27 },
  { name: '佐藤', age: 32 },
  { name: '高橋', age: 41 },
  { name: '小笠原', age: 56 }
];
```

```javascript
// .button要素についてイベント設定
document.querySelectorAll('.button').forEach((element) => {
  element.addEventListener('click', (event) => {
    onClickButton(event);
  });
});

/**
 * ボタンがクリックされたときの処理
 */
function onClickButton(event) {
  // クリックされたボタン要素
  const button = event.target;
  // ボタン要素からdata-ageを取得
  const targetAge = button.dataset.age;
  // targetAge以上のユーザー配列を生成する
  const filterdList = userDataList.filter((data) => data.age >= targetAge);
  // 配列を出力する
  updateList(filterdList);
}

/**
 * ユーザー配列を出力する
 */
function updateList(filterdList) {
  let listHtml = '';

  for (const data of filterdList) {
    listHtml += `<li>${data.name} : ${data.age}歳</li>`;
  }

  document.querySelector('.user_list').innerHTML = listHtml;
}
```

▼ 実行結果

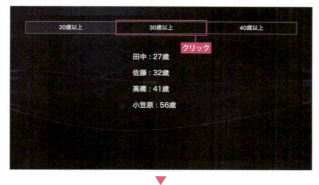

クリックされたボタンによって配列がフィルタリングされる

063 各要素から単一の値を作りたい

利用シーン 配列の合計値を計算したいとき

Syntax

メソッド	意味	戻り値
配列.reduce(コールバック関数, [初期値※])	各要素を左から右に処理して単一の値を生成する	任意
配列.reduceRight(コールバック関数, [初期値※])	各要素を右から左に処理して単一の値を生成する	任意

※ 省略可能です。

Syntax ▼コールバック関数

構文	意味
((前の要素, 現在の要素, インデックス, 元の配列) => { /* 処理 */ })	任意の処理

reduce()メソッドは、配列を元に単一の値を生成します。次のコードは、配列に3つの値段を格納しておき、その合計値を計算するプログラムです。

■ **JavaScript**

```javascript
// 3つの値段を格納した配列
const priceList = [100, 500, 900];

// 合計値を計算
const sum = priceList.reduce((previous, current) => {
  return previous + current;
});

// 次のように省略して記述可能
// priceList.reduce((previous, current) => previous + current);

console.log(sum); // 結果: 1500
```

reduce()メソッドを使わずに同様の処理をすると、次のようにforループを使うことになり、やや煩雑です。

■ JavaScript

```javascript
// 3つの値段を格納した配列
const priceList = [100, 500, 900];

// 合計値を格納する変数
let sum = 0;

// ループ文で加算する
for (const price of priceList) {
  sum += price;
}

console.log(sum); // 結果: 1500
```

2次元配列を1次元配列にする(フラット化する)というケースでも使えます。

■ JavaScript

```javascript
const array = [['バナナ', 'りんご', 'いちご'], ['みかん', 'ぶどう']];

const flattenedArray = array.reduce((previousValue, currentValue) => {
  return previousValue.concat(currentValue);
});

console.log(flattenedArray); // 結果: ["バナナ", "りんご", "いちご", "みかん", "ぶどう"]
```

reduce()メソッドが値を左から右に処理するのに対し、reduceRight()メソッドは値を右から左に処理します。

```javascript
const array = ['鈴木', '田中', '後藤'];

const members1 = array.reduce((previous, current) => {
  return `${previous}と${current}`;
});
console.log(members1); // 結果: "鈴木と田中と後藤"

const members2 = array.reduceRight((previous, current) => {
  return `${previous}と${current}`;
});
console.log(members2); // 結果: "後藤と田中と鈴木"
```

064 配列に似たオブジェクトを配列に変換したい

利用シーン
- 文字列や配列のようなオブジェクト（ArrayLike）を配列に変換する
- 反復可能（Iterable）なオブジェクトを配列に変換する

Syntax

構文	意味
[...変換対象]	配列に変換する

スプレッド構文（...）を用いると、配列のようなオブジェクト「ArrayLikeオブジェクト」を配列に変換できます。
ArrayLikeオブジェクトとは、次のようなものです。

- **length**プロパティーで長さを取得できる
- **インデックス付けされた要素を持つ**

たとえば、document.querySelectorAll(セレクター名)メソッドでは、セレクター名に一致する要素をすべて取得しますが、その際の戻り値はNodeListOfというオブジェクトです。lengthとインデックス付けされた要素を持ちます。よって、NodeListOfオブジェクトはArrayLikeオブジェクトです。

■ JavaScript

```javascript
// div要素をすべて取得する
const allDivElementList = document.querySelectorAll('div');

// div要素の数を出力する
console.log(allDivElementList.length);

// 3番目のdiv要素を出力する（インデックス付けされた要素）
console.log(allDivElementList[2]);
```

NodeListは配列に似たオブジェクトですが配列そのものではありません。
したがって、filter()等の配列用メソッドは使えません。

■ JavaScript

```javascript
// <div class="on"></div>という要素を探すためにfilter()を使おうとするが、
// NodeListではfilter()が使えないのでエラーになる。
allDivElementList.filter((element) => element.classList.contains('on'));
```

スプレッド構文（...）を用いると、ArrayLikeオブジェクトを配列に変換できます。

■ JavaScript

```javascript
const allDivElementList = document.querySelectorAll('div');

// 配列に変換する
const elementsArray = [...allDivElementList];

// 配列用メソッドfilter()が使える
elementsArray.filter((element) => element.classList.contains('on'));
```

文字列もlengthとインデックスによるアクセスが可能なので、ArrayLikeなオブジェクトです。

■ JavaScript

```javascript
const myString = 'こんにちは';

console.log(myString.length); // 結果: 5
console.log(myString[2]); // 結果: "に"
```

よって、[...文字列]で配列に変換可能です。

■ JavaScript

```javascript
const myString = 'こんにちは';

console.log([...myString]); // 結果: ["こ", "ん", "に", "ち", "は"]
```

Column

配列に似たオブジェクトはArray.from()でも変換可能

Syntax

メソッド	意味	戻り値
Array.from(変換対象, [コールバック関数※])	配列に変換する	配列

※ 省略可能です。

Syntax ▼ コールバック関数

構文	意味
([要素※], [インデックス※], [元配列※]) => {}	要素、インデックス、元配列を用いて処理する

※ 省略可能です。

Array.from()もスプレッド構文(...)と同様にArrayLikeオブジェクトを配列に変換できます。また、コールバック関数を指定し、配列.map()メソッドのように新しい配列を作成できます。

■ JavaScript

```
const myString = 'こんにちは';

console.log(Array.from(myString)); // 結果: ["こ", "ん", "に", "ち", "は"]

// コールバックで新しい配列を作成可能
// 文字列の一つずつに！を追加
const newArray = Array.from(myString, (character) =>
`${character}！`);
console.log(newArray); // 結果: ["こ！", "ん！", "に！", "ち！", "は！"]
```

スプレッド構文(...)でもmap()を組み合わせれば同等のことが実現できるので、ブラウザー互換の問題がない限りはスプレッド構文を使うほうが手軽でしょう。

■ JavaScript

```
const myString = 'こんにちは';

// コールバックで新しい配列を作成可能
// 文字列の一つずつに！を追加
const newArray = [...myString].map((character) =>
`${character}！`);
console.log(newArray); // 結果: ["こ！", "ん！", "に！", "ち！", "は！"]
```

065 複数の値をまとめて代入したい
（分割代入）

 配列内の要素を入れ替えるとき

Syntax

構文	意味
[変数1, 変数2, 変数3] = [値1, 値2, 値3]	各変数に値を代入する

左辺の配列の各変数に、右辺の配列の各値を代入するための記法を紹介します。配列の「分割代入」といいます。

■ JavaScript

```javascript
let a;
let b;
let c;
[a, b, c] = [1, 2, 3];
console.log(a, b, c); // 結果: 1, 2, 3
```

分割代入は、次のように配列内の値を入れ替える用途でも利用できます。配列のシャッフル時などに使います。

■ JavaScript

```javascript
const array = ['鈴木', '田中'];
[array[0], array[1]] = [array[1], array[0]];
console.log(array); // 結果: ["田中", "鈴木"]
// array内の要素の順番が入れ替わった
```

066 配列をシャッフルしたい

 利用シーン ゲームで複数の要素をシャッフルする

配列を偏りなく高速にシャッフルするには、「Fisher Yates（フィッシャーイェーツ）のアルゴリズム」を使うと便利です。次のような処理です。アルゴリズムの仕組みについてはコラムにて解説しました。

■ JavaScript

```javascript
const array = [1, 2, 3, 4, 5];

const arrayLength = array.length;

// Fisher-Yatesのアルゴリズム
for (let i = arrayLength - 1; i >= 0; i--) {
  const randomIndex = Math.floor(Math.random() * (i + 1));
  [array[i], array[randomIndex]] = [array[randomIndex], array[i]];
}

console.log(array); // 結果: [ 4, 5, 1, 2, 3 ]
```

使い回しができるように、この処理を関数化しておくと便利です。次のコードではシャッフルする処理をshuffleArray()関数としてまとめました。数値だけの配列、文字列だけの配列に対して、シャッフルしています。

■ JavaScript   066/main.js

```javascript
const array1 = [1, 2, 3, 4, 5, 6, 7, 8, 9, 10];
const shuffled1 = shuffleArray(array1);
console.log(shuffled1); // 結果: [5, 1, 8, 3,...(略)

const array2 = ['田中', '鈴木', '吉田', '後藤', '辻'];
const shuffled2 = shuffleArray(array2);
console.log(shuffled2); // 結果: ["辻", "田中", "吉田", "鈴木", "後藤"]
```

```
/**
 * 配列をシャッフルします。
 * 元の配列は変更せず、新しい配列を返します。
 * @param sourceArr 元の配列
 * @returns シャッフルされた配列
 */
function shuffleArray(sourceArr) {
  // 元の配列の複製を作成
  const array = sourceArr.concat();
  // Fisher-Yatesのアルゴリズム
  const arrayLength = array.length;
  for (let i = arrayLength - 1; i >= 0; i--) {
    const randomIndex = Math.floor(Math.random() * (i + 1));
    [array[i], array[randomIndex]] = [array[randomIndex], array[i]];
  }

  return array;
}
```

フィッシャーイェーツのアルゴリズムを理解する

たとえば、5個の配列[0, 1, 2, 3, 4]のシャッフルを考えてみましょう。

- for文において、iは4,3,2,1,0と変換する
- Math.random()は0以上1未満なので、randomIndexは0以上i以下になる

ことに注意しつつ、iを変化させると配列は次のように変換します。

i	ランダムなインデックス（例）	変更後の配列（例）
4	3	[0, 1, 2, 4, 3]
3	1	[0, 4, 2, 1, 3]
2	0	[2, 4, 0, 1, 3]
1	0	[4, 2, 0, 1, 3]
0	0	[4, 2, 0, 1, 3]

ポイントは次のふたつです。

- すべての要素が入れ替えの対象になる
- 一度入れ替わった要素はその後の入れ替えの対象にならない

067 複数のデータを保持できる オブジェクト型を使いたい

利用シーン
- さまざまなデータをひとつのオブジェクトにまとめたい
- 連想配列を利用したい

オブジェクトはJavaScriptにおける基本的なデータ型のひとつです。複数のプロパティー（property：財産、資産）を持つことが可能です。プロパティーは、キーと値の組み合わせからなります。たとえば、次のオブジェクトでは3つのプロパティーを持ちます。

■ JavaScript

```javascript
// 人物データを想定したオブジェクト
const person = {
  id: 1,
  name: '鈴木',
  age: 28
};
```

- プロパティー……「id:1」、「name: '鈴木'」、「age: 28」
- キー……id、name、age
- 値……1、'鈴木'、28

また、値として格納できるデータ型に制限はありません。数値や文字列はもちろん、配列、オブジェクト、関数も格納できます。

■ JavaScript

```javascript
const object = {
  list: [1, 2, 3],
  subObject: { id: 1, name: '鈴木' },
  method: () => {
    console.log('メソッドを実行');
  }
};
```

console.log(オブジェクト)とすることで、配列の内容をコンソールログに
出力できます。

■ JavaScript

```javascript
const person = {
  id: 1,
  name: '鈴木',
  age: 28
};

ccnsole.log(person);
```

▼ 実行結果

```
▶ {id: 1, name: "鈴木", age: 28}
```

オブジェクトはすべてのオブジェクトの基本です。後のChapterで紹介し
ますが、Dateオブジェクト、Windowオブジェクト等もすべてオブジェクトを
基本としています。よって、オブジェクトで使える構文は、他のオブジェク
トでも利用可能です。

068 オブジェクトの定義、値の取得、値の更新を行いたい

 利用シーン オブジェクトのプロパティーを更新したい

Syntax

構文	意味
{}	オブジェクトを初期化する
{キー: 値, キー: 値, }	オブジェクトを初期化する
オブジェクト[キー名]	値を取得する
オブジェクト.キー名	値を取得する
オブジェクト[キー名] = 値	値を更新する
オブジェクト.キー名 = 値	値を更新する

オブジェクトを定義するには{}（波カッコ）で囲み、オブジェクトに格納したいデータを指定します。格納する値の型は問いません。格納されたデータは、キー名を指定して値を取得したり、値を更新したりすることが可能です。

■ **JavaScript**

```javascript
const object = {}; // 空のオブジェクト

// 人物データを想定したオブジェクト
const person = {
  id: 1,
  name: '鈴木',
  age: 28
};

// 値の取得
console.log(person.id); // 結果: 1
console.log(person['name']); // 結果: 鈴木

// 値の更新
person.id = 2;
person['name'] = '田中';
```

```
console.log(person.id); // 結果: 2
console.log(person['name']); // 結果: 田中
```

存在しないプロパティーの取得を試みた場合、戻り値はundefinedとなります。

■JavaScript

```
const object2 = {};

object2.foo; // undefined
```

オブジェクトの値の型は任意なので、配列やオブジェクトを格納するなど、多階層のオブジェクトにできます。多階層になった場合も、[キー名]や.キー名で値を取得、更新できます。

```
// APIのレスポンス値を想定したオブジェクト
const response = {
  result: true,
  list: [{ id: 1, name: '田中', age: 26 }, { id: 2, name: '鈴木', age: 32 }]
};

// 値を取得
console.log(response.list[0].name); // 結果: 田中

// 値の更新
response.list[1].age = 51;
console.log(response.list[1].age); // 結果: 51
```

また、関数型（Function）も格納可能です。

```
// クラスを想定したオブジェクト
const myClass = {
  method1: function() {
    console.log('メソッド1を実行');
  },
  method2: () => {
    console.log('メソッド2を実行');
  }
};

myClass.method2(); // "メソッド2を実行"が出力
```

069 オブジェクトを複製したい

 データを複製したいとき

Syntax

構文	意味
{...コピー元オブジェクト}	オブジェクトの各要素を分割代入する（コピー）

Syntax

メソッド	意味	戻り値
Object.assign({}, コピー元オブジェクト)	オブジェクトをコピーする	オブジェクト

Object.assign()メソッドを使うと、オブジェクトをコピーできます。

■ JavaScript

```javascript
const object1 = {
  result: true,
  members: [
    { id: 1, name: '鈴木' },
    { id: 2, name: '田中' },
    { id: 3, name: '高橋' }
  ]
};

// オブジェクトのコピー
const copiedObject1 = Object.assign({}, object1);

console.log(copiedObject1);
// オブジェクトがコピーされる
// {
//     result: true,
//     members: [
//         { id: 1, name: '鈴木' },
//         { id: 2, name: '田中' },
```

```
//       { id: 3, name: '高橋' }
//    ]
// }
```

スプレッド構文(...)を用いると、次のような短いコードでオブジェクトの
コピーが可能です。

■ JavaScript

```javascript
const object2 = {
  result: true,
  members: [
    { id: 1, name: '鈴木' },
    { id: 2, name: '田中' },
    { id: 3, name: '高橋' }
  ]
};

// オブジェクトのコピー
const copiedObject2 = { ...object2 };

console.log(copiedObject2); // オブジェクトがコピーされる
```

```
▼{result: true, members: Array(3)}
  ▼members: Array(3)
    ▶0: {id: 1, name: "鈴木"}
    ▶1: {id: 2, name: "田中"}
    ▶2: {id: 3, name: "高橋"}
     length: 3
    ▶__proto__: Array(0)
    result: true
  ▶__proto__: Object
```

copiedObject2 の中身をコンソールで確認

069 オブジェクトを複製したい

Object.assign()メソッドやスプレッド構文を使うと、シャローコピーとなります。シャローコピーとは、コピー元とコピー先のオブジェクトが同じデータを参照することです。コピー元のオブジェクトの操作は、コピー先のオブジェクトに影響します。

次のコードでは、スプレッド構文によってオブジェクトをコピーしています。コピー元のmembersプロパティー内の配列に注目してください。1番目の要素をJohnに変更しています。すると、コピー先のmembersプロパティーの配列も変更されていることがわかります。これがシャローコピーの挙動となります。

■ JavaScript

```javascript
// コピー元のオブジェクト
const object3 = {
  id: 1,
  members: [ '鈴木', '田中', '高橋' ]
};

// オブジェクトのコピー
const copiedObject3 = { ...object3 };

// 元オブジェクトのmembersプロパティー内の配列を更新する
object3.members[0] = 'John';

// コピー先のmembersプロパティーの配列も更新される
console.log(copiedObject3.members[0]); // 結果: 'John'
```

070 オブジェクトのプロパティーがあるかどうかを調べたい

- APIのレスポンス内に特定のデータが入っているかを調べるとき
- オブジェクトの指定の値が存在しないときは処理をキャンセルするとき

Syntax

メソッド	意味	戻り値
オブジェクト.hasOwnProperty(キー名)	値があるかどうか	真偽値

Syntax

構文	意味
キー名 in オブジェクト	値があるかどうかを返す

オブジェクト内に、指定のプロパティーがあるかどうかを調べる構文です。
使い方は、次の通りです。

■ JavaScript

```javascript
// ユーザーデータを想定したオブジェクト
const userData = {
  id: 1,
  name: '田中',
  age: 26
};

console.log(userData.hasOwnProperty('id')); // 結果: true
console.log(userData.hasOwnProperty('adress')); // 結果: false
console.log('id' in userData); // 結果: true
```

▼ 実行結果

```
true
false
true
```

070

オブジェクトのプロパティーがあるかどうかを調べたい

あるいは、次のようにオブジェクトの値を取得し、undefinedやnullではないかどうかを調べる方法もあります。

■ **JavaScript**

```javascript
// ユーザーデータを想定したオブジェクト
const userData = {
  id: 1,
  name: '田中',
  age: 26
};

console.log(userData.id != null); // 結果: true
console.log(userData.adress != null); // 結果: false
console.log(userData['id'] != null); // 結果: true
```

▼ 実行結果

```
true
false
true
```

071 オブジェクトの各値について処理をしたい

利用シーン　APIのレスポンス内に特定のデータが入っているかを調べるとき

Syntax

メソッド	意味	戻り値
Object.keys(オブジェクト)	オブジェクトの各キーの配列	配列
Object.values(オブジェクト)	オブジェクトの各値の配列	配列
Object.entries(オブジェクト)	オブジェクトの各プロパティーの配列	配列

オブジェクト内の各プロパティーについてループする方法を紹介します。
上記のメソッドを使うことで、キーごと、値ごと、プロパティーごとを列挙した配列を作成できます。

■ JavaScript

```javascript
// ユーザーデータを想定したオブジェクト
const userData = {
  id: 1,
  name: '田中',
  age: 26
};

// キー毎にループ
console.log(Object.keys(userData)); // 結果: [ 'id', 'name', 'age' ]

// 値毎にループ
console.log(Object.values(userData)); // 結果: [ 1, '田中', 26 ]

// プロパティー毎にループ
console.log(Object.entries(userData));
// 結果: [ [ 'id', 1 ], [ 'name', '田中' ], [ 'age', 26 ] ]
```

072 複数の変数にまとめて値を代入したい（分割代入）

利用シーン
- オブジェクトからまとめて値を代入したいとき
- 一部の値だけオブジェクトから取り出して使いたいとき

Syntax

構文	意味
({変数1, 変数2, ...} = オブジェクト	オブジェクトの値を変数に展開する

オブジェクトから変数1、変数2と同名のキーの値を取り出し、変数に展開するための記法を紹介します。「分割代入」といいます。

■ JavaScript

```javascript
const userData1 = {
  id: 1,
  name: '田中',
  age: 26
};

const { id, name, age } = userData1;

console.log(id); // 結果: 1 (userData.idの値)
console.log(name); // 結果: '田中' (userData.nameの値)
console.log(age); // 結果: 26 (serData.ageの値)
```

変数の定義順は順不同です。また、該当しないキー名を指定すると、undefinedとなります。

■ JavaScript
```
const userData2 = {
  id: 1,
  name: '田中',
  age: 26
};

ccnst { age, id, address } = userData2;

ccnsole.log(age); // 結果: 26 (userData.ageの値)
ccnsole.log(id); // 結果: 1 (userData.idの値)
ccnsole.log(address); // 結果: undefined (userData.addressは存在しない)
```

▼ 実行結果

```
26
1
undefined
```

次のように、別名の指定が可能です。

■ JavaScript
```
const userData3 = {
  id: 1,
  name: '田中'
};

// nameキーの値をmyName変数に保持
const { name: myName } = userData3;

console.log(myName); // 結果: '田中' (userData.nameの値)
```

▼ 実行結果

```
田中
```

073 オブジェクトを編集不可能にしたい

 オブジェクトを編集不可能にするとき

Syntax

メソッド	意味	戻り値
Object.freeze(オブジェクト)	オブジェクトを変更不可能にする	オブジェクト
Object.isFrozen(オブジェクト)	オブジェクトを変更不可能かどうか	真偽値

オブジェクトは、constでデータを定義したとしても、プロパティーの追加、削除、変更が可能です。

■ JavaScript

```javascript
const object1 = { id: 10, name: '田中' };
object1.id = 12; // プロパティーの変更が可能
object1.address = '東京'; // プロパティーの追加が可能
```

プロパティーの追加、削除、変更を禁止するには、Object.freeze()メソッドを用います。ただし、編集不可能になるのはオブジェクト直属のプロパティーで、深い階層までは編集不可能になりません。また、エラー検知を有効にするには"use strict"（厳格モード）を指定します。

■ JavaScript

```javascript
'use strict';

const object2 = { id: 10, name: '田中' };
Object.freeze(object2);

object2.id = 12; // プロパティーの変更は不可能なため、エラー
object2.address = '東京'; // プロパティーの追加が不可能なため、エラー
```

配列も同様にして変更不可能にできます。

■ JavaScript

```
'use strict';

const array1 = [1, 2, 3];
Object.freeze(array1);
array1.push(4); // プロパティーの変更は不可能なため、エラー
```

オブジェクトが禁止されているかどうかは、Object.isFrozen()メソッドで確認できます。

■ JavaScript

```
'use strict';

const object2 = { id: 10, name: '田中' };
Object.freeze(object2);

console.log(Object.isFrozen(object2)); // 結果: true
```

Column

オブジェクトの変更を禁止する他の方法

オブジェクトの変更禁止のためのメソッドは、Object.freeze()の他にObject.seal()、Object.preventExtensions()があります。

- Object.seal(): プロパティーの追加・削除のみ禁止。変更は可能。
- Object.preventExtensions(): プロパティーの追加のみ禁止。削除・変更は可能。

データについて深く知る

Chapter
4

074 データの型について知りたい

利用シーン
- JavaScriptの型の使い分けを理解したい
- 文字列や数値など、書式を学びたい

Syntax

データ型	意味
プリミティブ型（基本型）	データそのもの
オブジェクト型（複合型）	データを参照するデータ

JavaScriptで取り扱う数値、文字列、真偽値、オブジェクトといった値はすべて「型」（データ型）という区切りで分けられます。その違いは、「データそのもの」か「データを参照するデータ」かです。

プリミティブ型（基本型）は、数値、文字列などの「データそのもの」です。プリミティブ型はさらに6種類に分類されます。

プリミティブ型	意味	データの例
Boolean	真偽値の型	true、false
String	文字列の型	'鈴木'、'田中'
Number	数値の型	1、30
Undefined	値が未定であることを示す型	undefined
Null	値が存在しないことを示す型	null
Symbol	シンボルの型	Symbol()

次の変数は、データ100やデータ'鈴木'を「参照」します。「参照」とはメモリ上のデータを指し示すことを意味します。

■ JavaScript

```javascript
// 100を参照するデータ
const num = 100;
```

■ JavaScript

```javascript
// '鈴木'を参照するデータ
const str = '鈴木';
```

オブジェクト型（複合型）は、配列、オブジェクトなど、プリミティブ型以外のすべてのデータです。

オブジェクト型	意味	データの例
Object	オブジェクトの型	プリミティブ型以外のすべて（Array、Object、Date等）

オブジェクト型は、「データそのもの」ではなく、「データを参照するデータ」です。
たとえば次の配列は、データ1、2、3を参照するデータです。

■ JavaScript

```
const arr = [1, 2, 3];
```

次の連想配列は、キーageでデータ18を、キーnameでデータ'鈴木'を参照するデータです。

■ JavaScript

```
const obj = {
  age: 18,
  name: '鈴木'
};
```

次の配列は、3つのオブジェクト（Object）を参照するデータです。各オブジェクトはさらに数値や文字列データを参照しています。

■ JavaScript

```
const arr = [
  { id: 10, name: '鈴木' },
  { id: 20, name: '田中' },
  { id: 30, name: '田中' }
];
```

075 イミュータブル(不変性)とミュータブル(可変性)について知りたい

利用シーン データの振る舞いについて理解したい

> Syntax

データ型	可変性
プリミティブ型	イミュータブル(immutable、不変)
オブジェクト型	ミュータブル(mutable、可変)

プリミティブ型とオブジェクト型の違いは、データが書き換わるか否かの違いともいえます。プリミティブ型のデータは「不変」という意味で「イミュータブル(immutable)」、オブジェクト型のデータは「可変」という意味で「ミュータブル(mutable)」ともいいます。

ミュータブルであり、オブジェクト型の一種である配列(Array)データ[1, 2, 3]を考えます。配列データの0番目はもともと1でしたが100に変更すると、配列データは[100, 2, 3]に変わります。これがデータの可変性(ミュータブルな性質)です。

■ JavaScript

```javascript
const myArray = [1, 2, 3];
myArray[0] = 100;

console.log(myArray); // 結果:[100, 2, 3]
```

一方で、イミュータブルであり、プリミティブ型の数値データ10を考えます。

■ JavaScript

```javascript
let myNumber = 10;
```

10というデータはこれ以上変更できません。変数myNumberに別の数値データ20を格納しても、10が20に変化したわけではなくまったく別のデータとなります。これがデータの不変性(イミュータブルな性質)です。

■ JavaScript

```javascript
let myNumber = 10;
// 10と20は別のデータ
myNumber = 20;
```

076 データの型を調べたい

利用シーン
- データの型を調べたいとき
- データの型によって処理を分岐したいとき

Syntax

構文	意味
typeof 値	値のデータ型を調べる

typeofは、値のデータ型を調べる演算子です。型情報の文字列比較が可能になるため、JavaScriptの型の判別に役立てることができます。各データ型に対する結果は次のようになります。

データ型	typeofの結果	データの例
Undefined	undefined	undefined
Null	object	null
Boolean	boolean	true、false
String	string	'鈴木'、'田中'
Symbol	symbol	Symbol()
Number	number	1、30
Object（関数を除く）	object	[1, 2, 3]、{id: 20, name:'鈴木'}
関数	function	function() {}、class MyClass {}

typeofで各データ型を調べるコードを紹介します。console.log()メソッドでデータ型を出力しています。

■ **JavaScript**

```javascript
console.log(typeof true); // 結果: 'boolean'

console.log(typeof 10); // 結果: 'number'

console.log(typeof '鈴木'); // 結果: 'string'

console.log(typeof null); // 結果: 'object' ※

console.log(typeof undefined); // 結果: 'undefined'

console.log(typeof Symbol()); // 結果: 'symbol'

console.log(typeof [1, 2, 3]); // 結果: 'object'

console.log(typeof { id: 10, name: '田中' }); // 結果: 'object'
console.log(
  typeof function() {
    console.log('test');
  }
); // 結果: 'function'

console.log(typeof class MyClass {}); // 結果: 'function'
```

※ 注意点として、「typeof null」の結果はnullではなくobjectとなります。これはJavaScript初期からのバグでしたが、現在では正式な仕様となりました。

▼ **実行結果**

boolean
number
string
object
undefined
symbol
object
object
function
function

077 オブジェクトのインスタンスかどうかを調べたい

利用シーン データの種類によって処理を分岐したいとき

Syntax

構文	意味
値 instanceof オブジェクト	値がオブジェクトのインスタンスかどうか

instanceofは、値がオブジェクトのインスタンスかどうかを調べる演算子です。関数を定義する際、特定のインスタンスのみで処理を行うケース等に役立ちます。

■ JavaScript

```javascript
const today = new Date();

console.log(today instanceof Date); // 結果：true
console.log(today instanceof Array); // 結果：false
```

次に紹介するサンプルでは、Dateのインスタンスが渡された場合のみ日付を出力する関数を定義しています。instanceofは、データの種類によって処理を分岐したいときに便利です。

■ JavaScript

```javascript
function showCurrentDate(argument) {
  if (argument instanceof Date) {
    console.log(`現在は${argument.toLocaleDateString()}です`);
  } else {
    console.log('不正なデータです');
  }
}

const today = new Date();
const myArray = [1, 2, 3];
```

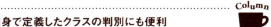
オブジェクトのインスタンスかどうかを調べたい

```
showCurrentDate(today);   // 結果：2018/10/15（現在時刻が出力される）
showCurrentDate(myArray); // 結果：不正なデータです
```

自身で定義したクラスの判別にも便利

instanceofは自身で定義したクラスのインスタンス判別にも使用可能です。クラスについてはChapter 18で詳しく解説します。

■ JavaScript

```javascript
class MyClass1 {}
class MyClass2 {}

const myInstance1 = new MyClass1();
const myInstance2 = new MyClass2();

console.log(myInstance1 instanceof MyClass1); // 結果：true
console.log(myInstance2 instanceof MyClass1); // 結果：false
```

078 値渡しと参照渡しを使い分けたい

利用シーン オブジェクト型とプリミティブ型の挙動を理解したい

Syntax

データ型	データの渡し方
プリミティブ型	値渡し
オブジェクト型	参照渡し

あるデータを変数から別の変数に渡すとき、「値渡し」と「参照渡し」の違いがあります。JavaScriptにおいては、プリミティブ型のデータは「値渡し」、オブジェクト型のデータは「参照渡し」となります。

プリミティブ型は値渡しの挙動をします。次のコードをご覧ください。2の部分が値渡しの挙動になります。

1. 変数aにデータ100を格納する
2. 変数bに変数aを格納する。変数aに格納されている100のコピーが変数aに渡される（値渡し）
3. 変数aにデータ500を格納する
4. 格納されている変数bのデータは変わらず、100が出力される

■ JavaScript

```
let a = 100;
let b = a;
a = 500;
console.log(b); // 結果: 100
```

オブジェクト型は「参照渡し」の挙動をします。次のコードをご覧ください。2の部分が参照渡しの挙動になります。変数aから変数bにデータを渡すとき、データのコピーではなくデータが格納されているメモリ上の場所（アドレス）を渡しています。つまり、aとbは同じ配列を見ているため、a[0]の更新とはb[0]の更新と同じ意味になるのです。

1. 変数aに1、2、3を参照する配列を格納する
2. 変数bに変数aを格納する。変数aに格納されている配列の参照が変数aに渡される（参照渡し）
3. 変数aに格納している配列の最初の要素で100を参照する
4. 変数bと変数aは同じ配列を参照しているので、[100, 2, 3]が出力される

■ JavaScript

```javascript
let a = [1, 2, 3];
let b = a;
a[0] = 100;
console.log(b); // 結果: [100, 2, 3]
```

関数の引数についても、プリミティブ型が値渡し、オブジェクト型が参照渡しになります。次の例では関数にプリミティブ型の数値データを渡していますが、関数内の処理結果は変数aに影響を与えません。

■ JavaScript

```javascript
// 受け取った引数に2を足す関数
function myFunction(x) {
  x = x + 2;
}

// 変数aに10を代入
let a = 10;

// myFunction()にaを渡す。
// 数値データ10のコピーが関数に渡される。
myFunction(a);

// 10が出力される（12ではない）
console.log(a); // 結果: 10
```

▼ 実行結果

```
10
```

078 値渡しと参照渡しを使い分けたい

次の例では関数にオブジェクト型の配列データを渡していますが、関数内の処理結果が変数aに影響を与えます。関数の引数を扱うときは、プリミティブ型かオブジェクト型かを意識しつつ、値渡し・参照渡しの挙動を適切に扱いましょう。

■ JavaScript

```javascript
// 受け取った配列の1番目に100を代入する関数
function myFunction(x) {
  x[0] = 100;
}

// 変数aに[1, 2, 3]を代入
let a = [1, 2, 3];

// myFunction()にaを渡す。
// 配列データ[1, 2, 3]のアドレスが関数に渡される。
myFunction(a);

// [100, 2, 3]が出力される([1, 2, 3]ではない)
console.log(a); // 結果: [100, 2, 3]
```

▼ 実行結果

```
▶ (3) [100, 2, 3]
```

079 型を変換したい

利用シーン
- 数値を文字列に変換したいとき
- 文字列を数値に変換したいとき

Syntax

メソッド	意味	戻り値
Boolean(値)	値を真偽値型に変換する	真偽値
String(値)	値を文字列型に変換する	文字列
Number(値)	値を数値型に変換する	数値
parseInt(文字列)	文字列を数値型(整数)に変換する	数値
parseFloat(文字列)	文字列を数値型(浮動小数点)に変換する	数値

数値型の100と文字列型の'200'を数値として足したいとき、文字列型の'200'を数値型に変換する必要があります。次のように「Number(値)」により数値型に変換され、足し算が行われます。

■ JavaScript

```javascript
const result = 100 + Number('200');
console.log(result); // 結果: 300
```

▼ 実行結果

```
300
```

型変換の例は次の通りです。Boolean()やString()などを用いて値の型を明示的に変換することを、「明示的な型変換」といいます。

■ JavaScript

```javascript
Boolean(1); // true
Boolean(0); // false
Boolean('鈴木'); // true
Boolean(''); // false

String(1); // "1"
```

```javascript
Number('1'); // 1
Number(''); // 0
Number('鈴木'); // NaN
Number(true); // 1
Number(false); // 0
```

暗黙の型変換

次のコードのように、型が自動的に変わることを「暗黙の型変換」といいます。
「明示的な型変換」の対となるものです。

■ JavaScript

```javascript
console.log(100 + '200'); // 結果：'100200'(数値100が文字列型に変換される)
console.log('200' - 100); // 結果： 100（文字列'200'が数値型に変換される）
console.log(1 == '1'); // 結果： true(数値1が文字列型に変換される)
```

▼ 実行結果

```
100200
100
true
```

暗黙の型変換は、数値型と文字列型を+で組み合わせた場合でも、どちらが前後にきているかで結果が変わります。さまざまなルールを覚えて対処するのは大変ですし、コードの読解が難しくなります。
それを避けるために、異なる型をひとつの式で扱う際は「明示的な型変換」を行うべきです。また、値の比較の際には==ではなく厳密に型を比較する===を使用するべきです。

変数の動的型付けについて

JavaScriptで扱う値には、文字列・数値・真偽値など「型」が必ずあります。
次のコードでは変数aは数値型ですが、文字列'鈴木'を代入すると、変数aは文字列型に変わります。JavaScriptは動的型付けの言語であり、このコードはエラーになりません。

■ JavaScript

```javascript
let a = 10; // aは数値型
a = '鈴木'; // aは文字列型に変わった
```

080 値が未定義の場合の取り扱いについて知りたい (undefined)

利用シーン
- 値が未定義の場合の取り扱い方を知りたいとき
- 値が代入されていない変数の挙動を知りたいとき

Syntax

プリミティブ型	意味	データの例
Undefined	値が未定であることを示す型	undefined

JavaScriptにおいて「値がない」ことを示すデータとしてUndefinedとNullがあります。いずれもプリミティブ型です。Undefinedとは、値がまだ決まっていないことを示します。Undefinedは基本的には開発者が意図的に取り扱うものではなく、値が未定義の際などにブラウザーが取り扱う型です。Undefinedは主に、次のようなケースで出現します。

- 変数に対して値を与えない
- オブジェクトのプロパティーに対して値を与えない
- 引数に対して値を与えない

undefinedが出力されるコードを紹介します。

■ JavaScript

```javascript
let a;
console.log(a); // 結果: undefined

const object = {};
console.log(object.b); // 結果: undefined

function myFunction(c) {
  console.log(`bの値は${c}`);
}
myFunction(); // 「cの値はundefined」と出力される
```

▼ 実行結果

```
undefined
undefined
bの値はundefined
```

081 データの値がない場合の取り扱いについて知りたい (null)

利用シーン 値が存在しないことを明示したいとき

Syntax

プリミティブ型	意味	データの例
Null	値が存在しないことを示す型	null

開発者が明示的に「値が存在しない」ことを取り扱いたい場合に扱うのがNullです。例として、引数のIDに応じてユーザー名を返す簡単な関数を考えてみましょう。

■ JavaScript

```javascript
function searchUser(targetId) {
  const userList = [
    { id: 1, name: '鈴木' },
    { id: 2, name: '田中' },
    { id: 3, name: '太郎' }
  ];

  // 該当ユーザーを検索
  const targetUser = userList.find((user) => user.id === targetId);
  return targetUser.name;
}

searchUser(1); // 1を渡すと'鈴木'が返る
searchUser(4); // 4を渡すとエラーになる
```

▼ 実行結果

```
⊗ ▼Uncaught TypeError: Cannot read property
  'name' of undefined
      at searchUser (<anonymous>:10:21)
      at <anonymous>:14:1
```

searchUser(4)を呼び出したところで、該当するユーザーが存在しないため、「return targetUser.name」の箇所でエラーが発生している

081 データの値がない場合の取り扱いについて知りたい (null)

searchUser()関数に対して4を渡したとき、関数はエラーになります。IDが4の情報はuserListに存在せず、targetUserがundefinedになるためです。適切なエラー処理のためには、targetUserがundefinedの際には次のようにnullを返すことで「値が存在しない」ことを返すべきです。
◎部分でエラー処理を行います。

■ **JavaScript**　　　　　　　　　　　　　　　　　　　　　081/main.js

```javascript
function searchUser(targetId) {
  const userList = [
    { id: 1, name: '鈴木' },
    { id: 2, name: '田中' },
    { id: 3, name: '太郎' }
  ];

  // 該当ユーザーを検索
  const targetUser = userList.find((user) => user.id === targetId);

  // ◎値が存在しないときの処理を追加
  if (targetUser === undefined) {
    return null;
  }

  return targetUser.name;
}

console.log(searchUser(1)); // 結果: '鈴木'
console.log(searchUser(4)); // 結果: null
```

▼ 実行結果

```
鈴木
null
```

日付や時間の取り扱い

Chapter

5

082 西暦を取得したい

利用シーン
- 西暦を取得したいとき
- 年号に関するデータを扱うとき

Syntax

メソッド	意味	戻り値
getFullYear()	西暦を取得する	数値

西暦を取得するにはDateオブジェクトのgetFullYear()メソッドを利用します。西暦なので4桁の数値で返ってきます。new Date()と記述しインスタンス化した時点での年が取得できます。

■ **JavaScript** 082/main.js

```javascript
const date = new Date();
const year = date.getFullYear(); // 年

// HTMLに表示
document.querySelector('#log').innerHTML = `今年は西暦${year}年です`;
```

▼ 実行結果

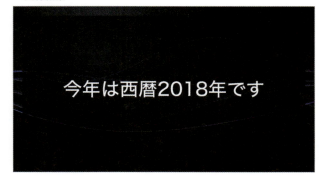

083 日付を取得したい

- 日付を画面に表示するとき
- 日付を元に処理を分岐したいとき

Syntax

メソッド	意味	戻り値
getMonth()	月を取得する	数値
getDate()	日を取得する	数値

月を取得するにはDateオブジェクトのgetMonth()メソッドを、日を取得するにはgetDate()メソッドを利用します。getMonth()メソッドは0を起点とした数値であり、0のときが1月に対応します。そのため、getMonth()メソッドで得た数値をそのまま使うのは避け、1を加算して使います。getDate()メソッドは日付の数値がそのまま返ってくるので加工する必要はありません。

値	対応する月
0	1月
1	2月
2	3月
3	4月
4	5月
5	6月
6	7月
7	8月
8	9月
9	10月
10	11月
11	12月

083

日付を取得したい

■ JavaScript　　　　　　　　　　　　　　　　　　　　　　083/main.js

```javascript
const date = new Date();
const month = date.getMonth() + 1; // 月
const day = date.getDate(); // 日
const label = `${month}月${day}日`; // 日付表記

// HTMLに文字列を挿入
document.querySelector('#log').innerHTML = `今日は${label}です`;
```

▼ 実行結果

084 時刻を取得したい

利用シーン
- 現在時刻を使いたいとき
- デジタル時計として表示するとき

Syntax

メソッド	意味	戻り値
getHours()	時間を取得する	数値
getMinutes()	分数を取得する	数値
getSeconds()	秒数を取得する	数値
getMilliseconds()	ミリ秒数を取得する	数値

時刻を取得するにはDateオブジェクトの上記のメソッドを利用します。getHours()メソッドはともに0〜23の整数を、getMinutes()メソッドとgetSeconds()メソッドは0〜59の整数を返します。getHours()メソッドを使う場合は24時の場合は0が返ってくるので注意しましょう。

■ JavaScript　　　　　　　　　　　　　　　　　　084/date/main.js

```javascript
const date = new Date();
const hour = date.getHours(); // 時間
const minutes = date.getMinutes(); // 分
const seconds = date.getSeconds(); // 秒

const label = `${hour}時${minutes}分${seconds}秒`;

// HTMLに文字列を挿入
document.querySelector('#log').innerHTML = `現時刻は${label}です`;
```

▼ 実行結果

「午前3時」や「午後10時」のように、午前と午後で使い分けたい場合は条件文を使います。正午である数値12を基点に条件文で分岐するといいでしょう。

■ JavaScript　　　　　　　　　　　　　　　　　　　　084/hour/main.js

```javascript
const date = new Date();
const hour = date.getHours();
let meridiem; // 午前か午後か
let hour2; // 時刻
if (hour < 12) {
  meridiem = '午前';
  hour2 = hour;
} else {
  meridiem = '午後';
  hour2 = hour - 12;
}

const label = `${meridiem}${hour2}時`;

// HTMLに文字列を挿入
document.querySelector('#log').innerHTML = `現時刻は${label}です`;
```

▼ 実行結果

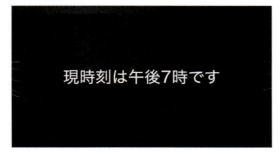

085 曜日を取得したい

- 曜日を表示したいとき
- 日付情報から曜日を調べたいとき

Syntax

メソッド	意味	戻り値
getDay()	曜日を取得する	数値

曜日を取得するにはDateオブジェクトのgetDay()メソッドを利用します。日にちを取得する命令getDate()メソッドとスペルを間違いやすいので注意しましょう。このメソッドは曜日を数値で返すので、日本語の曜日表記に割り当てる必要があります。戻り値が0のときは日曜日、6のときは土曜日に対応します。

値	対応する曜日
0	日曜日
1	月曜日
2	火曜日
3	水曜日
4	木曜日
5	金曜日
6	土曜日

次のサンプルでは、配列に日曜日から土曜日までの文字列を格納しています。getDay()メソッドで得た曜日の番号を使って、配列の該当番号から具体的な曜日名を取得します。

曜日を取得したい

■ JavaScript
085/main.js

```javascript
const date = new Date();
const day = date.getDay();
const dayList = ['日', '月', '火', '水', '木', '金', '土'];
const label = dayList[day];

// HTMLに表示
document.querySelector('#log').innerHTML = `今日は${label}曜日です`;
```

▼ 実行結果

英語表記の場合は、配列の文字列を変更します。配列の先頭は日曜日に該当するSunもしくはSundayとしておきます。

■ JavaScript

```javascript
const date = new Date();
const day = date.getDay();
const dayList = ['Sun', 'Mon', 'Tue', 'Wed', 'Thu', 'Fri', 'Sat'];
const label = dayList[day];
```

086 日本式の表記の時刻を取得したい

- 簡易的に日付時刻情報を出力したいとき
- 多言語の日付時刻表示を作りたいとき

Syntax

メソッド	意味	戻り値
toLocaleDateString()	日付の文字列を取得する	文字列
toLocaleTimeString()	時刻の文字列を取得する	文字列

getDate()メソッドやgetHours()メソッドを使うことで日付の具体的な情報を得られますが、スクリプトが冗長になりがちです。記法を問わないのであれば、シンプルに日付に関する文字列を得る方法があります。toLocaleString()メソッドを使うと、利用者の言語環境にあわせた日付時刻表示が得られます。たとえば日本だと「2018/4/16 20:57:01」という文字列が、英語環境だと「4/16/2018, 9:07:48 PM」という文字列が得られます。日本だと年月日から表記されますが、英語だと月日年の順番です。toLocaleDateString()メソッドは日付情報だけ、toLocaleTimeString()メソッドは時刻情報だけ取得できます。

■ JavaScript　　　　　　　　　　　　　　　　　　　　　　086/main.js

```javascript
const date = new Date();

const locale = date.toLocaleString(); // 例: '2018/8/29 16:15:34'
const localeDate = date.toLocaleDateString(); // 例: '2018/8/29'
const localeTime = date.toLocaleTimeString(); // 例: '16:15:34'

// HTMLに文字列を挿入
document.querySelector('#log').innerHTML = `${locale}<br />
    ${localeDate}<br />
    ${localeTime}`;
```

086 日本式の表記の時刻を取得したい

▼実行結果

```
2018/8/29 16:15:34
2018/8/29
16:15:34
```

087 日付文字列からタイムスタンプ値を取得したい

利用シーン **日付や時刻の差分を計算するために、タイムスタンプ値を取得したいとき**

Syntax

メソッド	意味	戻り値
Date.parse()	日付文字列からタイムスタンプ値を取得する	数値

Date.parse()メソッドを使うと、引数からタイムスタンプ値に変換できます。タイムスタンプとは協定世界時での1970年1月1日0時0分0秒から現在までの経過時間のことです。単位はミリ秒（1000分の1秒）です。
プログラムで時間に関する計算をするときには、タイムスタンプを基準にすることがあります。Date.parse()メソッドは、Dateインスタンスの getTime()メソッドと同じ値が得られます。

■ JavaScript

```
const num1 = Date.parse('2018/06/20');
console.log(num1); // 結果: 1529420400000

const num2 = Date.parse(2018, 5, 20);
console.log(num2); // 結果: 1529420400000
```

現在時刻のタイムスタンプ値を得るにはDate.now()メソッドを利用します。

■ JavaScript

```
const num = Date.now();
console.log(num); // 結果: 1528802433136
```

088 Dateインスタンスに別の日時を設定したい

日付や時刻を設定したいとき

Dateインスタンスに日時を設定できます。任意の日時を設定しておくことで、日時に関するあらゆるデータ加工に対応できるでしょう。

コンストラクターで設定する方法
日付・時刻情報を指定するにはコンストラクターに引数を指定します。引数に与えた情報から自動的に最適な形で解析されます。
文字列情報で日付・時刻情報を指定できます。

■ JavaScript
```
const date1 = new Date('2018/06/12 20:01:10');
const date2 = new Date('Tue Jun 12 2018 20:01:10');
```

数値で指定もできます。この場合は順番に年・月・日・時・分・秒・ミリ秒の順番で指定します。各々には数値を指定します。月だけ注意が必要で、0〜11の範囲で表します。1月の場合は0を指定します。省略した場合は、0が代入されます。

■ JavaScript
```
const date3 = new Date(2018, 5, 12, 20, 1, 10);
```

タイムスタンプ値を使っても指定できます。1970年1月1日 00:00:00 からの経過ミリ秒を使います。タイムスタンプ値はgetTime()メソッドを使って取得できます。

■ JavaScript
```
const date4 = new Date(1528801270000);
```

メソッドで設定する方法

DateオブジェクトにはsetXXX()という名前で年・月・日・時・分・秒・ミリ秒を指定できるメソッドが用意されています。引数には数値を指定します。setMonth()メソッドだけ注意が必要で、1月の場合は0を指定します。

メソッド	意味	戻り値
setFullYear(西暦)	西暦を設定	なし
setMonth(月)	月を設定	なし
setDate(日)	日を設定	なし
setHours(時)	時を設定	なし
setMinutes(分)	分を設定	なし
setSeconds(秒)	秒を設定	なし
setMilliseconds(ミリ秒)	ミリ秒を設定	なし

■ JavaScript　　　　　　　　　　　　　　　　　　　088/main.js

```javascript
const date = new Date();
// 日時を設定
date.setFullYear(2015);
date.setMonth(0);
date.setDate(1);
date.setHours(0);
date.setMinutes(0);
date.setSeconds(0);

// HTMLに文字列を挿入
document.querySelector('#log').innerHTML = date.toLocaleString();
```

▼ 実行結果

089 日付・時刻値を加算・減算したい

- 一日後の日付を知りたいとき
- 月をまたぐ場合の日付を知りたいとき

日付の取得と設定のメソッドを使うことで、○ヶ月前の日付を求めたり、○日後の日付を求めたりできます。計算の結果、日付・時刻の有効な範囲を超えてしまった場合にも、Dateオブジェクトが正しい日付・時刻に換算してくれます。たとえば、12月の2ヶ月後は14月と数値上はなりますが、Dateオブジェクトは翌年の2月と扱ってくれます。

■ JavaScript

```javascript
const date = new Date('2018/06/01');
date.setMonth(date.getMonth() - 1); // 一ヶ月前
console.log(date.toLocaleDateString()); // 結果: '2018/5/1'
date.setDate(date.getDate() + 60); // 60日後
console.log(date.toLocaleDateString()); // 結果: '2018/6/30'
```

090 日付・時刻の差分を計算したい

利用シーン ふたつの日時の差を求めたい場合

比較したい日付・時間のDateインスタンスを用意し、getTime()メソッドでミリ秒を求めます。ミリ秒はJavaScriptで扱えるもっともシンプルな時間に関する単位です。このミリ秒を引き算することで、ふたつの日時がどれだけ離れているか調べられます。ただ、ミリ秒のままではわかりづらいので、目的とする単位に変換します。日数として知りたい場合は「24 * 60 * 60 * 1000」で差分を除算します。

■ JavaScript

```javascript
const dateA = new Date('2018/06/01');
const dateB = new Date('2018/05/01');
const diffMSec = dateA.getTime() - dateB.getTime();
const diffDate = diffMSec / (24 * 60 * 60 * 1000);
console.log(`${diffDate}日の差があります。`); // 結果: '31日の差があります。'
```

時間として知りたい場合は60 * 60 * 1000で差分を除算します。

■ JavaScript

```javascript
const dateA = new Date('2018/06/01 10:00:00');
const dateB = new Date('2018/06/01 07:00:00');
const diffMSec = dateA.getTime() - dateB.getTime();
const diffHour = diffMSec / (60 * 60 * 1000);
console.log(`${diffHour}時間の差があります。`); // 結果: '3時間の差があります。'
```

分として知りたい場合は60 * 1000で差分を除算します。

■ JavaScript

```javascript
const dateA = new Date('2018/06/01 01:10:00');
const dateB = new Date('2018/06/01 00:50:00');
const diffMSec = dateA.getTime() - dateB.getTime();
const diffMin = diffMSec / (60 * 1000);
console.log(`${diffMin}分の差があります。`); // 結果: '20分の差があります。'
```

091 経過時間を調べたい

利用シーン
- データ通信の時間を計測したいとき
- JavaScript処理時間を計測したいとき

Syntax

メソッド	意味	戻り値
Date.now()	現在の時間を基準時からのミリ秒数で取得する	数値

Dateオブジェクトを使って、時間の差分を計算できます。時刻測定開始時にDate.now()メソッドを使うと絶対時間が得られます。次に時刻測定終了時にもDate.now()メソッドを使います。絶対時間を引き算すれば差分の時間が得られます。精度はミリ秒単位となります。ただ、ミリ秒だと表示がわかりにくいので秒数で表記したい場合は、次のように1000で割り算し小数点を切り捨てます。

■ JavaScript

```javascript
// 秒数を得る
const sec = Math.floor(diff / 1000);
```

■ JavaScript   091/main.js

```javascript
// スクリプト開始時の時間を記録
const oldTime = Date.now();

setInterval(() => {
  const currentTime = Date.now();
  // 経過したミリ秒を取得
  const diff = currentTime - oldTime;

  // 秒数を得る
  const sec = Math.floor(diff / 1000);

  // HTMLに文字列を挿入
  document.querySelector('#log').innerHTML = `${sec}秒が経過`;
}, 1000);
```

▼実行結果

092 カウントダウン処理をしたい

利用シーン 制限時間のカウントダウンを作りたいとき

Syntax

メソッド	意味
setInterval(関数, ミリ秒)	ミリ秒後に引数の関数を実行します

時間の差分を利用してカウントダウンを作成しましょう。setInterval()メソッドを使うと、指定したミリ秒数ごとに関数を実行できます。目標時間から経過時間を引き算することでカウントダウンとなります。

■ **JavaScript**　　　　　　　　　　　　　　　　　　　　　　092/main.js

```javascript
const totalTime = 10000; // 10秒
const oldTime = Date.now();

const timerId = setInterval(() => {
  const currentTime = Date.now();
  // 差分を求める
  const diff = currentTime - oldTime;

  // 残りミリ秒を計算する
  const remainMSec = totalTime - diff;
  // ミリ秒を整数の秒数に変換する
  const remainSec = Math.ceil(remainMSec / 1000);

  let label = `残り${remainSec}秒`;

  // 0秒以下になったら
  if (remainMSec <= 0) {
    // タイマーを終了する
    clearInterval(timerId);

    // タイマー終了の文言を表示
    label = '終了';
```

```
      }
   // 画面に表示する
   document.querySelector('#log').innerHTML = label;
}, 1000);
```

▼ 実行結果

093 アナログ時計を表示したい

 利用シーン ゲームやアプリでアナログ時計を表示したいとき

アナログ時計の作成を通して、Dateオブジェクトの理解を深めましょう。時計の土台部分を作成します。div要素を使って針を格納するコンテナーを用意しておきます。時計のパーツは円の中央を基準点として角度で制御するため、コンテナーを用意しておくと処理が簡単になります。この状態では、針の向きはすべて天井を向いています。

■HTML
093／index.html

```html
<div class="clock">
  <div class="lineHour"></div>
  <div class="lineMin"></div>
  <div class="lineSec"></div>
</div>
```

■CSS
093／style.css

```css
.clock {
  border-radius: 50%;
  border: 3px solid white;
  width: 400px;
  height: 400px;
  background: rgba(255, 255, 255, 0.1);
  position: relative;
}

.lineHour {
  width: 10px;
  height: 150px;
  background: white;
  position: absolute;
  top: calc(50% - 150px);
  left: calc(50% - 5px);
  transform-origin: bottom;
```

```css
}

.lineMin {
  width: 4px;
  height: 200px;
  background: white;
  position: absolute;
  top: calc(50% - 200px);
  left: calc(50% - 2px);
  transform-origin: bottom;
}

.lineSec {
  width: 2px;
  height: 200px;
  background: #cccccc;
  position: absolute;
  top: calc(50% - 200px);
  left: calc(50% - 1px);
  transform-origin: bottom;
}
```

▼ 実行結果

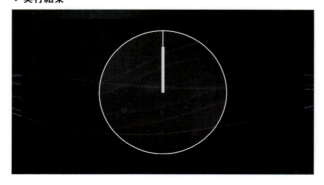

現在時刻をリアルタイムで取得するため、setInterval()メソッドを使います。new Date()を実行すると現在時刻を取得でき、続けてgetSeconds()メソッドを使うと現在の秒を取得できます。この数値を秒針の角度として設定しましょう。円の一周は360度となるので、1秒あたりの角度は「(360度÷60分割) = 6度」となります。

分針と短針は現在時刻から角度を求めます。getHours()メソッドで時間（0〜23）を取得でき、getMinutes()メソッドを使うと分（0〜59）を取得できます。この数字を使って分針と短針の角度を設定しましょう。注意したいのは短針で、以下を配慮する必要があります。

- **時間（0〜23）になるが、時間は0〜11で一周となる**
- **短針は時間だけでなく、分も考慮した角度とする**

具体的には次のコードで実装できます。角度を要素に反映するにはstyle.transform属性にrotate(deg)を代入します。

■ **JavaScript** 093/main.js

```javascript
setInterval(() => {
  // 現在時間を取得
  const now = new Date();

  // 時間の数値を取得
  const h = now.getHours();   // 時間(0〜23)
  const m = now.getMinutes(); // 分(0〜59)
  const s = now.getSeconds(); // 秒(0〜59)

  // 針の角度に反映する

  // 短針 （短針は時間だけでなく分も角度に考慮する）
  const degH = h * (360 / 12) + m * (360 / 12 / 60);
  // 分針
  const degM = m * (360 / 60);
  // 秒針
  const degS = s * (360 / 60);

  const elementH = document.querySelector('.lineHour');
  const elementM = document.querySelector('.lineMin');
```

093 アナログ時計を表示したい

```
  const elementS = document.querySelector('.lineSec');

  elementH.style.transform = `rotate(${degH}deg)`;
  elementM.style.transform = `rotate(${degM}deg)`;
  elementS.style.transform = `rotate(${degS}deg)`;
}, 50);
```

▼ 実行結果

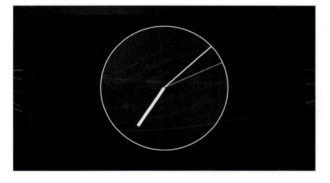

ブラウザーの操作方法

Chapter

6

094 アラートを表示したい

利用シーン
- 警告を表示したいとき
- 同期的なモーダルとしてユーザーにメッセージを伝えたいとき

Syntax

メソッド	意味	戻り値
alert(メッセージ)	警告ダイアログを表示	なし

alert()メソッドは、メッセージとOKボタンのみの警告ダイアログを表示します。ダイアログが閉じられるまで、JavaScriptが実行中の状態になります。そのため、ユーザーは［OK］ボタンを選択してダイアログを閉じるまで、次のJavaScriptの処理に進んだりブラウザーを操作することはできません。ダイアログに表示されるテキストを改行する場合には\nやテンプレート文字列を記載します。

■JavaScript　　　　　　　　　　　　　　　　　094/main.js

```javascript
// ボタンの参照
const btn = document.querySelector('button');

// ボタンをクリックしたとき
btn.addEventListener('click', (event) => {
  // アラートを表示
  alert('こんにちは。\n今日の天気は晴れです。');
});
```

▼実行結果

windowオブジェクトのメソッド

alert()メソッドはwindowオブジェクトのメソッドです。windowオブジェクトはグローバルに参照できるので、次のコードのようにwindowを付けても、省略しても動作します。この後に紹介するconfirm()やprompt()メソッドも同様にwindowオブジェクトのメソッドです。

■JavaScript

```javascript
// アラートを表示する
window.alert('おはようございます。');

// アラートを表示する
alert('おはようございます。');
```

095 コンファームを表示したい

利用シーン
- 「はい」「いいえ」をユーザーに選択させたいとき
- 同期的にコンファームを表示させたいとき

Syntax

メソッド	意味	戻り値
confirm(メッセージ)	確認ダイアログを表示	真偽値

confirm()メソッドは、［OK］と［キャンセル］ボタンがある確認ダイアログを表示します。［OK］ボタンをクリックするとtrue、［キャンセル］ボタンをクリックするとfalseを返します。ダイアログが閉じられるまで、JavaScriptが実行中の状態になります。そのため、次のJavaScriptの処理に進んだりブラウザーを操作することはできません。confirm()メソッドはユーザーに確認を取りたいときに利用します。

■ **JavaScript**　　　　　　　　　　　　　　　　　　　　　　　　095/main.js

```javascript
// ボタンの参照
const btn = document.querySelector('button');

// ボタンをクリックしたとき
btn.addEventListener('click', (event) => {
  // コンファームを表示
  const isYes = confirm('天気は晴れていますか？');
  // ユーザーが入力した結果を画面に表示
  document.querySelector('.log').innerHTML = isYes;
});
```

▼ 実行結果

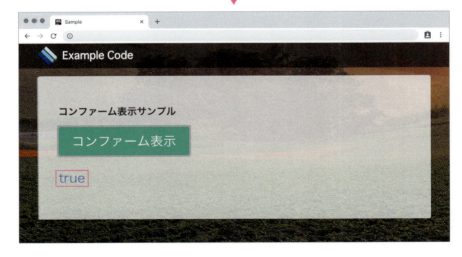

096 文字入力プロンプトを表示したい

利用シーン
- ユーザーの文字入力を必要とする場合
- 同期的に処理させたいとき

Syntax

メソッド	意味	戻り値
prompt(メッセージの内容, テキスト入力欄に表示される初期値)	文字入力プロンプトを表示	文字列

prompt()メソッドは、[OK] と [キャンセル] ボタンと文字入力欄が存在する文字入力ダイアログを表示します。[OK] ボタンをクリックすると入力欄の文字列が、[キャンセル] ボタンか [×] ボタンをクリックするとnullを返します。ダイアログが閉じられるまで、JavaScriptが実行中の状態になります。そのため、ダイアログが閉じられるまで、次のJavaScriptの処理に進んだりブラウザーを操作することはできません。prompt()メソッドはユーザーに文字入力を促したいときに利用します。

■ JavaScript

```javascript
const text = prompt('どうですか？', 'デフォルト文言');
console.log(text); // 結果: ユーザーが入力した文字列
```

▼ 実行結果

097 ウインドウサイズを調べたい

利用シーン
- ブラウザー内の画面いっぱいにコンテンツを表示させたいとき
- 画面幅に応じて処理やレイアウトを変えたいとき

Syntax

プロパティー	意味	型
window.innerWidth	ブラウザーのビューポートの横幅	数値
window.innerHeight	ブラウザーのビューポートの高さ	数値

ブラウザーの表示領域のことをウインドウサイズと呼びます。ウェブページが表示される領域のサイズをinnerWidthとinnerHeightを使うことで調べられます。この値はアドレスバーやブックマーク、開発者ツールなど、周りのユーザーインターフェースのスペースは含みません。

画面の幅・高さを調べることで、さまざまな場面で役立ちます。たとえば動画を画面いっぱいに表示させたいときや、スクロール量に応じて演出処理を挟むときなど、多くの場面で使います。このサイズを調べるには次のスクリプトを使います。単位はpxです。windowオブジェクトはグローバルに参照できるので、windowを省略しても動作します。これらのプロパティーはすべて読み取り専用です。書き込みはできません。

■ JavaScript

```
// 画面幅
ccnst w = window.innerWidth;
// 画面高さ
ccnst h = window.innerHeight;
```

innerWidthとinnerHeightは参照したタイミングでのサイズを取得します。ブラウザーウインドウの幅や高さを変更したり、スマートフォンで縦横を切り替えたりしたときには値が変わります。リサイズイベントを検知するにはwindowオブジェクトのresizeイベントを監視します。

097

ウインドウサイズを調べたい

■ JavaScript　　　　　　　　　　　　　　　　　　　　097/main.js

```javascript
window.addEventListener('resize', resizeHandler);

function resizeHandler(event) {
  // 新しい画面幅
  const w = innerWidth;
  // 新しい画面高さ
  const h = innerHeight;

  document.querySelector('.value-width').innerHTML =
  `横幅は ${w}px です`;
  document.querySelector('.value-height').innerHTML =
  `高さは ${h}px です`;
}
```

▼ 実行結果

098 デバイスピクセル比を調べたい

利用シーン
- デバイスピクセル比に応じて制御を分けたいとき
- 高解像度デバイスで大きな画像を読み込むとき

Syntax

プロパティー	意味	型
window.devicePixelRatio	デバイスピクセル比の値	数値

「高解像度ディスプレイ」は、iPhoneのRetinaディスプレイのようにピクセル密度（ppi）が高いディスプレイ（HiDPIディスプレイ）のことを指します。高解像度対応をしていないと、これらのディスプレイでWebコンテンツを見たときに画像がぼやけて表示されることがあります。ディスプレイの解像度に対する物理ピクセル数を調べるにはwindowオブジェクトのdevicePixelRatioプロパティーを使います。

高解像度対応あり

高解像度対応なし

Retinaディスプレイ等の高解像度ディスプレイ用の対応

■ JavaScript

```
const dpr = window.devicePixelRatio;
```

通常のディスプレイであれば1、iPhoneやAndroidの多くは2、iPhone Plusやハイスペックeおnd端末では3のものがあります。WindowsやmacOSでも2のマシンがあります。将来的には2以上のマシンが増えていくでしょう。

099 デバイスピクセル比をcanvas要素に適用したい

利用シーン canvas要素を高解像度ディスプレイできれいに表示させたいとき

canvas要素を利用する場合、デバイスピクセル比の計算に利用します。canvas要素では表示させたいサイズに対してデバイスピクセル比を掛け算した値で設定します。次にスタイルシートを使って実際に表示させたいサイズを指定します。

■ JavaScript　　　　　　　　　　　　　　　　　　　　　099/main.js

```javascript
// デバイスピクセル比を取得
const dpr = window.devicePixelRatio;
// キャンバスの論理的な大きさ
const w = 200;
const h = 200;

// canvas要素のサイズ調整
const canvas = document.querySelector('canvas');
canvas.width = w * dpr; // 実態の大きさは倍にする
canvas.height = h * dpr;
canvas.style.width = w + 'px'; // 画面表示上のサイズ
canvas.style.height = h + 'px';

const context = canvas.getContext('2d');
// スケールを設定
context.scale(dpr, dpr); // 内部的に倍で描く
// 円を描く
context.fillStyle = 'red';
context.arc(w / 2, h / 2, 100, 0, 2 * Math.PI);
context.fill();

// 画面上にログを表示させる
document.querySelector('.log').innerHTML =
`現在のデバイスピクセル比は ${dpr} です`;
```

▼ 実行結果

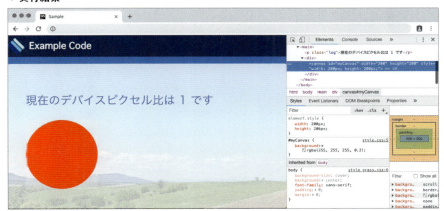

デバイスピクセル比1のディスプレイで表示したとき

デバイスピクセル比2のディスプレイで表示したとき

タッチができるかどうかを調べたい

デスクトップブラウザーとモバイルブラウザーで処理を分岐させたいとき

Syntax

プロパティー	意味	型
window.ontouchstart	タッチ開始時のイベント	関数
navigator.pointerEnabled	ポインターが使えるか	真偽値
navigator.maxTouchPoints	ポインターの最大数	数値

タッチ可能なデバイスとして挙げられるのが一般的なスマートフォンとしてiOSやAndroidのブラウザーです。他にも、Microsoft SurfaceのようにWindowsでタッチ操作可能なデバイスがあります。タッチが可能であるかどうかは次のコードを使って調べます。

■ JavaScript

```
const isSupported = !!(
  'ontouchstart' in window || // iOS & Android
  (navigator.pointerEnabled && navigator.maxTouchPoints > 0)
); // IE 11+
```

windowオブジェクトにタッチイベントを監視できるイベントハンドラーontouchstartが存在すれば、iOSかAndroid端末ということが確認できます。Windowsのタッチデバイスを判定するには、有効可否を判定できるpointerEnabledプロパティーが存在し、かつタッチ可能なポイントの数maxTouchPointsの値が0より大きいことを判定します。その場合は、タッチ操作が可能なブラウザーだと断定できます。

101 ページを移動したい

利用シーン: a要素のクリック操作以外の方法で
ページを遷移させたいとき

Syntax

プロパティー	意味	型
location.href	ブラウザーのURL	文字列

location.hrefプロパティーに文字列でリンクとなるURLを代入します。代入したタイミングでページ遷移します。相対パスを代入する場合は、現在のURLが基点となります。a要素のhref属性の挙動に似ていると考えればわかりやすいでしょう。このプロパティーは読み取りも書き込みの両方に対応しています。読み取った場合は現在のウェブページのURLを取得でき、書き込んだ場合には新しいURLにページが遷移します。

■ JavaScript

```javascript
// 読み取りの場合
console.log(location.href); // 結果: 現在のウェブページのURL

// 書き込みの場合
location.href = 'another.html'; // 別のページに遷移する
```

102 ページをリロードしたい

利用シーン 掲示板などのページで再読み込みさせたいとき

Syntax

メソッド	意味	戻り値
location.reload	リロードする	なし

ウェブページをリロード（再読み込み）したいときに使う命令です。たとえば、掲示板で新しい書き込みを確認するためページ内に「リロードボタン」ボタンを設定しているとしましょう。このボタンでリロードさせる場合に役立ちます。他にもゲームコンテンツのゲームオーバー時に「はじめからプレイ」ボタンを設置しておき、押したらスタート画面に戻るといったことが想定できます。現在のウェブページをリロードするにはlocation.reload()メソッドを実行します。このメソッドを呼び出すと、その瞬間にリロードします。ブラウザーのリロードボタンを押したときと同じ挙動になります。

■ **JavaScript**

```
location.reload();
```

103 履歴の前後のページに移動したい

利用シーン ブラウザーの「戻る」ボタンを押したときと同じ挙動をさせたいとき

Syntax

メソッド	意味	戻り値
history.back()	履歴をひとつ戻る	なし
history.forward()	履歴をひとつ進む	なし
history.go(数値)	履歴を任意の数だけ進む	なし

履歴の前に戻るには次のメソッドを呼びます。ブラウザーの「前のページに戻る」ボタンを押したときと同じ挙動になります。

■ JavaScript

```
history.back();
```

履歴の次に進むには次のメソッドを呼びます。ブラウザーの「次のページに進む」ボタンを押したときと同じ挙動になります。

■ JavaScript

```
history.forward();
```

任意の履歴に戻るには次のメソッドを呼びます。引数には進みたい数を指定します。前のページに戻るには負の数を、次のページに進むには正の数を指定します。

■ JavaScript

```
history.go(-1); // backと同じ挙動
```

104 ハッシュ(#)に応じて処理を分けたい

利用シーン
- ディープリンクを実装したい
- ハッシュの値に応じて処理を振り分けたい

Syntax

プロパティー	意味	型
location.hash	アンカー	文字列

location.hashプロパティーを調べることで、アンカーを取得できます。アンカーとはページ内リンクとして利用できます。このプロパティーは読み取りも書き込みにも両方対応しています。

■ JavaScript　　　　　　　　　　　　　　　　　　　　　　　読み取りの場合

```javascript
const hash = location.hash;
console.log(hash); // 結果例: '#app'
```

■ JavaScript　　　　　　　　　　　　　　　　　　　　　　　書き込みの場合

```javascript
location.hash = 'app';
```

シングルページアプリケーションでは、ページの階層を示すためにアンカーを使って表示されることもあります。単独のウェブページ内で複数の画面を表示する場合にはhashの値を書き換えるといいでしょう。応用的な例としては、ウェブページ内でアンカーを押したときに、スクロールさせるときに役立ちます。アンカーが切り替わったときを監視して、対象のid値が付いた要素を確認。そしてページのスクロール量を上書きしスクロールさせます。

105 ハッシュ(#)の変更を検知したい

利用シーン　ハッシュ変更時に処理をしたいとき

Syntax

イベント名	発生タイミング
hashchange	URLのハッシュが変更されたとき

URLの#(ハッシュ)が変更されたときに処理をしたいときには、windowオブジェクトのhashchangeイベントを監視します。#(ハッシュ)が変化するタイミングは、次のタイミングがあります。

- ページ内のアンカーリンクをクリックしたとき
- ブラウザーの戻る・進むボタンを押したとき
- ユーザーがURLのハッシュを書き換えたとき

サンプルでは、ページ内にアンカーリンクをふたつ設置しています。それぞれのアンカーリンクをクリックすると画面上部のメッセージが「現在のアンカーは「#apple」です」と「現在のアンカーは「#orange」です」が切り替わります。アドレスバーのURLの末尾に「#apple」や「#orange」が含まれていることにも注目してください。

■ JavaScript　　　　　　　　　　　　　　　　　　　　　　　　105/main.js

```javascript
// ハッシュ変更のイベントを監視
window.addEventListener('hashchange', handleHashChange);
handleHashChange();

function handleHashChange() {
  // 変更後のハッシュの値
  const hash = location.hash;
  document.querySelector('.log').innerHTML = `現在のアンカーは「${hash}」です`;
}
```

105 ハッシュ(#)の変更を検知したい

▼実行結果

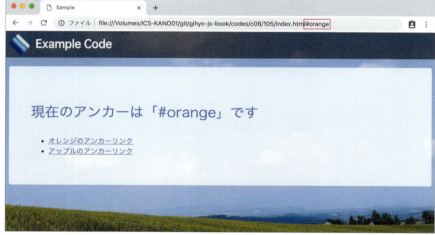

106 新しいウインドウを開きたい

利用シーン　現在のページを残したまま、新しいウインドウやタブで
ページを開くとき

> Syntax

メソッド	意味	戻り値
window.open(URL)	別窓で開く	新しく開かれたウインドウのオブジェクト

新しいウインドウやタブでページを開くにはwindow.open()メソッドを利用します。第一引数にページのURLを指定します。新しく開いたウインドウが後ろに表示されることもあるので、focus()メソッドでアクティブにできます。このメソッドでウインドウを開く挙動は、aタグでtarget属性を_blankに指定したときと挙動が似ています。window.open()メソッドで開いたウインドウには、戻り値を使って参照できます。そのため、ウインドウ間でデータをやり取りするといった応用の使い方も想定できます。

■ JavaScript

```javascript
const win = window.open('another.html');
win.focus();
```

107 ウインドウのスクロール量を調べたい

利用シーン スクロール量に応じて処理を実装したいとき

Syntax

プロパティー	意味	型
window.scrollX	水平方向のスクロール量	数値
window.scrollY	垂直方向のスクロール量	数値

ウェブページがどれだけスクロールされているかの数値は水平方向にはscrollXを、垂直方向にはscrollYを使って調べることができます。

■ JavaScript

```javascript
const x = window.scrollX;
const y = window.scrollY;

console.log(x, y);
```

108 ウインドウをスクロールさせたい

利用シーン
- ページの任意の場所にスクロールさせたいとき
- ウェブページの「トップに戻る」ボタンを用意したいとき

Syntax

メソッド	意味	戻り値
scrollTo(X, Y)	指定した座標までスクロール	なし

指定の場所にスクロールするときはscrollTo()メソッドを利用します。第一引数は水平方向の数値を、第二引数には垂直方向の数値を指定します。

■ JavaScript

```javascript
window.scrollTo(0, 1000);
```

109 タイトルを書き換えたい

利用シーン
- タイトルを動的に書き換えたいとき
- チャットアプリで未読数をタイトルバーに表示させるとき

Syntax

プロパティー	意味	型
document.title	ウェブページのタイトル	文字列

ページのタイトル情報を取得するにはdocument.titleプロパティーを参照します。
このプロパティーは読み取りと書き込みの両方に対応しています。

■ JavaScript　　　　　　　　　　　　　　　　　　　　　　　　　　　読み取りの場合

```javascript
const title = document.title;
```

■ JavaScript　　　　　　　　　　　　　　　　　　　　　　　　　　　書き換えの場合

```javascript
document.title = '任意のタイトル';
```

■ JavaScript　　　　　　　　　　　　　　　　　　　　　　　　　　　109/main.js

```javascript
document.querySelector('#btnApple').addEventListener('click', () => {
  document.title = '🍎アップル';
});

document.querySelector('#btnOrange').addEventListener('click', () => {
  document.title = '🍊オレンジ';
});
```

▼ 実行結果

ページのタイトルはプロパティーに文字列を代入すれば書き換えることができます。タイトルを動的に切り替えたいときに役立つでしょう。たとえば、チャットアプリを作っていたとして、未読の数はタイトルに表示するのも上手な使い方でしょう。

110 ページにフォーカスされているか調べたい

利用シーン
- ページのフォーカス有無を調べたいとき
- ページにフォーカスがあたっているときだけ音楽を再生するとき

> Syntax

イベント名	発生タイミング
focus	フォーカスがあたったとき
blur	フォーカスがはずれたとき

ウェブページにフォーカスがあたっているかどうかはイベントで検知できます。focusイベントはフォーカスがあたったときに発生し、blurイベントはフォーカスが外れたときに発生します。たとえばウェブページ内でBGMを再生させていたら、focusイベントが発生したときに再生させ、blurイベントが発生したら再生を停止するといいでしょう。

■ JavaScript

```
window.addEventListener('focus', () => {
  document.querySelector('#log').innerHTML = 'フォーカスがあたっている';
});

window.addEventListener('blur', () => {
  document.querySelector('#log').innerHTML = 'フォーカスがはずれている';
});
```

▼ 実行結果

フォーカスが外れているとき

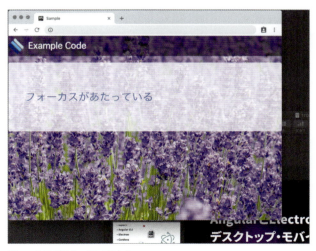

フォーカスがあたっているとき

111 全画面表示にしたい

利用シーン
- フルスクリーンでコンテンツを表示させたいとき
- 動画を全画面で表示させたいとき
- 流れっぱなしのコンテンツを表示したいとき

Syntax

メソッド	意味	戻り値
element.requestFullscreen()	フルスクリーンで表示する	Promise
document.exitFullscreen()	フルスクリーンを解除する	Promise

全画面でコンテンツを表示させたいときにはrequestFullscreen()メソッドを使います。この命令は、動画を全画面で開いたり、プレゼンテーションコンテンツを全画面で表示したりするときに役立ちます。この命令は執筆時点では対応していないブラウザーがあるため、ベンダープレフィックスを付与して実行します。冗長となりますが、次のようにブラウザーごとに分岐するコードを書き実行させます。

■ JavaScript   111/main.js

```javascript
const btn = document.querySelector('#btn');
btn.addEventListener('click', (event) => {
  // フルスクリーンにする
  myReqeustFullScreen(document.body);
});

function myReqeustFullScreen(element) {
  if (element.requestFullscreen) {
    // 標準仕様
    element.requestFullscreen();
  } else if (element.webkitRequestFullscreen) {
    // Safari
    element.webkitRequestFullscreen();
  }
}
```

フルスクリーンを解除するには次の命令を使います。
requestFullscreen()メソッドの場合は任意の要素を指定できましたが、
フルスクリーン解除の命令の対象はdocumentのみになります。
requestFullscreen()メソッドと同様にベンダープレフィックスが必要なの
で、次のように分岐コードを記述します。

■ JavaScript　　　　　　　　　　　　　　　　　　　　　　　111/main.js

```javascript
ccnst btnExit = document.querySelector('#btnExit');
btnExit.addEventListener('click', (event) => {
  // フルスクリーンを解除する
  myCancelFullScreen();
});

function myCancelFullScreen() {
  if (document.exitFullscreen) {
    // 標準仕様
    document.exitFullscreen();
  } else if (document.webkitCancelFullScreen) {
    // Safari
    document.webkitCancelFullScreen();
  }
}
```

全画面表示にしたい

▼ 実行結果

112 オンライン、オフラインに応じて処理を分けたい

利用シーン： オフラインのときに、画面上にネットワーク通信ができないことを示す

Syntax

プロパティー	意味	型
navigator.onLine	ネットワーク状況を取得	真偽値

ネットワーク状況を調べるにはnavigator.onLineプロパティーを使います。onLineプロパティーは真偽値であり、trueの場合はネットワークにつながっていることを示します。このプロパティーは読み取り専用です。ブラウザーのネットワーク状況を監視して、ネットワークがオフのときにはブラウザー上で「ネットワークにつながっていません」といった画面表示をするといった設計が可能になります。

■ JavaScript　　112/main.js

```javascript
// オンラインであるかの真偽値
const isOnline = navigator.onLine;
if (isOnline === true) {
  console.log('オンラインです');
} else {
  console.log('ネットワークにつながっていません');
}
```

windowオブジェクトに対して、onlineイベントやofflineイベントを監視すれば、ネットワーク状況の変化を監視できます。

■ JavaScript　　112/main.js

```javascript
// オンラインになったら呼び出されるイベント
window.addEventListener('online', () => {
  console.log('オンラインです');
});

// オフラインになったら呼び出されるイベント
window.addEventListener('offline', () => {
  console.log('ネットワークにつながっていません');
});
```

▼ 実行結果

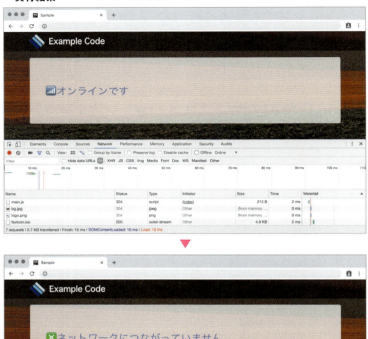

Google Chromeの場合、開発者ツールの［Network］タブで［Offline］チェックボックスを切り替えると、オフラインのシミュレーションができます。

ユーザーアクションの取り扱い

Chapter

7

113 ユーザー操作に合わせて発生する「イベント」について知りたい

利用シーン ユーザー操作時に処理を実行したいとき

ウェブサイトには、さまざまな「イベント」があります。たとえば、クリック・タップ・スクロール・画像読み込み完了・JSON読み込み完了などがあります。クリックやタップをしたときに、何か処理をしたいこともあるでしょう。イベントに応じて処理をする仕組みがJavaScriptには備わっています。addEventListener()メソッドを使うと、イベントを制御できます。たとえば、.button要素をクリックしたときにアラートを表示する処理は次の通りです。

▪HTML

```
<button class='button'></button>
```

▪JavaScript

```
const button = document.querySelector('.button');
button.addEventListener('click', onClickButton);

function onClickButton() {
  console.log('クリックされました');
}
```

button要素ではクリック・タップなどさまざまなイベントが発生します。このようなイベントを発生させるオブジェクトのことを「イベントターゲット」といいます。window、div要素、p要素などもイベントターゲットです。上記のコードではclickが「イベント」です。イベントにはユーザー操作に関するものをはじめとしてさまざまな種類のイベントが存在します。イベントターゲットでイベントが発生したときの処理を、「イベントリスナー」と呼びます。イベントターゲット、イベント、イベントリスナーは、addEventListener()メソッドで関連付けます。

114 ユーザーの操作が起こったときに処理を行いたい

利用シーン イベント発生時の関数を指定したいとき

Syntax

メソッド	意味	戻り値
イベントターゲット.addEventListener (イベント名, リスナー, [オプション※])	イベントリスナーの設定	なし

※ 省略可能です。

addEventListener()メソッドを用いると、イベント発生時に呼び出す関数を指定できます。イベント発生時に呼び出す関数は、次のようにさまざまな書き方ができます。

■ JavaScript

```javascript
// 要素の参照を取得する
const button = document.querySelector('.button');

// アロー関数を使う方法
button.addEventListener('click', () => {
  console.log('ボタンがクリックされました');
});
```

■ JavaScript

```javascript
// 要素の参照を取得する
const button = document.querySelector('.button');

// function宣言を使う方法
button.addEventListener('click', function() {
  console.log('ボタンがクリックされました');
});
```

JavaScript

```javascript
// 要素の参照を取得する
const button = document.querySelector('.button');

// 関数名を指定する方法
button.addEventListener('click', onClickButton);

function onClickButton() {
  console.log('ボタンがクリックされました');
}
```

アロー関数の利点は、thisを固定できることです。本書のサンプルではアロー関数によるイベントリスナー設定を一般的に用います。

> ### イベントの情報を取得する
>
> イベント発生時に呼び出す関数では、引数としてイベントの情報を受け取ることができます。
>
> #### JavaScript
>
> ```javascript
> button.addEventListener('click', (event) => {
>   // イベントの情報を出力する
>   console.log(event);
> });
> ```
>
> イベントの情報(イベントオブジェクトと呼びます)は、発生したイベントに応じてMouseEventやKeyboardEventなどさまざまな種類があります。イベントオブジェクトには、イベントが発生した要素の参照や、押されたキーなどの情報が含まれています。たとえば、イベントが発生した要素を参照するにはtargetプロパティーを使います。
>
> #### JavaScript
>
> ```javascript
> button.addEventListener('click', (event) => {
>   // クリックされたボタン要素が出力される
>   console.log(event.target);
> });
> ```

115 イベントリスナーを一度だけ呼び出したい

イベントを一度だけ呼び出したい

Syntax

オプション	意味	型
capture	キャプチャーフェーズで取得するか	真偽値
once	リスナーの呼び出しを1回のみにするか	真偽値
passive	パッシブイベントかどうか	真偽値

イベントリスナーの設定時、addEventListener()メソッドの第三引数を使ってオプションを指定できます。すべてのオプションを指定する必要はなく、必要なオプションだけ指定できます。たとえば、一度だけイベントを受け付けたいときはonceにtrueを設定します。

■ **JavaScript**

```javascript
// オプションを指定
const option = {
  once: true
};

document
  .querySelector('.button')
  .addEventListener('click', onClickButton, option);

function onClickButton() {
  alert('ボタンが押されました。');
}
```

116 設定したイベントリスナーを削除したい

 設定したイベントを削除するとき

Syntax

メソッド	意味	戻り値
イベントターゲット.removeEventListener(イベント名, リスナー, [オプション※])	イベントリスナーの削除	なし

※ 省略可能です。

removeEventListener()メソッドを用いると、イベントリスナーが削除できます。イベントの監視を取りやめたいときに使うといいでしょう。

■ JavaScript

```javascript
const box = document.querySelector('.box');
box.addEventListener('click', onClickButton);

// 3秒後にリスナー関数を削除する
setTimeout(() => {
  box.removeEventListener('click', onClickButton);
}, 3000);

function onClickButton() {
  alert('boxがクリックされました');
}
```

removeEventListener()メソッドを使う場合は次の点に注意してください。

- **関数名を指定する(アロー関数は不可)**
- **addEventListener()メソッドの引数と(オプションを含めて)同じ引数を指定する**

117 ページが表示されたときに処理をしたい

- DOM要素へアクセスできるようになったタイミングで処理を行うとき
- 画像がすべて読み込まれてから処理を行うとき

Syntax

イベント名	発生タイミング
DOMContentLoaded	HTMLドキュメントの解析完了時
load	全リソースの読み込み完了時

JavaScriptでDOM要素を操作できるのは、HTMLドキュメントの読み込みと解析が完了したタイミングです。このタイミングで発生するのが、DOMContentLoadedイベントです。
ページ内の.box要素の数を数えるコードを題材に紹介します。他のサンプルと異なり、scriptタグにdefer属性が付いていないことに注意してください。

■HTML
117/index.html

```html
<!doctype html>
<html lang="ja">
<head>
  中略
  <script src="main.js"></script>
</head>
<body>
  <main class="main">
    <div class="box">ボックス</div>
    <div class="box">ボックス</div>
    <div class="box">ボックス</div>
  </main>
</body>
</html>
```

■ JavaScript　　　　　　　　　　　　　　　　　　　　　　　　　117／main.js

```javascript
// DOMにアクセスできるタイミングで処理を実行する
window.addEventListener('DOMContentLoaded', () => {
  // .box要素の数を取得する
  const boxNum = document.querySelectorAll('.box').length;
  // ログを出力
  console.log(`.box要素の数は${boxNum}です`);
});
```

document.querySelectorAll()メソッドはセレクター名に合致する要素をすべて取得する処理です。.lengthを続けると合致する要素数を取得します。ログを確認すると.box要素の要素数が出力されます。

▼ 実行結果

ブラウザー表示

`.box要素の数は3です`

コンソールログ

もし、「window.addEventListener('DOMContentLoaded', () => {})」を書かないとどうなるでしょう？ HTMLドキュメントを読み込んだとき、headタグにscriptタグがある場合はJavaScriptが即座に実行されます。この時点ではドキュメントの解析が完了しておらず、「document.querySelectorAll('.box')」で.box要素を取得できないため、ログの出力結果は0になります。

■ JavaScript

```javascript
// document.querySelectorAll('.box')がundefinedになる
const boxNum = document.querySelectorAll('.box').length;
// 「0」が出力される
console.log(`.box要素の数は${boxNum}です`);
```

▼ 実行結果

```
.box要素の数は0です
```

loadイベントは、ページ内の全リソース（画像、音声、動画等）の読み込み完了時に発生します。そのため、DOMContentLoadedよりもタイミングが遅くなります。「ページ表示時に要素を操作したい」というケースでは、多くの場合DOMContentLoadedを使うほうが適しているでしょう。

scriptタグのdefer属性とDOMContentLoaded

scriptタグにdefer属性を設定してJavaScriptを読み込むと、スクリプトはHTMLの解析終了後に実行されます。これはDOMContentLoadedイベントの発生前です。したがって、defer属性を設定しているならばDOMContentLoadedによるイベント設定は不要といえるでしょう。本書のサンプルの多くは、この方式を採用しています。

■ HTML

```html
<!doctype html>
<html lang="ja">
<head>
  中略
  <script src="main.js" defer></script>
</head>
<body>
  <main class="main">
    <div class="box">ボックス</div>
    <div class="box">ボックス</div>
    <div class="box">ボックス</div>
  </main>
</body>
</html>
```

■ JavaScript

```javascript
const boxNum = document
.querySelectorAll('.box').length;
// 「3」が出力される
console.log(`.box要素の数は${boxNum}です`);
```

118 クリック時に処理をしたい

利用シーン　ボタンをクリックしたら処理を行うとき

Syntax

イベント名	発生タイミング
click	要素のクリック時

clickイベントは、要素のクリック時、タップ時に発生します。次のコードではbutton要素にclickイベントを設定しています。button要素に限らず、div要素やa要素など、任意のHTML要素に対して設定可能です。

■ HTML　　　　　　　　　　　　　　　　　　　　　　　　　　　　118/index.html

```
<button class="button"></button>
```

■ JavaScript　　　　　　　　　　　　　　　　　　　　　　　　　118/main.js

```
document.querySelector('.button').addEventListener('click', () => {
  alert('ボタンがクリックされました');
});
```

▼ 実行結果

ボタンをクリックしたらアラートが表示される

119 マウスを押したときや動かしたときに処理をしたい

利用シーン
- マウスのドラッグに合わせて画像をアニメーションさせたいとき
- フリック操作を実現したいとき

Syntax

イベント名	発生タイミング
mousedown	マウスボタンを押したとき
mouseup	マウスボタンを離したとき
mousemove	マウスを動かしたとき

マウスの動きに合わせて要素を動かす場合など、凝ったマウスインタラクションを実装する場合にはクリックイベントだけは不十分です。マウスを押したとき、マウスを離したとき、マウスを動かしているときという3つのマウス操作イベントをマスターして、思い通りのマウスインタラクションを実現しましょう。

マウスイベントを取得したいDOM要素に対して、各イベントを関連付けます。次に示すのは、mainクラスを指定した要素（以下、操作エリア）上でマウス操作をした際、ログを出力するコードの例です。

■HTML

119/index.html

```html
<main class="main">
  <div id="log2"></div>
</main>
```

■JavaScript

119/main.js

```javascript
// 操作対象エリア
const logArea = document.querySelector('#log2');

// 対象エリア上でマウスボタンを押したら、ログを出力
logArea.addEventListener('mousedown', () => {
  logArea.innerHTML = `マウスボタンを押した`;
});
```

119

マウスを押したときや動かしたときに処理をしたい

```
// 対象エリア上でマウスボタンを離したら、ログを出力
logArea.addEventListener('mouseup', () => {
  logArea.innerHTML = `マウスボタンを離した`;
});

// 対象エリア上でマウスを移動したら、ログを出力
logArea.addEventListener('mousemove', () => {
  logArea.innerHTML = `マウスを移動した`;
});
```

▼ 実行結果

操作エリア上でマウス操作をすると、画面上に操作ログが表示される

120 マウスオーバー時に処理をしたい

利用シーン　マウスホバー時にインタラクションを実装したいとき

Syntax

イベント名	発生タイミング
mouseenter	ポインティングデバイスが要素上に乗ったとき
mouseleave	ポインティングデバイスが要素上から離れたとき

mouseenter・mouseleaveイベントは、ポインティングデバイス（マウス、タッチパッドなど）が要素上に乗ったとき、離れたときに発生するイベントです。

■HTML

```
<div class="box">
</div>
```

■JavaScript

```
document.querySelector('.box').addEventListener('mouseenter', () => {
  console.log('.box要素上にポインティングデバイスが乗った');
});

document.querySelector('.box').addEventListener('mouseleave', () => {
  console.log('.box上からポインティングデバイスが離れた');
});
```

.box要素、.inner要素それぞれにマウスが乗ったときにログを表示するサンプルを通して、使い方を紹介します。

■HTML　　　　　　　　　　　　　　　　　　　　　　　　　　120/index.html

```
<div class="box">
  <div class="inner">
  </div>
</div>
```

■JavaScript 120／main.js

```javascript
document.querySelector('.box').addEventListener('mouseenter', () => {
  log('.box要素にマウスが乗った');
});

document.querySelector('.inner').addEventListener('mouseenter', () => {
  log('.inner要素にマウスが乗った');
});

function log(message) {
  console.log(message);
}
```

▼実行結果

.box要素にマウスが乗ったとき

.inner要素にマウスが乗ったとき

121 マウスオーバー時に処理をしたい（バブリングあり）

利用シーン マウスホバー時にインタラクションを実装したいとき

Syntax

イベント名	発生タイミング
mouseover	ポインティングデバイスが要素上に乗ったとき（バブリングあり）
mouseout	ポインティングデバイスが要素上から離れたとき（バブリングあり）

mouseover・mouseoutイベントはポインティングデバイス（マウス、タッチパッドなど）が要素上に乗ったとき、離れたときに発生するイベントです。mouseenter・mouseleaveイベントと異なり、イベントがバブリングします。バブリングとは、ある要素で発生したイベントが親要素や先祖要素に伝わることです。mouseoverはバブリングが発生するイベントなので、親要素・子要素でmouseoverのイベントリスナーを設定していた場合、子要素で発生したイベントが親要素にも発生し、親要素のイベントリスナーが実行されます。

■ HTML

```html
<div class="box">
  <div class="inner">
  </div>
</div>
```

■ JavaScript

```javascript
document.querySelector('.box').addEventListener('mouseover', () => {
  console.log('.box要素上にポインティングデバイスが乗った');
});

document.querySelector('.box').addEventListener('mouseout', () => {
  console.log('.box上からポインティングデバイスが離れた');
});
```

.box要素、.inner要素それぞれにマウスが乗ったときにログを表示するサンプルを通して、使い方を紹介します。

■ HTML

121/index.html

```html
<div class="box">
  <div class="inner">
  </div>
</div>
```

■ JavaScript

121/main.js

```javascript
document.querySelector('.box').addEventListener('mouseover', () => {
  log('.box要素にマウスが乗った');
});

document.querySelector('.inner').addEventListener('mouseover', () => {
  log('.inner要素にマウスが乗った');
});

function log(message) {
  console.log(message);
}
```

▼ 実行結果

.box要素にマウスが乗ったとき

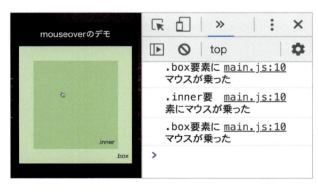

.inner要素にマウスが乗ったとき。.inner要素のイベントに加えて、.box要素のイベントも発生している

122 マウス操作時の座標を取得したい

利用シーン
- マウスのクリック位置を取得したいとき
- マウスの動きにあわせて要素を動かしたいとき

Syntax

プロパティー	内容	型
event.clientX	ブラウザー左上を基準としたX座標	数値
event.clientY	ブラウザー左上を基準としたY座標	数値
event.offsetX	要素左上を基準としたX座標	数値
event.offsetY	要素左上を基準としたY座標	数値
event.pageX	ページ左上を基準としたX座標	数値
event.pageY	ページ左上を基準としたY座標	数値
event.screenX	デバイス左上を基準としたX座標	数値
event.screenY	デバイス左上を基準としたY座標	数値

clickイベントやmousemoveイベントなどのマウス操作イベントが発生した際のイベントは、MouseEventオブジェクトです。MouseEventオブジェクトにはイベント発生時の座標情報が含まれており、基準位置に応じていくつかのプロパティーがあります。

clientX・clientY、offsetX・offsetYは上表の説明の通りです。pageX・pageYは、ページスクロール量が加味されます。screenX、screenYはウェブページを見ているデバイス（パソコンやスマートフォン）の左上が基準となります。

各プロパティーの取得方法は次の通りです。

■JavaScript

```javascript
// マウス移動時の座標を出力
targetBox.addEventListener('mousemove', (event) => {
  console.log(event.clientX, event.clientY);
});
```

ページ上でマウスを押しているとき、マウスの動きに合わせてキャラクターを動かすサンプルを通して、使い方を紹介します。

■ HTML　　　　　　　　　　　　　　　　　　　　　　　　　　　122/index.html

```html
<!-- 動かしたいキャラクター画像 -->
<div class="character">
</div>
```

■ JavaScript　　　　　　　　　　　　　　　　　　　　　　　　　　122/main.js

```javascript
/** 動かしたいキャラクター */
const character = document.querySelector('.character');

// ページ上でマウスボタンを押したら、キャラクターの移動開始
document.addEventListener('mousedown', () => {
  // マウスの動きに合わせてキャラクターを動かす
  document.addEventListener('mousemove', onMouseMove);

  // ページ上でマウスボタンを離したら、キャラクターの移動を終了
  document.addEventListener('mouseup', () => {
    document.removeEventListener('mousemove', onMouseMove);
  });
});

/**
 * マウスが動いた時の処理
 */
function onMouseMove(event) {
  character.style.left = `${event.clientX - 100}px`;
  character.style.top = `${event.clientY - 100}px`;
}
```

122

マウス操作時の座標を取得したい

▼実行結果

ページ上でマウス操作をすると、マウスに合わせてキャラクターが動く

Chap 7 ユーザーアクションの取り扱い

123 スクロール時に処理をしたい

利用シーン スクロール量に応じて要素を遅延表示するとき

Syntax

イベント名	発生タイミング
scroll	対象の要素がスクロールしたとき

scrollイベントは、対象の要素がスクロールしたときに発生します。主にwindowに対して設定します。ウィンドウ上のスクロール量は縦方向をwindow.scrollY、横方向をwindow.scrollXで取得できるので、スクロール値に応じた処理の出し分けに便利です。

■ **JavaScript** 123/main.js

```javascript
// ウィンドウ上でスクロールする毎に「スクロール」と座標が出力される
window.addEventListener('scroll', () => {
  console.log('スクロール', window.scrollX, window.scrollY);
});
```

▼ 実行結果

```
スクロール 0 15
スクロール 0 29
スクロール 0 38
スクロール 0 54
スクロール 0 62
スクロール 0 74
スクロール 0 78
スクロール 0 86
スクロール 0 89
スクロール 0 90
スクロール 0 91
スクロール 0 96
```

124 テキスト選択時に処理をしたい

- テキストの選択時に処理を行うとき
- テキストの選択処理を無効化するとき

Syntax

イベント名	発生タイミング
selectstart	テキストが選択されたとき

selectstartイベントは、対象のテキストが選択されたときに発生します。

■HTML

```
<p class="paragraph">こんにちは</p>
```

■JavaScript

```
document.querySelector('.paragraph').addEventListener('selectstart',
() => {
  console.log('テキストが選択された');
});
```

選択した文字列を吹き出しで表示するサンプルを通して、使い方を紹介します。

1. selectstartイベントで文字の選択開始を検知
2. mouseupイベント（マウスを離したとき）に選択中の文字列を吹き出し内に表示する
3. 吹き出しをクリックしたら吹き出しを閉じる

■HTML

124/index.html

```
<p class="paragraph">Hello, this is a technical book of JavaScript.
</p>
<div id="balloon"></div>
```

■ JavaScript　　　　　　　　　　　　　　　　　　　　　　　　　　124／main.js

```javascript
// 吹き出し用の要素
const balloon = document.querySelector('#balloon');

// 対象の文字列要素
const paragraph = document.querySelector('.paragraph');

// 選択開始したときの処理
paragraph.addEventListener('selectstart', () => {
  // マウスを離したときの処理
  paragraph.addEventListener(
    'mouseup',
    (event) => {
      // 選択されている文字列を取得する※
      const selectionCharacters = window.getSelection().toString();

      if (selectionCharacters.length > 0) {
        // 1文字以上選択されていれば、その文字を表示する
        balloon.innerHTML = selectionCharacters;
        balloon.classList.add('on');
        balloon.style.left =
          `${event.clientX - balloon.clientWidth / 2}px`;
        balloon.style.top =
          `${event.clientY - balloon.clientHeight * 2}px`;
      } else {
        // 選択文字列がなければ吹き出しを閉じる
        removePopup();
      }
    },
    {
      once: true
    }
  );
});

// 吹き出しをクリックしたら閉じる
balloon.addEventListener('click', removePopup);
```

テキスト選択時に処理をしたい

```
// 吹き出しを閉じる処理
function removePopup() {
  balloon.classList.remove('on');
}
```

※ window.getSelection()は選択範囲を返す処理です。toString()を末尾に付与することで、選択中の文字列を返します。

▼ 実行結果

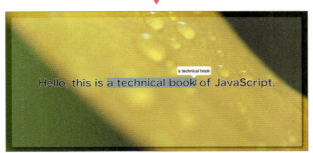

選択範囲の文字列が吹き出し内に表示される

125 タッチ操作時に処理をしたい

利用シーン スマートフォンで画面をタップしたときに処理を行うとき

Syntax

イベント名	発生タイミング
touchstart	タッチを開始したとき
touchmove	タッチポイントを動かしたとき
touchend	タッチを終了したとき

タッチに対応しているデバイスでは、タッチ時にイベントが発生します。それぞれタッチ開始、タッチ中、タッチ終了時のイベントになります。タッチイベントをキャッチしてログを出力する例は次の通りです。

■ **HTML** 125/index.html

```
<div class="box">
  <p>タッチ可能デバイスでご確認ください</p>
  <p class="log"></p>
</div>
```

■ **JavaScript** 125/main.js

```
// タッチイベントをキャッチするボックス
const targetBox = document.querySelector('.box');
// ログのエリア
const logArea = document.querySelector('.log');

// 画面上でタッチ開始したら、対象内にログを表示
targetBox.addEventListener('touchstart', () => {
  logArea.innerHTML = 'タッチ開始';
});

// 画面上でタッチ位置を移動したら、ログを表示
targetBox.addEventListener('touchmove', () => {
```

```
  logArea.innerHTML = 'タッチ位置移動';
});

// 画面上でタッチ位置を移動したら、ログを表示
targetBox.addEventListener('touchend', () => {
  logArea.innerHTML = 'タッチ終了';
});
```

サーバーにアップロードしてタッチ可能デバイスでHTMLページを表示するか、ブラウザーのタッチ端末シミュレート機能を用いて確認すると、タッチイベント発生時にログが出力されているのがわかります。

▼ 実行結果

タッチ開始、タッチ終了、タッチ位置移動を繰り返したときのキャプチャー（Google Chromeの開発者ツールを使用）

126 タッチ操作時のイベントの発生情報を取得したい

利用シーン
- 自前のフリック処理を実装したいとき
- タッチ位置に要素を動かすとき

Syntax

プロパティー	内容	型
event.changedTouches	タッチ情報（Touchオブジェクト）の配列	配列

Syntax

プロパティー	内容	型
タッチ情報.clientX	ブラウザー左上を基準としたX座標	数値
タッチ情報.clientY	ブラウザー左上を基準としたY座標	数値
タッチ情報.offsetX	要素左上を基準としたX座標	数値
タッチ情報.offsetY	要素左上を基準としたY座標	数値
タッチ情報.pageX	ページ左上を基準としたX座標	数値
タッチ情報.pageY	ページ左上を基準としたY座標	数値
タッチ情報.screenX	デバイス左上を基準としたX座標	数値
タッチ情報.screenY	デバイス左上を基準としたY座標	数値

マウスイベントと違い、タッチイベントは複数同時に発生する可能性があります。たとえば、人差し指と親指で同時にタッチ操作をすると、ふたつのタッチイベントが同時に発生します。そのため、タッチイベントでは複数のイベントを同時に扱います。event.changedTouchesとすることで各タッチ情報にアクセスします。

■ JavaScript

```javascript
const box = document.querySelector('.box');
box.addEventListener('touchstart', (event) => {
  // タッチ情報のリスト
  console.log(event.changedTouches);
});
```

event.changedTouchesはタッチ情報（Touchオブジェクト）の配列となっていて、インデックス0から順にタッチ情報がひとつずつ含まれています。pageX、pageYプロパティーより、タッチ位置が取得できます。

各タッチイベントに応じて、その座標を出力するサンプルを通して使い方を紹介します。

■ HTML　　　　　　　　　　　　　　　　　　　　　　　　　　126/index.html

```html
<p class="log"></p>
```

■ JavaScript　　　　　　　　　　　　　　　　　　　　　　　　126/main.js

```javascript
// タッチエリア
const targetBox = document.querySelector('.box');
// ログ
const log = document.querySelector('.log');

// 画面上でタッチ位置を移動したら、ログを表示
targetBox.addEventListener('touchmove', () => {
  const touch = event.changedTouches;

  log.innerHTML = `
    ${touch[0].pageX.toFixed(2)}<br>
    ${touch[0].pageY.toFixed(2)}
  `;
});
```

▼ 実行結果

127 キーボード入力時に処理をしたい

利用シーン 文字の入力のたびに処理を行いたいとき

Syntax

イベント名	発生タイミング
keydown	キーが押されたとき
keyup	キーが離されたとき
keypress	文字を生成するキーが押されたとき

キーの入力時に発生するイベントはkeydownとkeyup、keypressで監視できます。それぞれのイベントは、キーの押されたときや離れたときで発生タイミングが異なります。使い方は次の通りです。

■ HTML
127/keyevent/index.html

```html
<textarea class="textarea"></textarea>
```

■ JavaScript
127/keyevent/main.js

```javascript
document.querySelector('.textarea').addEventListener('keydown', () => {
  console.log('キーが押された');
});

document.querySelector('.textarea').addEventListener('keypress', () => {
  console.log('文字が入力された');
});

document.querySelector('.textarea').addEventListener('keyup', () => {
  console.log('キーが離された');
});
```

テキストエリアに入力中の文字数をカウントするサンプルを通して使い方を紹介します。

▪HTML

127/text_count/index.html

```html
<textarea class="textarea"></textarea>
<p>現在 <span class="string_num">0</span>文字入力中です。</p>
```

▪JavaScript

127/text_count/main.js

```javascript
/** テキストエリア */
const textarea = document.querySelector('.textarea');

/** 入力中の文字数 */
const string_num = document.querySelector('.string_num');

// テキストを入力する度にonKeyUp()を実行する
textarea.addEventListener('keyup', onKeyUp);

function onKeyUp() {
  // 入力されたテキスト
  const inputText = textarea.value;
  // 文字数を反映
  string_num.innerText = inputText.length;
}
```

▼ 実行結果

文字数をカウントしている様子

Column

keypressは日本語を取り扱うときに注意

keypressイベントは、キー入力時に文字が生成される場合のみ発生します。したがって、[Alt]キー、[Shift]キー、[Ctrl]キー、[Enter]キーを押したときには発生しません。IMEをONにして日本語を入力し、[Enter]キーで確定する場合にはイベントを取得できません。このような場合にはkeydownやkeyupを使うほうがよいでしょう。

128 入力されたキーを調べたい

利用シーン 入力された文字に応じて処理を行いたいとき

Syntax

プロパティー	意味	型
キーボードイベント.key	押されたボタンの値	文字列
キーボードイベント.code	押されたボタンのコード	文字列
キーボードイベント.altKey	Alt キーが押されたかどうか	真偽値
キーボードイベント.ctrlKey	Ctrl キーが押されたかどうか	真偽値
キーボードイベント.shiftKey	Shift キーが押されたかどうか	真偽値
キーボードイベント.metaKey	metaキー[※1]が押されたかどうか	真偽値
キーボードイベント.repeat	キーを押しっぱなしにしているかどうか	真偽値
キーボードイベント.isComposing	入力が未確定かどうか[※2]	真偽値

※1 metaキーとはWindowsならば⊞キー、macOSならば⌘キーを指します。
※2 全角で日本語を入力中に、確定していない状態であればtrueとなります。

KeyboardEventオブジェクトのプロパティーを調べることで、入力されたキーの種類を判定できます。keydownやkeyupイベントと組み合わせて利用します。使い方は次の通りです。

■ JavaScript

```javascript
/** テキストエリア */
const textarea = document.querySelector('.textarea');

textarea.addEventListener('keyup', (event) => {
  // 出力例は「a」を押した時
  console.log(event.key); // 'a'
  console.log(event.code); // 'KeyA'
  console.log(event.altKey); // false
  console.log(event.ctrlKey); // false
  console.log(event.shiftKey); // false
  console.log(event.metaKey); // false
```

```
  console.log(event.repeat); // false
  console.log(event.isComposing); // false
});
```

どのキーが押されたかを判定するには、キーコードの数値を使います。

■JavaScript

```
window.addEventListener('keydown', handleKeydown);

function handleKeydown(event) {
  // キーコード(どのキーが押されたか)を取得
  const keyCode = event.keyCode;
  // 条件文で制御する
  if (keyCode === 39) {
    // 右
    console.log('右キーが押されました');
  }
  if (keyCode === 37) {
    // 左
    console.log('左キーが押されました');
  }

  if (keyCode === 38) {
    // 上
    console.log('上キーが押されました');
  }
  if (keyCode === 40) {
    // 下
    console.log('下キーが押されました');
  }
}
```

129 タブがバックグラウンドになったときに処理をしたい

利用シーン
- ブラウザーのタブがバックグラウンドになったとき、負荷の重い処理を止めたいとき
- スマートフォンブラウザーでスリープから復帰したときに処理したいとき

Syntax

イベント名	発生タイミング
visibilitychange	ブラウザーのタブの表示状態が変わったとき

visibilitychangeイベントは、ブラウザーのタブのコンテンツが表示されたときと、非表示(バックグラウンド)へ変化したときに実行されます。document要素に対してイベントを設定します。ドキュメントの表示状態を示すdocument.visibilityStateと組み合わせることで、表示・非表示状態での処理を振り分けられます。

■HTML　　　　　　　　　　　　　　　　　　　　　　　　129/index.html

```html
<h1>コンソールを確認ください。</h1>
```

■JavaScript　　　　　　　　　　　　　　　　　　　　　　129/main.js

```javascript
document.addEventListener('visibilitychange', () => {
  if (document.visibilityState === 'visible') {
    console.log('コンテンツが表示されました');
    return;
  }

  if (document.visibilityState === 'hidden') {
    console.log('コンテンツがバックグラウンドになりました');
  }
});
```

▼ 実行結果

別のページから戻るとコンテンツの表示切り替えのログが残る

129 タブがバックグラウンドになったときに処理をしたい

コンテンツがバックグラウンドになったら音声を停止、復帰したら再生する場合は次のようにするとよいでしょう。

■ JavaScript

```javascript
// 初期状態でコンテンツが表示されていれば、音声を再生する
if (document.visibilityState === 'visible') {
  playSound();
}

document.addEventListener('visibilitychange', () => {
  if (document.visibilityState === 'visible') {
    playSound();
    return;
  }

  if (document.visibilityState === 'hidden') {
    stopSound();
  }
});

/** 音声を再生する */
function playSound() {
  中略
}

/** 音声を停止する */
function stopSound() {
  中略
}
```

130 画面サイズが変更になったときに処理をしたい

利用シーン
- ウインドウサイズが大きいとき、小さいときで処理を分けたいとき
- リサイズ時にレイアウトを調整したいとき

> Syntax

イベント名	発生タイミング
resize	ブラウザーのウインドウサイズが変わったとき

resizeイベントはブラウザーのウインドウサイズが変わるたびに発火します。

■ JavaScript

```javascript
window.addEventListener('resize', () => {
  console.log('ブラウザーがリサイズされました');
});
```

ウインドウをリサイズするごとに、ウインドウの幅と高さを表示するサンプルを紹介します。

■ HTML   130/index.html

```html
<p>ウインドウ幅: <span id="widthLog"></span></p>
<p>ウインドウ高さ: <span id="heightLog"></span></p>
```

■ JavaScript   130/main.js

```javascript
/** ウインドウの幅を表示する要素 */
const widthLog = document.querySelector('#widthLog');
/** ウインドウの高さを表示する要素 */
const heightLog = document.querySelector('#heightLog');

// ウインドウがリサイズされる度に処理を実行する
window.addEventListener('resize', () => {
  widthLog.innerText = `${window.innerWidth}px`;
  heightLog.innerText = `${window.innerHeight}px`;
});
```

▼ **実行結果**

リサイズイベントの負荷軽減

resizeイベントはウインドウのサイズが1pxでも変わると発火します。そのため、毎回重い処理を実行するとページ全体の負荷が上がってしまいます。対策のひとつとして、リサイズが完了したら処理を実行するという手があります。リサイズの1秒後に処理を行うタイマーを設定しておき、リサイズイベントごとにそれを解除する仕組みにしておけば、リサイズが1秒以上行われなかった場合のみ処理を行えます。

130

画面サイズが変更になったときに処理をしたい

■ JavaScript

```javascript
// 1秒後にリサイズ処理を実行するタイマー
let resizeTimer;

window.addEventListener('resize', () => {
  // resizeTimerがあればタイマーを解除
  if (resizeTimer != null) {
    clearTimeout(resizeTimer);
  }

  // 1000ミリ秒後にonResize()を実行する
  resizeTimer = setTimeout(() => {
    onResize();
  }, 1000);
});

// リサイズ時の処理
function onResize() {}
```

または、CSSのブレークポイントを超えたときのみに処理ができるmatchMedia()や、DOMのサイズ変更を監視するResize Observerで代替できるケースもあります。

131 画面サイズがブレークポイントを超えたときに処理をしたい

- 画面サイズがブレークポイントを超えたときに処理をしたいとき
- スマートフォンの縦持ち・横持ちが変わったタイミングで処理をしたいとき

Syntax

メソッド	意味	戻り値
matchMedia(メディアクエリ)	メディアクエリの情報	オブジェクト（MediaQueryList）
matchMedia(メディアクエリ).addListener(処理)	メディアクエリに一致したときに処理を実行する	なし

Syntax

プロパティー	内容	型
matchMedia(メディアクエリ).maches	メディアクエリに一致するかどうか	真偽値

matchMedia()メソッドは、引数に応じたメディアクエリの情報を返します。たとえば、「ウインドウの横幅が500px以上」を示す「(min-width: 500px)」を渡すと、次のような情報が返ります。matchesプロパティーはメディアクエリに一致するかどうかの真偽値であり、mediaプロパティーはブラウザーが評価したクエリ文字列です。

■ JavaScript

```
const mediaQueryList = matchMedia('(min-width: 500px)');
console.log(mediaQueryList);

// 出力結果
// {
//   matches: true,   // ウインドウサイズが500px以上のとき
//   media: '(min-width: 500px)'
// }
```

machesプロパティーを用いて、ブラウザーウインドウのサイズがメディアクエリに一致するかどうかを調べられます。

■ JavaScript

```
// ウインドウサイズが300px以下ならばtrue
matchMedia('(max-width: 300px)').matches;

// ウインドウサイズが100px以上700px以下ならばtrue
matchMedia('(min-width: 100px) and (max-width: 700px)').matches;
```

スマートフォンの縦向き・横向き変更を検知したいときなど、メディアクエリの変化タイミングで処理を行いたいケースには、次のようにコールバック処理を設定できます。コールバックはメディアクエリの状態が変更されるタイミングで実行されます。

■ JavaScript

```
// (orientation: portrait)は横持ちを示す
const mediaQueryList = matchMedia('(orientation: portrait)');

mediaQueryList.addListener(() => {
  console.log('デバイスの向きが変更された');
});
```

コールバック処理ではMediaQueryListを受け取ります。ウインドウサイズが600px以上のとき、600px未満の場合にウインドウの色を変更する例を紹介します。.rectangle要素に対して、ウインドウサイズが600pxを超えるか否かでbig-sizeクラスを着脱します。big-sizeに応じて.rectangle要素の色が変わります。

■ HTML

131/index.html

```
<div class="rectangle"></div>
```

■ CSS

131 / style.css

```css
.rectangle {
  background-image: linear-gradient(-135deg, #00aaff, #5500ff);
}

.rectangle.big-size {
  background-image: linear-gradient(-135deg, red, #ff00a2);
}
```

■ JavaScript

131 / main.js

```javascript
const rectAngle = document.querySelector('.rectangle');

// メディアクエリ情報
const mediaQueryList = matchMedia('(min-width: 600px)');

// メディアクエリが変更されたタイミングで処理
mediaQueryList.addListener(onMediaQueryChange);

/**
 * メディアクエリが変更された際に実行される関数
 */
function onMediaQueryChange(mediaQueryList) {
  if (mediaQueryList.matches === true) {
    rectAngle.classList.add('big-size');
    console.log('ウインドウサイズが600pxを超えました');
  } else {
    rectAngle.classList.remove('big-size');
    console.log('ウインドウサイズが600pxを下回りました');
  }
}

// ページ表示時に一度onMediaQueryChange()を実行しておく
onMediaQueryChange(mediaQueryList);
```

131

画面サイズがブレークポイントを超えたときに処理をしたい

▼ 実行結果

コンソールを確認すると、ウインドウサイズが600pxを跨いだタイミングで一度だけ処理が実行されているのがわかります。resizeイベントはウインドウサイズが変わるたびに実行されますが、matchMedia()を使うケースでは一度だけ実行されるので処理負荷の軽減が期待できます。

コンソールログ

132 イベントを発火させたい

利用シーン **非同期処理のタイミングを通知させたいとき**

Syntax

メソッド	意味	戻り値
イベントターゲット.dispatchEvent(イベント)	イベントを発生させる	真偽値
new Event('イベント名', [{detail: 値}※])	イベントを生成する	イベント

※ 省略可能です。

dispatchEvent()メソッドは、イベントターゲットに対して任意のイベントを発生させます。イベントは「new Event('イベント名')」で生成します。プログラムの実行開始から1秒後に#myBox要素のクリックイベントを発生させるサンプルを通して、使い方を紹介します。

■HTML

132/index.html

```html
<div id="myBox">ボックス</div>
```

■JavaScript

132/main.js

```javascript
const boxElement = document.querySelector('#myBox');

boxElement.addEventListener('click', () => {
  boxElement.innerHTML = 'クリックされました';
});

setTimeout(() => {
  boxElement.dispatchEvent(new Event('click'));
}, 1000);
```

▼ 実行結果

ボタンをクリックしていないにもかかわらず、1秒後にクリックイベントが発生する

Column
click()メソッドでクリックイベントを発火させる方法

クリックイベントを発火させるには、HTML要素のclick()メソッドを使う方法もあります。click()メソッドを使うと、本文で紹介したイベント発火コードは次のように書き換えられます。

■ JavaScript

`中略`

```
setTimeout(() => {
  boxElement.click();
}, 1000);
```

なお、「HTML要素.イベント名()」というメソッドの書き方で、click以外の任意のイベントを発火できるわけではありません。たとえば、マウスが動いたときのイベントを「HTML要素.mousemove()」と記述することはできません。

133 デフォルトのイベントをキャンセルしたい

利用シーン
- マウスホイールを無効化したいとき
- タッチ操作を無効化したいとき

Syntax

メソッド	意味	戻り値
イベント.preventDefault()	イベントのデフォルトの挙動をキャンセルする	なし

preventDefault()メソッドを実行すると、イベントのデフォルトの挙動をキャンセルできます。

■ JavaScript

```javascript
// マウスホイールを無効化する
document.querySelector('.foo').addEventListener('wheel', (event) => {
  event.preventDefault();
});

// タッチ開始処理を無効化
document.documentElement.addEventListener('touchstart', (event) => {
  event.preventDefault();
});
```

チェックボックスにチェックを入れていたら、マウスホイールを無効化するサンプルを通して使い方を紹介します。

■ HTML 133／index.html

```html
<p><input id="mouseWheelToggle" type="checkbox">マウスホイールを無効化</p>

<ul class="scrollable-element">
  <li>りんご</li>
  <li>みかん</li>
  <li>バナナ</li>
  <li>いちご</li>
  <li>パイナップル</li>
  <li>キウイ</li>
  <li>ぶどう</li>
  <li>スイカ</li>
</ul>
```

■ CSS 133／style.css

```css
.scrollable-element {
  overflow-y: scroll;
}
```

■ JavaScript 133／main.js

```javascript
/** マウスホイールを有効にするかどうか */
let enableMouseWheel = true;

// チェックボックスをクリックしたときの処理
document
  .querySelector('#mouseWheelToggle')
  .addEventListener('click', (event) => {
    // チェックボックスに値が入っていたら、マウスホイールを無効化する
    enableMouseWheel = event.target.checked === false;
  });

// スクロール可能な要素上でマウスホイールしたときの処理
document
  .querySelector('.scrollable-element')
  .addEventListener('wheel', (event) => {
```

133 デフォルトのイベントをキャンセルしたい

```
  // マウスホイールが有効な場合は処理を抜ける
  if (enableMouseWheel === true) {
    return;
  }

  // マウスホイールが無効な場合はevent.preventDefault()を実行
  event.preventDefault();
});
```

▼ 実行結果

チェックボックスにチェックが入っていたときはホイールが無効になる

134 ドラッグアンドドロップを取り扱いたい

利用シーン ドロップした画像ファイルを受け付けたいとき

Syntax ▼ドラッグしている要素で発生するイベント

イベント名	発生タイミング
dragstart	要素のドラッグを開始したとき
drag	ドラッグしているとき
dragend	ドラッグを終了したとき

Syntax ▼ドラッグ要素を受け入れる要素で発生するイベント

イベント名	発生タイミング
dragenter	ドラッグ中にマウスポインターが要素上に乗ったとき
dragover	ドラッグ中にマウスポインターが要素に存在するとき
dragleave	ドラッグ中にマウスポインターが要素上から離れたとき
drop	要素をドロップしたとき

Syntax ▼ドラッグにおけるイベント情報

プロパティー	意味	型
event.dataTransfer.files	ドロップされたファイル情報	オブジェクト（FileListオブジェクト）

Drag and Drop APIを使うと、HTMLの任意の要素にドラッグしたファイルを取り扱うことができます。
サンプルとして、.character要素のドラッグイベントを取り扱う例を紹介します。ドラッグ可能な要素を示すには、draggable属性をtrueにします。

■HTML　　　　　　　　　　　　　　　　　　　　　134/sample1/index.html

```
<civ class="character" draggable="true"></div>
```

■ JavaScript   134 / sample 1 / main.js

```javascript
const character = document.querySelector('.character');

character.addEventListener('dragstart', () => {
  console.log('dragstartイベント');
});

character.addEventListener('drag', () => {
  console.log('dragイベント');
});

character.addEventListener('dragend', () => {
  console.log('dragendイベント');
});
```

ログを見ると、各イベントが発火されていることがわかります。dragイベントはドラッグ中ずっと発生することに注意してください。

ドラッグを終えると、dragendイベントがコンソールパネルに出力されている

.character要素をドラッグしているとき、.box要素でそのドラッグを受け入れる際のイベントのコードは次の通りです。

ドラッグアンドドロップを取り扱いたい

■ HTML 134/sample2/index.html

```html
<div class="character" draggable="true"></div>
<div class="box">ドラッグ可能</div>
```

■ JavaScript 134/sample2/main.js

```javascript
const box = document.querySelector('.box');

box.addEventListener('dragenter', () => {
  console.log('dragenterイベント');
});

box.addEventListener('dragover', () => {
  console.log('dragoverイベント');
});

box.addEventListener('dragleave', () => {
  console.log('dragleaveイベント');
});
```

ログを見ると、各イベントが発火されていることがわかります。要素そのものではなくマウスポインターの重なりで判定されていることに注意してください。また、dragoverイベントは要素が重なっている間にずっと発生します。

ドラッグ領域に入ったときにdragoverイベントが発生し、ドラッグ領域から離れたときにdragleaveイベントが発生する

ドロップを受け付けるにはdropイベントを使います。また、ブラウザーにファイルがドラッグアンドドロップされると、ページを遷移します。その挙動をキャンセルするためにはdropイベントでevent.preventDefault()メソッドを実行する必要があります。また、dragoverイベントでevent.preventDefault()メソッドを使わないとdropイベントが検知できないため事前に記述します。

■ HTML　　　　　　　　　　　　　　　　　　　　　134/sample3/index.html

```html
<div class="character" draggable="true"></div>
<div class="box">ボックス</div>
```

■ JavaScript　　　　　　　　　　　　　　　　　　　　134/sample3/main.js

```javascript
const box = document.querySelector('.box');

// dragoverイベントの無効化
box.addEventListener('dragover', (event) => {
  event.preventDefault();
});

box.addEventListener('drop', (event) => {
  console.log('dropイベント');
  event.preventDefault();
});
```

ログを見ると、ドロップ時のイベントが発火されていることがわかります。

134

ドラッグアンドドロップを取り扱いたい

マウスを離しドロップしたときに、dropイベントが発生する

ドラッグを受け入れるイベントは、ブラウザー外からのドラッグに対しても有効です。dropイベントの発生時、event.dataTransfer.filesプロパティーよりドロップされたファイルリストにアクセスできます。event.dataTransfer.filesには「{0: Fileオブジェクト, 1: Fileオブジェクト, ...}」という形でファイル情報が格納されています。
WindowsのエクスプローラーやmacOSのFinderから画像ファイルをドラッグし、それを表示するサンプルを紹介します。画像表示部分については割愛しますので、詳しくはソースコードを参照してください。

■ JavaScript（部分）

134/sample4/main.js

```javascript
// ファイルアップロードゾーン
const fileZone = document.querySelector('.file-zone');
中略
// ドラッグした要素が重なったときの処理
fileZone.addEventListener('dragover', (event) => {
  // デフォルトの挙動を停止
  event.preventDefault();
  中略
});
中略
// ドロップした時の処理
fileZone.addEventListener('drop', (event) => {
  // デフォルトの挙動を停止
  event.preventDefault();
  中略
  // Fileオブジェクトを参照
  const transferdFiles = event.dataTransfer.files;

  // 画像を表示する
  displayImages(transferdFiles);
});
```

```java
/** 画像の表示処理 */
function displayImages(transferdFiles) {
    中略
}
```

ファイルをドロップすると、ページ下部にそのファイルが表示される

ドラッグアンドドロップした画像のアップロード機能などに応用できるでしょう。

HTML要素の操作方法

Chapter

8

135 JavaScriptでの要素の取り扱い方を知りたい

 JavaScriptでHTML要素を扱いたいとき

JavaScriptでは、ウェブページ内のテキストを書き換えたり、スタイルを変更したりできます。このようなHTML上の各要素へのアクセスの仕組みは、DOM（Document Object Model）というインターフェースで定義されています。DOMではHTML文書をツリー構造として扱います。

■ HTML

```
<!doctype html>
<html lang="ja">
<head>
  <meta charset="UTF-8">
  <title>サンプルページ</title>
</head>
<body>
<h1>タイトルです</h1>
<ul id="my-list">
  <li class="list">リスト1</li>
  <li class="list">リスト2</li>
  <li class="list">リスト3</li>
</ul>
</body>
</html>
```

ツリーの各構成要素は「ノード（Node）」といいます。Nodeとは、「こぶ」や「節」といった意味を持ちます。ノードはJavaScriptで、Nodeオブジェクトとして扱えます。たとえば、要素を取得する、要素を追加するといったことがNodeオブジェクトで可能です。

Nodeオブジェクトのメソッドやプロパティーは、ノード.プロパティー、ノード.メソッド名という形でアクセスします。HTML文書全体はdocumentで取得でき、それ自体がひとつの大きなNodeオブジェクトとなっています。

■ JavaScript

```
// NodeオブジェクトのquerySelector()メソッド
// セレクターに一致する要素を取得する
document.querySelector('.box');
```

ノードにはいくつかの種類があります。

ノード	例
要素ノード	<p class="container">こんにちは</p>
属性ノード	class="container"
テキストノード	こんにちは

要素ノードはJavaScript上でElementオブジェクトとして扱います。要素の中身を書き換える、CSSクラスを書き換えるといったことがElementオブジェクトで可能です。

■JavaScript

```
// .box要素を取得する
const myBox = document.querySelector('.box');

// .box要素の中身を書き換える
myBox.innerHTML = 'こんにちは';
```

ElementオブジェクトはNodeオブジェクトを「継承」しています。「継承」とは、親オブジェクト(ここではNodeオブジェクト)の性質を受け継ぐことです。ElementオブジェクトはNodeオブジェクトの各プロパティーやメソッドを取り扱え、さらに自身のプロパティーやメソッドを持っています。
NodeオブジェクトやElementオブジェクトを用いることで、次のようなことができます。

- HTML要素を取得する
- html要素やbody要素を取得する
- 子要素、前後要素、親要素を取得する
- 要素を生成する
- 要素を追加する
- 要素を削除する
- 要素を複製する
- 要素の中身を取得したり、書き換えたりする
- 要素を他の要素で置き換える
- 要素の属性を取得・設定する
- 要素のクラス属性の追加したり、削除したりする
- スタイルを変更する

136 セレクター名に一致する要素をひとつ取得したい

利用シーン　セレクターから要素を取得したいとき

Syntax

メソッド	意味	戻り値
document.querySelector (セレクター名)	セレクター名に一致する要素を取得する	要素 (Element)

HTML要素を操作するためには、まず操作対象のHTML要素を取得する必要があります。JavaScriptにはセレクター名、ID名、クラス名などを指定してHTML要素を取得する仕組みがあります。
document.querySelector()メソッドはセレクターに合致するHTML要素をひとつ取得するメソッドです。セレクターとは要素を指定するための条件式で、CSSにおける#ID名、.クラス名、:nth-child(番号)などのことです。なお、セレクターに合致する要素が複数ある場合は最初の要素が返ります。

■HTML

```html
<div id="foo"></div>

<ul class="list">
  <li class="item"></li>
  <li class="item"></li>
  <li class="item"></li>
</ul>
```

■JavaScript

```javascript
// foo要素
document.querySelector('#foo');
// .list要素内の、2番目の.item要素
document.querySelector('.list .item:nth-child(2)');
```

#log要素を取得し、中身を書き換えるサンプルを通して使い方を紹介します。

■ HTML

136/index.html

```html
<div id="log"></div>
```

■ JavaScript

136/main.js

```javascript
const logElement = document.querySelector('#log');
logElement.innerHTML = 'こんにちは';
```

▼ 実行結果

Column

セレクター名に合致する要素が複数ある場合

cocument.querySelector('#log')メソッドで要素を取得する際、セレクター名に合致する要素が複数ある場合は最初の要素が返ります。次のコードでは、1つ目の.box要素のテキストが出力されます。

■ HTML

```html
<div class="box">１つ目のボックス</div>
<div class="box">２つ目のボックス</div>
<div class="box">３つ目のボックス</div>
```

■ JavaScript

```javascript
// .box要素を取得する
const box = document.querySelector('.box');

// テキスト内の要素を出力する
console.log(box.innerHTML); // 結果: '１つ目のボックス'
```

137 ID名に一致する要素を取得したい

利用シーン ID値に一致する要素を取得したいとき

Syntax

メソッド	意味	戻り値
document.getElementById(ID名)	ID名に一致する要素を取得する	要素（HTMLElement）

document.getElementById()メソッドは、ID名を指定してHTML要素をひとつ取得するメソッドです。querySelector()メソッドとは異なり、引数にはセレクターではなくID名のみを指定することに注意してください。つまり、HTMLでid="foo"の要素を取得するには、document.getElementById()メソッドでは#を付けずに'foo'のみ指定します。

■HTML

```html
<div id="foo"></div>
```

■JavaScript

```javascript
// foo要素
const element = document.getElementById('foo');
```

138 セレクター名に該当する要素をまとめて取得したい

利用シーン：セレクター名に該当する要素をまとめて取得し、処理したいとき

Syntax

メソッド	意味	戻り値
document.querySelectorAll(セレクター名)	セレクター名に一致する要素をすべて取得する	要素の配列（NodeList）

document.querySelectorAll()メソッドは、セレクターに合致するHTML要素をすべて取得するメソッドです。返ってくるのは複数の要素をひとまとめにしたオブジェクト（NodeListオブジェクト）です。一つひとつに対して処理するにはforEach()メソッドを使います。コールバック関数を受け取り、各要素に対して処理が可能です。

■ HTML

```html
<div class="box">ボックス1</div>
<div class="box">ボックス2</div>
<div class="box">ボックス3</div>
```

■ JavaScript

```javascript
// .box要素をすべて取得する
const boxList = document.querySelectorAll('.box');
boxList.forEach((targetBox) => {
  // 各box要素が出力される
  console.log(targetBox);
});
```

forEach()メソッドの他にも、for文を使っても記述できます。

■ JavaScript

```javascript
const boxList = document.querySelectorAll('.box');
const boxLength = boxList.length;

for (let index = 0; index < boxLength; index++) {
  // 各box要素が出力される
  console.log(boxList[index]);
}
```

3つのボックスを配置し、クリックしたボックスの名前をアラートで表示するサンプルを紹介します。

■ HTML 138／index.html

```html
<div class="box">ボックス1</div>
<div class="box">ボックス2</div>
<div class="box">ボックス3</div>
```

■ JavaScript 138／main.js

```javascript
// 各.box要素に対してループ
document.querySelectorAll('.box').forEach((targetBox) => {
  // .box要素をクリックしたときの処理
  targetBox.addEventListener('click', () => {
    // クリックされた.box要素のテキストを表示
    alert(`${targetBox.textContent}がクリックされました`);
  });
});
```

▼ 実行結果

クリックされた要素の内容が表示される

139 クラス名に一致する要素をすべて取得したい

利用シーン クラス名に一致する要素をすべて取得したいとき

Syntax

メソッド	意味	戻り値
document .getElementsByClassName(クラス名)	クラス名に一致する要素をすべて取得する	要素の配列 （HTMLCollection）

document.getElementsByClassName()メソッドは、クラス名を指定して合致するHTML要素をすべて取得するメソッドです。querySelector()メソッドとは異なり、引数にはセレクターではなくクラス名のみを指定することに注意してください。

■HTML

```html
<div class="box"></div>
<div class="box"></div>
<div class="box"></div>
```

■JavaScript

```javascript
// foo要素
document.getElementsByClassName('box');
```

各要素を処理するにはfor文を使います。なお、forEach()メソッドは存在しません。

■JavaScript

```javascript
const boxList = document.getElementsByClassName('box');
const boxLength = boxList.length;

for (let index = 0; index < boxLength; index++) {
  // 各box要素が出力される
  console.log(boxList[index]);
}
```

140 <html>要素や<body>要素を取得したい

利用シーン
- <html>要素を取得したいとき
- <body>要素にクラスを着脱したいとき

Syntax

プロパティー	意味	型
document.documentElement	ルート要素	html要素
document.head	head要素	head要素
document.body	body要素	body要素

document.documentElementとは、ドキュメントのルート要素を指します。HTML文書においてはhtml要素のことです。
「console.dir(document.documentElement)」を実行してコンソールログを確認すると、html要素が返ってくるのが確認できます。

▼ 実行結果

```
                                                    VM208:1
▼ html
    accessKey: ""
    assignedSlot: null
  ▶ attributeStyleMap: StylePropertyMap {size: 0}
  ▶ attributes: NamedNodeMap {0: lang, lang: lang, leng
    autocapitalize: ""
    baseURI: "file:///Volumes/ICS-KANO01/git/gihyo-js-b
    childElementCount: 2
  ▶ childNodes: NodeList(3) [head, text, body.chapter-9
  ▶ children: HTMLCollection(2) [head, body.chapter-9]
  ▶ classList: DOMTokenList [value: ""]
    className: ""
    clientHeight: 338
```
コンソールログ

document.headはhead要素を取得します。たとえばhead内にscriptタグやlinkタグを動的に挿入するといったケースで用います。

■ JavaScript

```
const scriptElement = document.createElement('script');
scriptElement.src = 'script/new-script.js';
document.head.appendChild(scriptElement);
```

document.bodyはbody要素を取得します。

■ JavaScript

```
console.dir(document.body); // body要素
```

ウェブページに、異なる見栄えのダークモードを適用するサンプルを紹介します。ボタンを押すたびにbody要素へdarkクラスを設定しています。darkクラスが設定されると画面全体をダークモードにするスタイルを設定しています。

■ HTML　　　　　　　　　　　　　　　　　　　　　　　　140/index.html

```
<button class="theme-change-button">配色を変更</button>
<h1>At the moment of my dream</h1>
中略
```

■ CSS　　　　　　　　　　　　　　　　　　　　　　　　140/style.css

```
body {
  中略
  background-color: #f9f9f9;
  中略
}

body.theme-dark {
  background-color: #1e1e1e;
  color: #fff;
}
```

<html>要素や<body>要素を取得したい

■ JavaScript　　　　　　　　　　　　　　　　　　　　　　　　140/main.js

```javascript
const themeChangeButton =
  document.querySelector('.theme-change-button');

// テーマ変更ボタンをクリックしたときの処理
themeChangeButton.addEventListener('click', () => {
  // body要素のクラスの「theme-dark」を切り替える
  document.body.classList.toggle('theme-dark');
});
```

▼ 実行結果

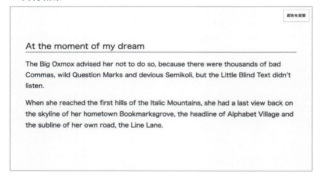

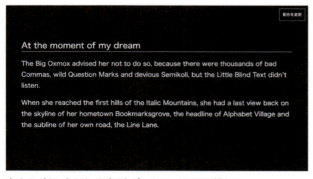

右上のボタンをクリックするとダークモードに切り替わる

141 子要素・前後要素・親要素を取得したい

 特定要素の付近の要素を取得したいとき

Syntax

プロパティー	意味	型
親ノード.children	子ノード	要素群（HTMLCollection）
親ノード.firstElementChild	最初の子ノード	要素（Element）
親ノード.lastElementChild	最後の子ノード	要素（Element）
ノード.nextElementSibling	次（弟）のノード	要素（Element）
ノード.previousElementSibling	前（兄）のノード	要素（Element）
子ノード.parentNode	親のノード	ノード（Node）

子要素・前後要素・親要素を取得するための処理です。JavaScriptで付近の要素を取り扱いたいときに利用するといいでしょう。

■ HTML

```
<div id="parent">
  <div id="child1">子要素1</div>
  <div id="child2">子要素2</div>
  <div id="child3">子要素3</div>
</div>
```

■ JavaScript

```
const parentElement = document.querySelector('#parent');
console.log(parentElement.children);
// #child1, #child2, #child3 (HTMLCollection)

const firstElementChild = parentElement.firstElementChild;
console.log(firstElementChild); // #child1
console.log(firstElementChild.nextElementSibling); // #child2
console.log(firstElementChild.parentNode); // #parent
```

142 親要素の末尾に要素を追加したい

利用シーン
- 動的に表示要素を増やしたいとき
- モーダルウインドウを画面上に追加したいとき

Syntax

メソッド	意味	戻り値
親ノード.appendChild(子ノード)	親ノード内の末尾に子ノードを追加する	要素（Element）

appendChild()メソッドは親ノードの末尾に子ノードを追加します。ページを開いて3秒後に#myBox要素を.container要素の末尾に追加するサンプルを通して使い方を紹介します。

■ HTML　　　　　　　　　　　　　　　　　　　　　　　　　142/index.html

```html
<div id="myBox">#myBox要素</div>

<div class="container">
  <div>子要素1</div>
  <div>子要素2</div>
</div>
```

■ JavaScript　　　　　　　　　　　　　　　　　　　　　　　142/main.js

```javascript
const container = document.querySelector('.container');
const myBox = document.querySelector('#myBox');

// 3秒後に#myBox要素を.container要素の末尾に追加する
setTimeout(() => {
  container.appendChild(myBox);
}, 3000);
```

▼実行結果

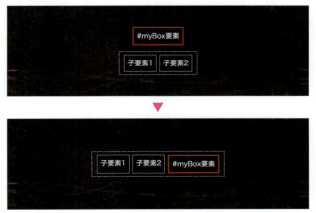

143 指定要素の直前に要素を追加したい

利用シーン
- 動的に表示要素を増やしたいとき
- モーダルウインドウを画面上に追加したいとき

Syntax

メソッド	意味	戻り値
親ノード.insertBefore(子ノード, 直前のノード)	親ノード内にノードを追加する	要素（Element）

insertBefore()メソッドは親要素内の指定要素の直前に挿入します。3秒後に.container要素内の先頭に、4秒後に#box2の直前に要素を挿入するサンプルを通して使い方を紹介します。

■ HTML　　　　　　　　　　　　　　　　　　　　　　　143/index.html

```html
<div id="myBox1">#myBox1要素</div>
<div id="myBox2">#myBox2要素</div>

<div class="container">
  <div>子要素1</div>
  <div id="box2">子要素2</div>
</div>
```

■ JavaScript　　　　　　　　　　　　　　　　　　　　　143/main.js

```javascript
const container = document.querySelector('.container');
const myBox1 = document.querySelector('#myBox1');
const myBox2 = document.querySelector('#myBox2');
const box2 = document.querySelector('#box2');

// 3秒後に#myBox1要素を.containerの先頭に追加する
setTimeout(() => {
  container.insertBefore(myBox1, container.firstElementChild);
}, 3000);
```

```
// 4秒後に#myBox2要素を#box2要素の前に追加する
setTimeout(() => {
  container.insertBefore(myBox2, box2);
}, 4000);
```

▼ 実行結果

144 要素の前後に別の要素を追加したい

利用シーン HTML要素の挿入箇所を細かく指定したい

Syntax

メソッド	意味	戻り値
ノード1.before(ノード2)	ノード1の前にノード2を追加する	なし
ノード1.after(ノード2)	ノード1の後にノード2を追加する	なし
親ノード.hasChild(子ノード)	親ノードに子ノードが存在するかを確認する	真偽値

before()メソッドとafter()メソッドは、指定の要素の前後に追加するメソッドです。#myBox1要素と#myBox2要素を#targetBox要素の前後に挿入するサンプルを通して使い方を紹介します。

■HTML
144/index.html

```html
<div id="myBox1">#myBox1要素</div>
<div id="myBox2">#myBox2要素</div>

<div class="container">
  <div id="targetBox">#targetBox要素</div>
</div>
```

■JavaScript
144/main.js

```javascript
const myBox1 = document.querySelector('#myBox1');
const myBox2 = document.querySelector('#myBox2');
const targetBox = document.querySelector('#targetBox');

// 4秒後に#myBox1要素を#targetBox要素の前に追加する
setTimeout(() => {
  targetBox.before(myBox1);
}, 3000);

// 4秒後に#myBox2要素を#targetBox要素の後に追加する
setTimeout(() => {
```

```
  targetBox.after(myBox2);
}, 4000);
```

▼ 実行結果

145 HTMLコードを要素として挿入したい

利用シーン
- 動的に表示要素を増やしたいとき
- モーダルウインドウを画面上に追加したいとき

Syntax

メソッド	意味	戻り値
親要素.insertAdjacentHTML (挿入位置, 文字列)	文字列をHTMLとして挿入する	要素（Element）

Syntax

挿入位置	意味
'beforebegin'	親要素の直前
'afterbegin'	親要素内の先頭
'beforeend'	親要素内の末尾
'afterend'	親要素の直後

insertAdjacentHTML()メソッドは、第一引数の位置に第二引数の文字列をHTML（またはXML）として挿入するメソッドです。挿入先の要素は破壊されません。3秒後に.new-box要素を追加するサンプルを通して、使い方を解説します。

■ HTML　　　　　　　　　　　　　　　　　　　　　145/index.html

```
<div class="container">
  <div class="box">子要素1</div>
  <div class="box">子要素2</div>
</div>
```

■ JavaScript　　　　　　　　　　　　　　　　　　　　　　　　　145/main.js

```javascript
const container = document.querySelector('.container');
// 挿入する.new-box要素
const newBox = `<div class="new-box box">.new-box要素</div>`;

setTimeout(() => {
  // .container要素内先頭に.new-box要素を追加する
  container.insertAdjacentHTML('afterbegin', newBox);
  // .container要素の直後に.new-box要素を追加する
  container.insertAdjacentHTML('afterend', newBox);
}, 3000);
```

▼ 実行結果

3秒後にnew-box要素が追加される

なお、.container要素に対してinsertAdjacentHTML()メソッドを用いる場合、挿入位置は次の通りです。

■ HTML

```html
<!-- beforebegin の位置-->
<div class="container">
  <!-- afterbegin の位置-->
  <div class="box"></div>
  <div class="box"></div>
  <!-- beforeend の位置-->
</div>
<!-- afterend の位置-->
```

類似メソッドとして、位置と要素（Element）を指定して追加するinsertAdjacentElement()メソッドもあります。

146 要素を動的に削除したい

利用シーン 要素を動的に削除したいとき

Syntax

メソッド	意味	戻り値
親ノード.removeChild(子ノード)	親要素の子要素を取り除く	取り除かれた要素（Element）

removeChild()メソッドは、親要素から子要素を取り除くためのメソッドです。#parent要素内の#child要素を3秒後に取り除くサンプルを通して、使い方を紹介します。

■ HTML 146/index.html

```html
<div id="parent">
    <div id="child">取り除かれる要素</div>
</div>
```

■ JavaScript 146/main.js

```javascript
// 3秒後に処理を行う
setTimeout(() => {
  const parentElement = document.querySelector('#parent');
  const childElement = document.querySelector('#child');
  // #child要素を取り除く
  parentElement.removeChild(childElement);
}, 3000);
```

▼ 実行結果

3秒後に要素が取り除かれる

147 自分自身の要素を削除したい

利用シーン 要素を動的に削除したいとき

Syntax

メソッド	意味	戻り値
ノード.remove()	要素を取り除く	なし

remove()メソッドは、自分自身を取り除くためのメソッドです。removeChild()メソッドと異なり、親要素ではなく削除したい要素そのものに対して処理を行います。

■ **HTML** 147/index.html

```html
<div id="parent">
    <div id="child">取り除かれる要素</div>
</div>
```

■ **JavaScript** 147/main.js

```javascript
// 3秒後に処理を行う
setTimeout(() => {
  const childElement = document.querySelector('#child');
  // #child要素を取り除く
  childElement.remove();
}, 3000);
```

▼ 実行結果

removeChild()の場合と同様に3秒後に要素が取り除かれる

148 要素を生成したい

利用シーン
- HTML要素を動的に生成したいとき
- モーダルウインドウを生成したいとき

Syntax

メソッド	意味	戻り値
document.createElement('タグ名', オプション)	タグ名の要素を作成する	要素

createElement()メソッドは要素の生成に使用するメソッドです。引数にタグ名を指定すると、そのタグの名前の要素を作れます。

■ JavaScript

```
// div要素を生成する
const divElement = document.createElement('div');
// a要素を生成する
const anchorElement = document.createElement('a');
```

ただし、createElement()メソッドで生成しても画面上には何も変化は起きません。appendChild()メソッドなどを使って追加することで、はじめてDOM上の要素として扱えます。また、innerHTMLプロパティーで中身のHTMLを追加したり、classListプロパティーでクラスを操作したりできます。

■ JavaScript

```
// div要素を生成する
const divElement = document.createElement('div');
// innerHTMLで内容を生成する
divElement.innerHTML = 'これは動的に生成された要素です';
// body要素の末尾に追加する
document.body.appendChild(divElement);
```

ボタンをクリックしたらモーダルウインドウが表示されるサンプルを通して使い方を紹介します。

■HTML

148/index.html

```html
<button id="create-modal-button">モーダルウインドウの生成</button>
```

■CSS

148/style.css

```css
.modal {
  width: 100%;
  height: 100%;
  position: absolute;
  top: 0;
  left: 0;
  中略
}

.modal .inner {
  width: 100%;
  height: 100%;
  background-color: rgba(255, 255, 255, 0.9);
  中略
}
```

■JavaScript

148/main.js

```js
// create-modal-buttonをクリックしたときの処理
document
  .querySelector('#create-modal-button')
  .addEventListener('click', displayModalWindow);

/** モーダルウインドウを表示する */
function displayModalWindow() {
  // モーダルウインドウを生成する
  const modalElement = document.createElement('div');
  // modalクラスを付与する
  modalElement.classList.add('modal');

  // モーダルウインドウの内部要素を生成する
  const innerElement = document.createElement('div');
  innerElement.classList.add('inner');
  innerElement.innerHTML = `
    <p>モーダルウインドウの中身です</p>
    <div class="character"></div>
  `;
  // モーダルウインドウに内部要素を配置する
  modalElement.appendChild(innerElement);
```

```
  // body要素にモーダルウインドウを配置する
  document.body.appendChild(modalElement);

  // 内部要素をクリックしたらモーダルウインドウを削除する処理
  innerElement.addEventListener('click', () => {
    closeModalWindow(modalElement);
  });
}

/** モーダルウインドウを閉じる */
function closeModalWindow(modalElement) {
  document.body.removeChild(modalElement);
}
```

▼実行結果

ボタンをクリックするとモーダルウインドウが表示される。ウインドウをクリックすると閉じられる

なお、属性を生成するcreateAttribute()メソッドや、コメントを生成するcreateComment()メソッドもあります。

149 要素を複製したい

利用シーン ユーザーのクリックごとに要素を増やしたいとき

Syntax

メソッド	意味	戻り値
ノード.cloneNode([真偽値※])	ノードを複製する	ノード（Node）

※ 省略可能です。

cloneNode()は要素を複製するためのメソッドです。引数にtrueを渡すと、子ノードも複製します。複製したノードを画面上に表示するには、appendChild()などを使用します。
画面表示から3秒後に、.box要素を複製して表示するサンプルを通して使い方を紹介します。

■HTML
149/index.html

```html
<div class="container">
  <div id="myBox">ボックス</div>
</div>
```

■JavaScript
149/main.js

```javascript
setTimeout(() => {
  // #myBox要素を子ノードも含めて複製
  const clonedBox = document.querySelector('#myBox').cloneNode(true);
  document.querySelector('.container').appendChild(clonedBox);
}, 3000);
```

要素を複製したい

▼ 実行結果

cloneNode()の引数を省略したり、falseを渡したりすると子ノード(「ボックス」というテキスト)は複製されません。

150 要素を他の要素で置き換えたい

 親要素をたどって要素を置き換えたいとき

Syntax

メソッド	意味	戻り値
親ノード.replaceChild(新ノード, 旧ノード)	新ノードと子ノードを置き換える	置き換えられたノード

既存のノードを入れ替える際に用いるメソッドです。
replaceChild()は、親ノード内の子ノードを置き換えるメソッドです。第一引数のノードで第二引数のノードを置き換えます。入れ替えられたノードはDOMツリーから取り除かれ、replaceChild()の戻り値となります。なお、入れ替え対象が子ノードでない場合はエラーになるので注意してください。ページを開いた3秒後にボックスを入れ替えるサンプルを通して使い方を紹介します。

■HTML

150/index.html

```html
<div class="container">
  <div class="old-box box">旧ボックス</div>
</div>
```

■JavaScript

150/main.js

```javascript
setTimeout(() => {
  // コンテナ
  const container = document.querySelector('.container');
  // 旧ボックス要素
  const oldBox = document.querySelector('.old-box');
  // 新ボックス要素。div要素を作り、「新ボックス」というテキストノードを追加する
  const newBox = document.createElement('div');
  newBox.textContent = '新ボックス';
  // new-box, boxというCSSクラスを追加する
  newBox.classList.add('new-box', 'box');
  // 新旧ボックスを入れ替える
  container.replaceChild(newBox, oldBox);
}, 3000);
```

150

要素を他の要素で置き換えたい

▼ 実行結果

151 新ノードと旧ノードを入れ替えたい

要素を別の要素に置き換えたいとき

Syntax

メソッド	意味	戻り値
旧ノード.replaceWith(新ノード)	旧ノードを新ノードで置き換える	なし

replaceWith()メソッドは新ノードと旧ノードを入れ替えるメソッドです。replaceChild()と同様に、入れ替えられたノードはDOMツリーから取り除かれます。なお、replaceChild()と異なり、戻り値はありません。ページを開いた3秒後にボックスを入れ替えるサンプルを通して使い方を紹介します。

■ **HTML**　　　　　　　　　　　　　　　　　　　　　　　　151/index.html

```html
<div class="container">
  <div class="old-box box">旧ボックス</div>
</div>
```

■ **JavaScript**　　　　　　　　　　　　　　　　　　　　　　151/main.js

```javascript
setTimeout(() => {
  // 旧ボックス要素
  const oldBox = document.querySelector('.old-box');
  // 新ボックス要素。div要素を作り、「新ボックス」というテキストノードを追加する
  const newBox = document.createElement('div');
  newBox.textContent = '新ボックス';
  // new-box，boxというCSSクラスを追加する
  newBox.classList.add('new-box', 'box');
  // 新旧ボックスを入れ替える
  oldBox.replaceWith(newBox);
}, 3000);
```

新ノードと旧ノードを入れ替えたい

▼ 実行結果

152 要素内のテキストを取得したり、書き換えたりしたい

 利用シーン　HTMLのテキストを書き換えたいとき

Syntax

プロパティー	意味	型
ノード.textContent	ノード内のテキスト	文字列

textContentは要素内のテキストの取得・更新を行います。テキストを取得する際、HTMLタグは無視されます。

■HTML

```
<h1>今日の天気</h1>
<p id="weather-information">くもり <span class="temperature">(23℃)
</span></p>
```

■JavaScript

```
const weatherInformation =
document.querySelector('#weather-information');

// 以下の文字列が出力される
// くもり (23℃)
console.log(weatherInformation.textContent);
```

ページを開いて3秒後に#weather-information要素内のテキストを書き換えるサンプルを通して、使い方を紹介します。

■HTML

152/index.html

```
<p id="weather">明日は晴れるでしょう。</p>
```

■ JavaScript　　　　　　　　　　　　　　　　　　　　　　152/main.js

```javascript
const weatherElement = document.querySelector('#weather');

// 3秒後に#weatherの中身を書き換える
setTimeout(() => {
  weatherElement.textContent = '気温は24℃の予想です。';
}, 3000);
```

▼ 実行結果

なお、textContentにHTMLタグを含んだ文字列を渡しても、文字列としてしか扱われません。

■ JavaScript

```javascript
// 3秒後に#weatherの中身を書き換える
setTimeout(() => {
  weatherElement.textContent = '気温は<strong>24℃</strong>の予想です。';
}, 3000);
```

▼ 実行結果

153 要素内のHTMLを取得したり、書き換えたりしたい

 HTMLのテキストや画像をタグごと書き換えたいとき

Syntax

プロパティー	意味	型
要素.innerHTML	要素内のHTML文字列	文字列

innerHTMLプロパティーは要素のHTMLを書き換えたり、取得したりするためのプロパティーです。ノード.textContentと異なり、NodeオブジェクトではなくElementオブジェクトのプロパティーです。テキストだけではなくタグの書き換えも必要な際に使います。次のコードはHTMLの取得例です。タグを含め、文字列として取得します。

■ HTML

```html
<h1>今日の天気</h1>
<p id="weather-information">雨<span id="weather-information">(16℃)</span></p>
```

■ JavaScript

```javascript
const weatherInformation = document.querySelector(
'#weather-information');

// 以下の文字列が出力される
// 雨<span id="weather-information">(16℃)
console.log(weatherInformation.innerHTML);
```

ページを開いて3秒後に#weather要素内のHTMLを書き換えるサンプルを通して、使い方を紹介します。

■HTML
153/index.html

```html
<p id="weather">明日は雪が降るでしょう。</p>
```

■CSS
153/style.css

```css
#weather strong {
  color: #d03939;
}
```

■JavaScript
153/main.js

```javascript
const weatherElement = document.querySelector('#weather');

// 3秒後に#weatherの中身を書き換える
setTimeout(() => {
  weatherElement.innerHTML = '気温は<strong>-3℃</strong>の予想です。';
}, 3000);
```

▼ 実行結果

明日は雪が降るでしょう。

▼

要素内のHTMLを取得したり、書き換えたりしたい

3秒後にHTMLの中身が書き換わる。文字列ではなくHTMLコードなので、CSSによるスタイル設定も有効

```
<p id="weather">
    "気温は"
    <strong>-3℃</strong>
    "の予想です。"
</p>
```

開発者ツールでHTMLコードを確認すると、#weather要素の中身が変わっている

154 要素（自分自身を含む）のHTMLを取得したり、書き換えたりしたい

利用シーン 自分自身を含む、HTMLのテキストや画像をタグごと書き換えたいとき

Syntax

プロパティー	意味	型
要素.outerHTML	要素のHTML	文字列

outerHTMLプロパティーは要素自身のHTMLの取得・更新を行います。
innerHTMLプロパティーと異なり、自身も対象に含まれます。

■ HTML

```html
<h1>今日の天気</h1>
<p id="weather-information">雨<span class="temperature">(16℃)</span></p>
```

■ JavaScript

```javascript
const weatherInformation = document.querySelector('#weather-information');

// 以下の文字列が出力される
// <p id="weather-information">雨<span class="temperature">(16℃)</span></p>
console.log(weatherInformation.outerHTML);

// <p id="weather-information"></p>部分がimg要素に置き換わる
weatherInformation.outerHTML = '<img src="sample-image.png">';
```

155 要素の属性を取得したり、書き換えたりしたい

 利用シーン 属性値を書き換えたいとき

Syntax

メソッド	意味	戻り値
要素.setAttribute(属性名, 値)	要素の属性を設定する	なし
要素.getAttribute(属性名)	要素の属性を取得する	なし
要素.hasAttribute(属性名)	要素の属性があるかどうか	真偽値

要素の属性を操作する際に使うメソッドです。

■ HTML

```
<a id="anchor" href="example.com">リンク</a>

<img id="image" src="foo.png"/>
```

■ JavaScript

```
const anchorElement = document.querySelector('#anchor');
// example.comが出力
console.log(anchorElement.getAttribute('href'));


const imageElement = document.querySelector('#image');
// img要素のsrcをbar.pngに書き換える
imageElement.setAttribute('src', 'bar.png');
```

156 ページ内のaタグで_blankになってるものに「rel="noopener"」を付与したい

 安全に_blank属性を使いたいとき

「target="_blank"」が設定されているaタグでウインドウを開いた場合、開いた先のウインドウからはwindow.openerを用いて元のウインドウを操作可能です。一般的にこれは危険を伴うため、それを防ぐために「rel="noopener"」を設定するのが有効といわれています。
ここでは、_blankの付いたaタグに自動的に「rel="noopener"」を付与するサンプルを紹介します。

■ HTML
156/index.html

```html
<ul>
  <li><a href="dummypage1.html" target="_blank">リンク1</a></li>
  <li><a href="dummypage2.html">リンク2</a></li>
  <li><a href="dummypage3.html" target="_self">リンク3</a></li>
  <li><a href="dummypage4.html" target="_blank">リンク4</a></li>
</ul>

<p><a href="dummypage5.html">リンク5</a></p>
```

■ JavaScript
156/main.js

```javascript
// a要素を一括取得する
const aElementList = document.querySelectorAll('a');

// 各a要素について処理する
aElementList.forEach((element) => {
  // aタグにtarget属性が存在しなかったらreturn
  if (element.hasAttribute('target') === false) {
    return;
  }

  // target属性_blankではなかったらreturn
  if (element.getAttribute('target') !== '_blank') {
    return;
```

```
    }
    // rel属性にnoopenerを付与する
    element.setAttribute('rel', 'noopener');
});
```

▼ 実行結果

```
▼<ul>
  ▼<li>
      <a href="dummypage1.html" target="_blank" rel="noopener">リンク1</a>
    </li>
  ▼<li>
      <a href="dummypage2.html">リンク2</a>
    </li>
  ▼<li>
      <a href="dummypage3.html" target="_self">リンク3</a>
    </li>
  ▼<li>
      <a href="dummypage4.html" target="_blank" rel="noopener">リンク4</a>
    </li>
  </ul>
▼<p>
    <a href="dummypage5.html">リンク5</a>
  </p>
```

開発者ツールでHTMLコードを確認すると、「target="_blank"」が設定されているaタグのみ、「rel="noopener"」が設定されている

157 要素のクラス属性の追加や削除をしたい

利用シーン
- クラスを追加したいとき
- クラスを外したいとき
- クラスが含まれるか調べたいとき

Syntax

メソッド	意味	戻り値
要素.classList.add(クラス1, クラス2, ...)	クラスを追加する	なし
要素.classList.remove(クラス1, クラス2, ...)	クラスを削除する	なし
要素.classList.contains(クラス)	クラスが存在するかどうか	真偽値

要素のクラスを操作する際に使うメソッドが用意されています。クラスをJavaScriptで切り替えることにより、動的に見栄えに変化が生まれます。ユーザー操作の反応や見栄えの状態変化を示すことに役立ちます。classList.add(), classList.remove()メソッドは、クラスの追加、削除を行います。複数クラスの一括追加、削除も可能です。

■ JavaScript

```javascript
const box = document.querySelector('#box');

box.classList.add('blue'); // blueクラスを追加
box.classList.remove('red'); // redクラスを削除

// クラスの一括追加
box.classList.add('blue', 'yellow', 'pink');

// クラスの一括削除
box.classList.remove('blue', 'yellow');
```

classList.contains()メソッドは特定のクラスが追加されているかどうかを調べます。

■ HTML

```html
<div id="box1" class="red"></div>
<div id="box2" class="blue"></div>
```

■ JavaScript

```javascript
const box1 = document.querySelector('#box1');
const box2 = document.querySelector('#box2');

console.log(box1.classList.contains('red')); // 結果: true
console.log(box2.classList.contains('red')); // 結果: false
```

158 要素のクラスの有無を切り替えたい

利用シーン クラスを動的に付けたり、外したりしたいとき

Syntax

メソッド	意味	戻り値
要素.classList.toggle(クラス)	クラスを切り替える	なし

classList.toggle()メソッドを使うと、クラスが設定されていれば追加し、そうでなければ削除します。1秒ごとにクラスを切り替えるサンプルを通して、使い方を解説します。

■ JavaScript

```
setInterval(() => {
  box.classList.toggle('red');
}, 1000);
```

ボタンのクリックで内容の表示を切り替えるサンプルを紹介します。.button要素がクリックされたら、その次の.content要素のshowクラスを切り替えます。showクラスが付与された場合のみ.content要素は表示されます。

■ HTML

158/index.html

```
<section>
  <button class="button">HTML</button>
  <div class="content">
    <p>HyperText Markup Languageの略称。ウェブページで使うマークアップ言語。</p>
    中略
  </div>
</section>
<section>
  <button class="button">CSS</button>
  <div class="content">
```

```html
    中略
    </div>
</section>
<section>
  <button class="button">JavaScript</button>
  <div class="content">
    中略
  </div>
</section>
```

■ CSS   158/style.css

```css
.button + .content {
  display: none;
  中略
  font-size: 20px;
}

.button + .content.show {
  display: block;
}
```

■ JavaScript   158/main.js

```javascript
// .button要素すべてについて処理をする
document.querySelectorAll('.button').forEach((button) => {
  // .button要素をクリックしたときの処理を設定する
  button.addEventListener('click', () => {
    // .button要素の次の要素のクラスを切り替える
    button.nextElementSibling.classList.toggle('show');
  });
});
```

▼ 実行結果

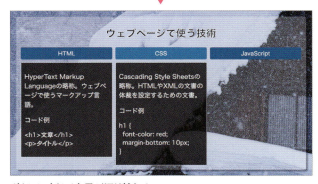

ボタンに応じて表示が切り替わる

159 スタイルを変更したい

利用シーン: JavaScriptの処理の結果に応じてスタイルを変更したいとき

Syntax

プロパティー	意味	型
要素.style.プロパティー名	スタイルの値	文字列

要素のスタイルは、JavaScriptで変更できます。直接スタイルを変更できるため、該当要素だけの見栄えを変更したいときに役立ちます。

■ JavaScript

```
const box = document.querySelector('#box');
// 背景色を青色に変更する
box.style.backgroundColor = 'blue';
```

なお、プロパティーはCSSコードを書く際のケバブケース(単語同士を-で繋げる記法)ではなく、キャメルケース(単語同士を大文字にして繋げる記法)であることに注意してください。
#information要素のスタイルを変更するサンプルを通して、使い方を紹介します。

■ HTML　　　　　　　　　　　　　　　　　　　　　　159/index.html

```
<p id="information">Tokyo Gate Bridge</p>
```

■ JavaScript　　　　　　　　　　　　　　　　　　　159/main.js

```
const information = document.querySelector('#information');

// colorプロパティーの変更
information.style.color = 'white';
// font-sizeプロパティーの変更
information.style.fontSize = '70px';
// font-weightプロパティーの変更
```

スタイルを変更したい

```
information.style.fontWeight = '600';

const strokeColor = '#c52b84';
// -webkit-text-strokeプロパティーの変更
information.style.webkitTextStroke = `2px ${strokeColor}`;
// text-strokeプロパティーの変更
information.style.textStroke = `2px ${strokeColor}`;
// text-shadowプロパティーの変更
information.style.textShadow = `7px 7px 0 #bf3384`;
```

▼ 実行結果

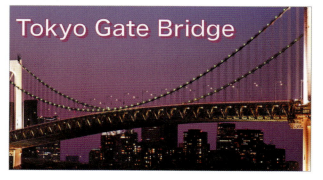

設定されたスタイルは、インラインスタイルと同じ扱いになります。インラインスタイルのスタイルシートは高い優先度となります。

```
<p id="information" style="color: white;
font-size: 70px; font-weight: 600; -webkit-
text-stroke: 2px rgb(197, 43, 132); text-
shadow: rgb(191, 51, 132) 7px 7px 0px;">Tokyo
Gate Bridge</p>
```

Google Chromeの開発者ツールで#information要素のスタイルを確認した様子

160 スタイルを取得したい

利用シーン 要素に適用されているスタイルを調べたいとき

Syntax

プロパティー	意味	型
getComputedStyle(要素).プロパティー名	スタイルの値を取得する	文字列

スタイルの取得には、getComputedStyle()メソッドを用います。取得される値は、各スタイル設定によって最終的に算出された値となります。

■ HTML　　160/index.html

```
<div id="box" class="red"></div>
```

■ CSS　　160/style.css

```css
#box {
  width: 100px;
  height: 100px;
}

.red {
  background-color: #ff2bc2;
}
```

■ JavaScript　　160/main.js

```javascript
const box = document.querySelector('#box');

console.log(getComputedStyle(box).width);
// width値を取得する。100px

console.log(getComputedStyle(box).backgroundColor);
// background-colorを取得する。rgb(255, 43, 194)
```

スタイルを取得したい

なお、要素.style.プロパティー名でにスタイルを取得できますが、この方法で取得できるのはその要素のインラインスタイルのみです。CSSで設定されたスタイルを取得したい場合には、要素.style.プロパティー名は効果がありません。

フォーム要素の操作方法

Chapter

9

161 テキストボックスの情報を取得したい

利用シーン
- HTMLフォームの値を取得したいとき
- テキスト入力欄の値を書き換えたいとき

Syntax

プロパティー	意味	型
インプット要素.value	入力欄の文字列	文字列

※ インプット要素は「`<input type="text" />`」を想定しています。

input要素のtype属性をtextに設定すると、テキスト入力欄が表示されます。テキスト入力欄にはユーザーが自由に文字を入力できます。値をJavaScriptで取得するには、要素の参照に対しvalueプロパティーでアクセスします。valueプロパティーは文字列（String型）です。

■ HTML
161/index.html

```html
<input id="myText" type="text" value="こんにちは、世界" />
```

■ JavaScript
161/main.js

```javascript
const element = document.querySelector('#myText');
const value = element.value;
console.log(value);
```

▼ 実行結果

ブラウザー表示

コンソールログ

値を代入するにはvalueプロパティーに文字列を代入します。画面内の
テキスト入力欄に代入した文字列が表示されます。

■ JavaScript

```
const element = document.querySelector('#myText');
element.value = 'こんにちは、世界';
```

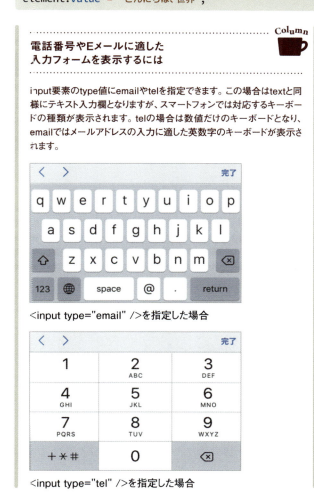

電話番号やEメールに適した入力フォームを表示するには

input要素のtype値にemailやtelを指定できます。この場合はtextと同様にテキスト入力欄となりますが、スマートフォンでは対応するキーボードの種類が表示されます。telの場合は数値だけのキーボードとなり、emailではメールアドレスの入力に適した英数字のキーボードが表示されます。

<input type="email" />を指定した場合

<input type="tel" />を指定した場合

162 テキストボックスの変更を検知したい

利用シーン テキスト入力欄の変更を検知したいとき

Syntax

イベント名	意味
change	input要素の変更時のイベント
input	input要素のキー入力時のイベント

テキストボックスの値の変化を検知するにはchangeイベントもしくはinputイベントを監視します。要素を参照し、addEventListener()メソッドを使ってイベントハンドラーを設定します。イベントハンドラーの関数のなかでは先述の方法でフォームの値を取得します。 ▶▶161 inputイベントはキー入力と同時にイベントが発生するのに対して、changeイベントは Enter キーを押したときやフォーカスが外れたときにイベントが発生します。

■HTML

162/index.html

```html
<input id="myText" type="text" />
<p class="log"></p>
```

■JavaScript

162/main.js

```javascript
// input要素の参照
const element = document.querySelector('#myText');
// イベントを登録
element.addEventListener('input', handleChange);

function handleChange(event) {
  // 値を取得する
  const value = event.target.value;
  // 画面に反映
  document.querySelector('.log').innerHTML = value;
}
```

▼ 実行結果

テキスト入力欄に文字を入力すると、すぐに下部の枠線内に同じ文言が表示される

163 テキストエリアの情報を取得したい

利用シーン
- テキストエリアの文字列を取得したいとき
- テキストエリアの文字列を書き換えたいとき

Syntax

プロパティー	意味	型
テキストエリア要素.value	入力欄の文字列	文字列

textarea要素を使うと複数行のテキスト入力欄が表示されます。テキストエリアには改行を含めユーザーが自由に文字を入力できます。値をJavaScriptで取得するには、要素の参照に対しvalueプロパティーでアクセスします。valueプロパティーは文字列（String型）です。

■HTML
163/index.html

```
<textarea id="myText">
今日の天気は、
曇りです。
</textarea>
```

■JavaScript
163/main.js

```
// textareaの参照
const element = document.querySelector('#myText');
// 値を取得
const value = element.value;
console.log(value); // 結果：'今日の天気は、(改行)曇りです。'
```

▼実行結果

ブラウザー表示

コンソールログ

値を代入するにはvalueプロパティーに文字列を代入します。画面内の
テキスト入力欄に代入した文字列が表示されます。

■JavaScript

```
const element = document.querySelector('#myText');
element.value = 'こんにちは、世界';
```

164 テキストエリアの変更を検知したい

利用シーン テキストエリアの変更時に処理したいとき

Syntax

イベント名	意味
change	textarea要素の変更時のイベント
input	textarea要素のキー入力時のイベント

テキストエリアの値を検知するにはchangeイベントもしくはinputイベントを監視します。要素を参照し、addEventListener()メソッドを使ってイベントハンドラーを設定します。イベントハンドラーの関数のなかでは先述の方法でフォームの値を取得します。 ▶▶163 inputイベントはキー入力と同時にイベントが発生するのに対して、changeイベントは少し遅延して発生します。

■HTML

164/index.html

```html
<textarea id="myText"></textarea>
<p class="log"></p>
```

■JavaScript

164/main.js

```javascript
// textareaの参照
const element = document.querySelector('#myText');
// イベントを登録
element.addEventListener('input', handleChange);

function handleChange(event) {
  // 値を取得
  const value = event.target.value;

  // 改行コードを改行タグに変換
  const htmlStr = value.split('\n').join('<br />');
  document.querySelector('.log').innerHTML = htmlStr;
}
```

▼実行結果

165 チェックボックスの情報を取得したい

利用シーン
- チェックボックスの選択状態を調べたいとき
- チェックボックスの選択状態を変更したいとき

Syntax

プロパティー	意味	型
インプット要素.checked	選択された状態であるか	真偽値

※ インプット要素は「`<input type="checkbox" />`」を想定しています。

input要素のtype属性をcheckboxに設定すると、チェックボックスが表示されます。チェックボックスはユーザーがオン・オフの2種類の状態を切り替えられます。値をJavaScriptで取得するには、要素の参照に対しcheckedプロパティーでアクセスします。checkedプロパティーは真偽値（Boolean型）です。サンプルでは「チェックボックス B（#cbB）」にのみchecked属性を付与しているため、JavaScriptでは#cbBのみがtrueの値となっています。

■HTML　　　　　　　　　　　　　　　　　　　　　　　165/index.html

```html
<label>
  <input type="checkbox" id="cbA" value="A"/>
  チェックボックスA
</label>
<label>
  <input type="checkbox" id="cbB" value="B" checked/>
  チェックボックスB
</label>
<label>
  <input type="checkbox" id="cbC" value="C"/>
  チェックボックスC
</label>
```

■ JavaScript

165／main.js

```javascript
const cbA = document.querySelector('#cbA');
const checkedA = cbA.checked; // 選択状態を確認

const cbB = document.querySelector('#cbB');
const checkedB = cbB.checked; // 選択状態を確認

const cbC = document.querySelector('#cbC');
const checkedC = cbC.checked; // 選択状態を確認

console.log('checkedAの値', checkedA); // 結果: false
console.log('checkedBの値', checkedB); // 結果: true
console.log('checkedCの値', checkedC); // 結果: false
```

▼ 実行結果

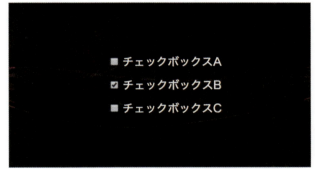

ブラウザー表示

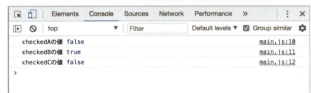

コンソールログ

チェックボックスの状態をJavaScriptから変更するにはcheckedプロパティーに真偽値を代入します。trueの場合はチェックされた状態、falseの場合はチェックが外れた状態になります。

■ JavaScript

```javascript
const element = document.querySelector('#cbA');
element.checked = true; // チェックされた状態になる
```

166 チェックボックスの変更を検知したい

利用シーン チェックボックスの変更時に処理したいとき

Syntax

イベント名	意味
change	input要素の変更時のイベント

チェックボックスの値の変更を検知するにはchangeイベントを監視します。要素の参照に対してaddEventListener()メソッドを使ってイベントハンドラーを設定します。イベントハンドラーの関数のなかでは先述の方法でフォームの値を取得します。 ▶▶ 165

■ HTML　　　　　　　　　　　　　　　　　　　　　　　　166/index.html

```html
<label>
  <input type="checkbox" id="cbA" value="A"/>
  チェックボックスA
</label>
<p class="log"></p>
```

■ JavaScript　　　　　　　　　　　　　　　　　　　　　　166/main.js

```javascript
// チェックボックスの参照
const cb = document.querySelector('#cbA');
cb.addEventListener('change', (event) => {
  // 選択状態を確認する
  const value = event.target.checked;

  // 画面に表示する
  const log = `チェックボックスAは ${value} になりました`;
  document.querySelector('.log').innerHTML = log;
});
```

▼実行結果

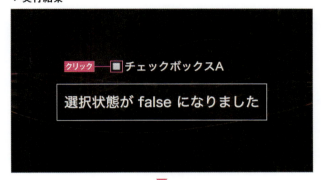

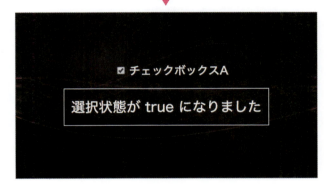

167 ローカルファイルの情報を取得したい

利用シーン ファイル選択ダイアログを表示したいとき

Syntax

プロパティー	意味	型
インプット要素.files	選択されたファイルの配列	配列

※ インプット要素は「<input type="file" />」を想定しています。

input要素のtype属性をfileに設定すると、ファイル選択フォームが表示されます。ファイル選択フォームをクリックするとユーザーは任意のファイルを選択できます。JavaScriptでは、changeイベントが発生したときに発行されるイベントでevent.target.filesプロパティーを参照することで、input要素に指定されたファイルリストを取得できます。
multiple属性を指定することで、複数ファイルのアップロードにも対応します。その場合にはfilesプロパティーの配列の要素が複数個になります。

■ HTML
167/index.html

```html
<input type="file" id="myFile" accept=".txt"/>
```

■ JavaScript
167/main.js

```javascript
// input要素を参照
const element = document.querySelector('#myFile');

// ファイル選択ダイアログが選択されたら
element.addEventListener('change', (event) => {
  const target = event.target;
  // 選択されたファイルを参照
  const files = target.files;
  // 配列になってるので、0番目のファイルを参照
  const file = files[0];

  // ユーザーが選択したファイル名を表示
  alert(`${file.name}が選択されました`);
});
```

▼ 実行結果

168 ローカルファイルのファイルをテキストとして読み込みたい

利用シーン: ユーザーが選択したローカルファイルをテキスト情報として取得したいとき

Syntax

メソッド	意味	戻り値
readAsText(ファイル)	テキストとして読み込む	なし

input要素で選択したファイルのデータにアクセスするには、FileReaderオブジェクトを使います。FileReaderオブジェクトのreadAsText()メソッドを使うとファイルをテキストファイルとして読み込めます。読み込みは非同期で行うためaddEventListener()メソッドを使って、読み込み完了を示すloadイベントを監視します。loadイベント完了後には、FileReaderオブジェクトのresultプロパティーでデータへのアクセスが可能になります。

■HTML
168/index.html

```html
<input type="file" id="myFile" accept=".txt"/>
<p class="log"></p>
```

■JavaScript
168/main.js

```javascript
const element = document.querySelector('#myFile');
const pEl = document.querySelector('.log');

// ファイル選択ダイアログが選択されたら
element.addEventListener('input', (event) => {
  const target = event.target;
  // 選択されたファイルを参照
  const files = target.files;
  // 配列になってるので、0番目のファイルを参照
  const file = files[0];

  // FileReaderのインスタンスを作成
  const reader = new FileReader();
  // 読み込み終わったら
```

```
reader.addEventListener('load', () => {
  // 結果をp要素に出力する
  pEl.textContent = reader.result;
});
// テキストファイルとして読み込む
reader.readAsText(file);
});
```

サンプルではファイル選択後に、画面内のp要素に文字列を表示します。

▼ 実行結果

169 ローカルファイルのファイルをDataURLデータとして読み込みたい

利用シーン　DataURLをデータ送信用に取得したいとき

Syntax

メソッド	意味	戻り値
readAsDataURL(ファイル)	DataURL として読み込む	なし

input要素で選択したファイルのデータにアクセスするには、FileReaderオブジェクトを使います。FileReaderオブジェクトのreadAsDataURL()メソッドを使うとファイルをDataURLとして読み込めます。読み込みは非同期で行われるためaddEventListener()メソッドを使って、読み込み完了を示すloadイベントを監視します。loadイベント完了後には、FileReaderオブジェクトのresultプロパティーでデータへのアクセスが可能になります。

■ HTML　　　　　　　　　　　　　　　　　　　　　　　　　　169/index.html

```html
<input type="file" id="myFile" accept=".png, .jpg"/>
<p class="log"><img /></p>
```

■ JavaScript　　　　　　　　　　　　　　　　　　　　　　　169/main.js

```javascript
const element = document.querySelector('#myFile');
const imgEl = document.querySelector('.log img');

// ファイル選択ダイアログが選択されたら
element.addEventListener('input', (event) => {
  const target = event.target;
  // 選択されたファイルを参照
  const files = target.files;
  // 配列になってるので、0番目のファイルを参照
  const file = files[0];

  // FileReaderのインスタンスを作成
  const reader = new FileReader();
```

```
// 読み込み終わったら
reader.addEventListener('load', () => {
  // 画像を表示
  imgEl.src = reader.result;
});
// テキストファイルとして読み込む
reader.readAsDataURL(file);
});
```

▼ 実行結果

170 ラジオボタンの情報を取得したい

利用シーン ラジオボタンの選択状態を調べたいとき

Syntax

プロパティー	意味	型
フォーム要素[キー名]	ラジオボタンの値	文字列

ラジオボタンの複数の選択肢から単一の選択をユーザーに促すフォームです。ラジオボタンをJavaScriptで制御するには、他のフォームの種類よりも複雑な制御となります。ラジオボタンとして利用するにはinput要素のtype属性をradioに設定します。複数のラジオボタンはname属性を指定することで関連性を設定できます。

まずはシンプルな方法としてform要素に含まれたラジオボタンの選択された要素を取得しましょう。果物を示すfruitというラジオボタンのname属性が付いたグループと、飲み物を示すdrinkというname属性が付いたグループを用意しています。

■ HTML　　　　　　　　　　　　　　　　　　　　　　　　170/index.html

```html
<form id="radioGroup">
  <!-- 1つ目のラジオボタン群 -->
  <label><input type="radio" name="fruit" value="apple" checked/>Apple</label>
  <label><input type="radio" name="fruit" value="orange"/>Orange</label>
  <label><input type="radio" name="fruit" value="grape"/>Grape</label>

  <!-- 2つ目のラジオボタン群 -->
  <label><input type="radio" name="drink" value="coke" checked/>coke</label>
  <label><input type="radio" name="drink" value="wine"/>wine</label>
  <label><input type="radio" name="drink" value="tea"/>tea</label>
</form>
```

form要素をJavaScriptで参照します。form要素のなかにはname属性で定義したラジオボタンのグループが登録されています。これらのvalue値を確認することで、それぞれのラジオボタングループの値を知ることができます。

■ **JavaScript** 170/main.js

```js
// form要素を参照
const element = document.querySelector('form#radioGroup');

// 現在の選択状態を取得
const drinkValue = element.drink.value;
const fruitValue = element.fruit.value;

console.log(`drinkの値は ${drinkValue} です`);
console.log(`fruitValueの値は ${fruitValue} です`);
```

171 ラジオボタンの変更を検知したい

利用シーン ラジオボタンの変更時に処理したいとき

Syntax

イベント名	意味
change	form要素の変更時のイベント

ラジオボタンの値の変更を検知するには、form要素に対してchangeイベントを監視します。要素を参照に対してaddEventListener()メソッドを使ってイベントハンドラーを設定します。イベントハンドラーの関数のなかでは先述の方法でフォームの値を取得します。 ▶▶170

■ HTML　　　　　　　　　　　　　　　　　　　　　　　　　171/index.html

```html
<form id="radioGroup">
  <!-- 1つ目のラジオボタン群 -->
  <label><input type="radio" name="fruit" value="apple" checked/>Apple</label>
  <label><input type="radio" name="fruit" value="orange"/>Orange</label>
  <label><input type="radio" name="fruit" value="grape"/>Grape</label>

  <!-- 2つ目のラジオボタン群 -->
  <label><input type="radio" name="drink" value="coke" checked/>coke</label>
  <label><input type="radio" name="drink" value="wine"/>wine</label>
  <label><input type="radio" name="drink" value="tea"/>tea</label>
</form>
```

changeイベントのハンドラーでは、formの値を調べます。イベントの発生源はform要素なので、event.targetはform要素を示します。

■ JavaScript　　　　　　　　　　　　　　　　　　　　　　171／main.js

```js
// form要素を参照
const element = document.querySelector('#radioGroup');
// 変更を監視
element.addEventListener('change', handleChange);

function handleChange(event) {

  // 現在の選択状態を取得
  const drinkValue = element.drink.value;
  const fruitValue = element.fruit.value;

  console.log(`drinkの値は ${drinkValue} です`);
  console.log(`fruitValueの値は ${fruitValue} です`);
}
```

172 ドロップダウンメニューの情報を取得したい

利用シーン ドロップダウンメニューの選択されている項目を調べたいとき

Syntax

プロパティー	意味	型
セレクト要素.value	選択された項目の値	文字列

select要素とoption要素を使うとドロップダウンメニューを作成できます。ドロップダウンメニューの中で選択されている項目を調べるには、select要素にid値を割り振っておき、JavaScriptで要素を参照し、value値を調べます。

■HTML

172/index.html

```html
<select id="mySelect">
  <option value="apple">apple</option>
  <option value="orange">orange</option>
  <option value="grape" selected>grape</option>
</select>
```

■JavaScript

172/main.js

```javascript
// select要素の参照
const element = document.querySelector('#mySelect');

// 値を取得
const value = element.value;

// 整形して画面に表示
const log = `選択されているのは ${value} です`;
document.querySelector('.log').innerHTML = log;
```

▼ 実行結果

select要素の値を変更するには、valueプロパティーに値を代入します。
optionで定義されているいずれかの値を代入しましょう。

■ JavaScript

```javascript
const element = document.querySelector('#mySelect');
element.value = 'apple';
```

173 ドロップダウンメニューの変更を検知したい

利用シーン ドロップダウンメニューの変更時に処理したいとき

Syntax

イベント名	意味
change	select要素の変更時のイベント

セレクトボックスの値の変更を検知するにはchangeイベントを監視します。要素の参照に対してaddEventListener()メソッドを使ってイベントハンドラーを設定します。イベントハンドラーの関数のなかでは先述の方法でフォームの値を取得します。 ▶▶172

■ HTML 173/index.html

```html
<select id="mySelect">
  <option value="apple">apple</option>
  <option value="orange">orange</option>
  <option value="grape">grape</option>
</select>

<p class="log"></p>
```

■ JavaScript 173/main.js

```javascript
// select要素の参照
const element = document.querySelector('#mySelect');
// 変更イベントを監視
element.addEventListener('change', handleChange);

function handleChange(event) {
  // 値を取得
  const value = element.value;

  // 整形して画面に表示
  const log = `選択されているのは ${value} です`;
  document.querySelector('.log').innerHTML = log;
}
```

▼ 実行結果

174 スライダーの情報を取得したい

利用シーン
- スライダーの値を調べたいとき
- スライダーの値を変更したいとき

Syntax

プロパティー	意味	型
インプット要素.value	スライダーの現在値	文字列

※ インプット要素は「<input type="range" />」を想定しています。

input要素のtype属性をrangeに設定すると、スライダーが表示されます。スライダーは最小値(min属性)と最大値(max属性)の範囲で、値を自由にユーザーが設定できます。値をJavaScriptで取得するには、要素の参照を取得し、valueプロパティーでアクセスします。valueプロパティーは数値ではなく、文字列(String型)なので注意しましょう。

■HTML
174/index.html
```html
<input type="range" id="myRange" min="0" max="100" value="50" />
<p class="log"></p>
```

■JavaScript
174/main.js
```javascript
// input要素の参照
const element = document.querySelector('#myRange');

// 現在の値を取得
const value = element.value;

// 画面に表示
document.querySelector('.log').innerHTML = `現在の値は ${value} です`;
```

値を変更するにはvalueプロパティーに数値を代入します。画面内のスライダーのつまみが連動して自動的に動きます。

■ **JavaScript**

```javascript
const element = document.querySelector('#myText');
element.value = 50;
```

▼ 実行結果

175 スライダーの変更を検知したい

利用シーン スライダーの変更時に処理したいとき

Syntax

イベント名	意味
input	input要素の変更時のイベント
change	input要素の変更時のイベント

フォームの値を検知するにはinputイベント、もしくはchangeイベントを監視します。要素の参照に対してaddEventListener()メソッドを使ってイベントハンドラーを設定します。inputイベントはスライダーを動かしている最中もイベントが発生するのに対して、changeイベントはスライダーを動かし終わったタイミングのみイベントが発生します。イベントハンドラーの関数のなかでは先述の方法でフォームの値を取得します。 ▶▶174

■ HTML
175 / index.html

```html
<input type="range" id="myRange" min="0" max="100" value="50" />
<p class="log"></p>
```

■ JavaScript
175 / main.js

```javascript
// input要素の参照
const element = document.querySelector('#myRange');
// 変更イベントを監視
element.addEventListener('input', handleChange);

function handleChange(event) {
  // 現在の値を取得
  const value = event.target.value;

  // 画面に表示
  document.querySelector('.log').innerHTML = `現在の値は ${value} です`;
}
```

▼ 実行結果

> **Column**
>
> **inputイベントとchangeイベントの違い**
>
> サンプルコードではinputイベントを使っているので、スライダーを動かすたびにイベントが発生します。たいして、changeイベントを使うと、スライダーを動かし終わったタイミングでイベントが発生します。
> スライダーを動かしている最中に処理をする必要があるかどうかで使い分けるとよいでしょう。
>
> ■ JavaScript
>
> ```javascript
> // input要素の参照
> const element = document.querySelector('#myRange');
> // 変更イベントを監視
> // スライダーを動かし終わったタイミングで
> handleChangeが実行される
> element.addEventListener('change', handleChange);
>
> function handleChange(event) {
>     // 現在の値を取得
>     const value = event.target.value;
>
>     // 画面に表示
>     document.querySelector('.log').innerHTML
> = `現在2の値は ${value} です`;
> }
> ```

176 カラーピッカーの情報を取得したい

利用シーン
- カラーピッカーの選択されている色を調べたいとき
- カラーピッカーの色を変更したいとき

Syntax

プロパティー	意味	型
インプット要素.value	カラーピッカーで選択された色	文字列

※ インプット要素は「`<input type="color" />`」を想定しています。

input要素のtype属性をcolorに設定すると、カラーピッカーとなり、ユーザーが自由に色を選択できます。値をJavaScriptで取得するには、要素の参照を取得し、valueプロパティーでアクセスします。valueプロパティーは文字列（String型）です。

■ HTML　　　　　　　　　　　　　　　　　　　176／index.html

```html
<input type="color" id="myColor" value="#ff0000"/>
```

■ JavaScript　　　　　　　　　　　　　　　　　176／main.js

```javascript
const element = document.querySelector('#myColor');

const value = element.value;

console.log(value); // 結果: '#ff0000'
```

▼実行結果

画面中央に表示されているのがカラーピッカー。JavaScriptで指定した赤色が選択されている

値を変更するにはvalueプロパティーに文字列を代入します。画面内のカラーピッカーの色が指定した色に変化します。

■ JavaScript

```
const element = document.querySelector('#myText');
element.value = '#00ff00';
```

▼実行結果

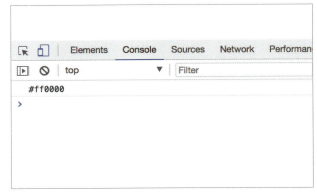

177 カラーピッカーの変更を検知したい

利用シーン カラーピッカーの変更時に処理したいとき

Syntax

イベント名	意味
change	input要素の変更時のイベント

フォームの値を検知するにはchangeイベントを監視します。要素を参照し、addEventListener()メソッドを使ってイベントハンドラーを設定します。イベントハンドラーの関数のなかでは先述の方法でフォームの値を取得します。 ▶▶176

■ HTML 　　　　　　　　　　　　　　　　　　　　　　177/index.html

```html
<input type="color" id="myColor" />

<p class="log"></p>
```

■ JavaScript 　　　　　　　　　　　　　　　　　　　177/main.js

```javascript
const cbA = document.querySelector('#myColor');
cbA.addEventListener('change', (event) => {
  // 選択された色を確認する
  const value = event.target.value;

  // 画面に表示する
  const log = `選択された色が ${value} になりました`;
  const logEl = document.querySelector('.log');
  logEl.innerHTML = log;
  logEl.style.backgroundColor = value;
});
```

▼ 実行結果

178 都道府県のプルダウンをJavaScriptから作りたい

利用シーン
- 都道府県の入力フォームを作りたいとき
- プルダウンを動的に制御したいとき

JavaScriptで都道府県を選択するプルダウンを作成しましょう。JISコードで都道府県のIDが定められています。このIDを使うといいでしょう。スクリプトで動的にselect要素内のoption要素を作成するのがポイントです。

■HTML
178/index.html
```html
<select id="pref"></select>
<p class="log"></p>
```

■JavaScript
178/main.js
```javascript
// JISコードに対応した都道府県の連想配列
const PREF_LIST = [
  { value: 1, name: '北海道' },
  { value: 2, name: '青森県' },
  { value: 3, name: '岩手県' },
  { value: 4, name: '宮城県' },
  { value: 5, name: '秋田県' },
  { value: 6, name: '山形県' },
  { value: 7, name: '福島県' },
  { value: 8, name: '茨城県' },
  { value: 9, name: '栃木県' },
  { value: 10, name: '群馬県' },
  { value: 11, name: '埼玉県' },
  { value: 12, name: '千葉県' },
  { value: 13, name: '東京都' },
  { value: 14, name: '神奈川県' },
  { value: 15, name: '新潟県' },
  { value: 16, name: '富山県' },
  { value: 17, name: '石川県' },
  { value: 18, name: '福井県' },
  { value: 19, name: '山梨県' },
  { value: 20, name: '長野県' },
  { value: 21, name: '岐阜県' },
```

```
  { value: 22, name: '静岡県' },
  { value: 23, name: '愛知県' },
  { value: 24, name: '三重県' },
  { value: 25, name: '滋賀県' },
  { value: 26, name: '京都府' },
  { value: 27, name: '大阪府' },
  { value: 28, name: '兵庫県' },
  { value: 29, name: '奈良県' },
  { value: 30, name: '和歌山県' },
  { value: 31, name: '鳥取県' },
  { value: 32, name: '島根県' },
  { value: 33, name: '岡山県' },
  { value: 34, name: '広島県' },
  { value: 35, name: '山口県' },
  { value: 36, name: '徳島県' },
  { value: 37, name: '香川県' },
  { value: 38, name: '愛媛県' },
  { value: 39, name: '高知県' },
  { value: 40, name: '福岡県' },
  { value: 41, name: '佐賀県' },
  { value: 42, name: '長崎県' },
  { value: 43, name: '熊本県' },
  { value: 44, name: '大分県' },
  { value: 45, name: '宮崎県' },
  { value: 46, name: '鹿児島県' },
  { value: 47, name: '沖縄県' }
];

// select要素を参照
const selectElement = document.querySelector('#pref');

// option要素の初期表示を作成
let optionString = '<option value="">選択ください</option>';
// option要素を配列から作成
PREF_LIST.forEach((item) => {
  // 都道府県ごとにvalueとnameを反映
  optionString +=
    `<option value="${item.value}">${item.name}</option>`;
});
// option要素をselect要素内に追加
selectElement.innerHTML = optionString;

// 変更時のイベント
```

```
selectElement.addEventListener('change', (event) => {
  // 現在の値を取得
  const value = event.target.value;

  // メッセージを作成
  const message =
    value === '' ? '選択されていません' : `選択されているのは ${value} です`;

  // 画面に表示
  document.querySelector('.log').innerHTML = message;
});
```

※「メッセージを作成」箇所の処理は、三項演算子を用いています。「真偽値 ? 値1 : 値2」と記述することで、真偽値がtrueの場合は値1、真偽値がfalseの場合は値2が返ります。

▼ 実行結果

179 フォームの送信時に処理を行いたい

利用シーン
- フォームの送信前になんらかの処理を加えたいとき
- フォームの送信前にユーザーへ再確認を促すとき

Syntax

イベント名	意味
submit	フォームの送信時のイベント

form要素のsubmitイベントを監視することで、送信前に処理を挟むことができます。このイベントで送信前にデータを加工したり、ユーザーに再確認を促したりすることもできます。もしフォームの送信をキャンセルして、ユーザーに再入力を促したいときはevent.preventDefault()メソッドを使って、イベントをキャンセルします。

■HTML

179/index.html

```html
<form>
  <label for="myText">テキストを入力ください。</label>
  <input type="text" name="myText" id="myText">
  <button>送信する</button>
</form>
```

■JavaScript

179/main.js

```javascript
// form要素の参照
const formElement = document.querySelector('form');
// 送信イベントを監視
formElement.addEventListener('submit', handleSubmit);

// 送信イベント発生時
function handleSubmit(event) {
  // confirmでユーザーに確認する
  const isYes = confirm('この内容で送信していいですか？');

  // 「いいえ」を選択した場合
  if (isYes === false) {
```

179

フォームの送信時に処理を行いたい

```
    // 挙動をキャンセル
    event.preventDefault();
  }
}
```

▼ 実行結果

送信時にコンファームが表示される。[キャンセル]を選択すれば、もう一度フォームの値を入力できる。[OK]を選択すればフォームが送信される

アニメーションの作成

Chapter 10

180 JavaScriptからCSS Transitions・CSS Animationsを使いたい

利用シーン CSSのアニメーションのタイミングに合わせて処理したいとき

CSS Transitions・CSS Animationsはともに、セレクターの状態に応じて発生します。たとえば、class指定に任意のクラス名の存在有無が切り替わったことをトリガーとして動作します。
JavaScriptでCSS Transitions・CSS Animationsを使うには、要素のclass指定を切り替えるのがいいでしょう。

■JavaScript（部分） 180/main.js

```javascript
const button = document.querySelector('button');
button.addEventListener('click', handleClick);

function handleClick() {
  const element = document.querySelector('.target');
  if (element.classList.contains('state-show') === false) {
    element.classList.add('state-show');
  } else {
    element.classList.remove('state-show');
  }
}
```
中略

このコードではボタンをクリックしたとき、要素にクラス名state-showが含まれているかを調べます。含まれていなければ、クラスstate-showを追加し、含まれていればstate-showを削除しています。こうすることで、state-showクラスの有無が交互で切り替わるようになります。

▼ 実行結果

```html
<!DOCTYPE html>
<html lang="ja">
▶<head>…</head>
▼<body class="chapter-11">
    ::before
  ▼<main class="centering">
      <div class="rect state-show"></div> == $0
    ▼<div class="ui">
      ▶<label>…</label>
        <div class="log">transitionend 発生：20:43:11</div>
      </div>
    </main>
  ▶<script>…</script>
  </body>
</html>
```

▼

```html
<!DOCTYPE html>
<html lang="ja">
▶<head>…</head>
▼<body class="chapter-11">
    ::before
  ▼<main class="centering">
      <div class="rect"></div> == $0
    ▼<div class="ui">
      ▶<label>…</label>
        <div class="log">transitionend 発生：20:44:54</div>
      </div>
    </main>
  ▶<script>…</script>
  </body>
</html>
```

181 CSS Transitionsの終了時に処理を行いたい

利用シーン　モーション実行後に処理をフックさせたいとき

Syntax

イベント名	意味
transitionend	トランジションが完了したときのイベント

CSS Transitionsでアニメーションの完了時を検知できます。要素に次のイベントの監視をすれば実現できます。CSS Transitionsの場合はtransitionendイベントを監視します。
transitionendイベントは、CSSトランジションが完了すると発生します。

■CSS　　　　　　　　　　　　　　　　　　　　　　　　　　　　　181／style.css

```css
.rect {
  中略
  width: 100px;
  transition: all 2s;
}

.rect.state-show {
  width: 400px;
}
```

■JavaScript（部分）　　　　　　　　　　　　　　　　　　　　　181／main.js

```javascript
const element = document.querySelector('.rect');
element.addEventListener('transitionend', (event) => {
  // アニメーション完了時のコード
});
```

▼実行結果

182 CSS Animationsの終了時に処理を行いたい

利用シーン モーション実行後に処理をフックさせたいとき

Syntax

イベント名	意味
animationstart	アニメーションが開始したときのイベント
animationiteration	アニメーションで繰り返しが発生したときのイベント
animationend	アニメーションが完了したときのイベント

CSS Animationsでアニメーションの完了時を検知できます。要素に次のイベントの監視をすれば実現できます。CSS Animationsの場合はanimationstartとanimationiteration、animationendイベントを監視します。animationstartイベントは、CSSアニメーションが完了すると発生します。

■CSS   182/style.css

```css
.rect {
    中略
    width: 100px;
    height: 100px;
    background: url('images/loading.svg');
}

.rect.state-show {
    animation: infinite 1s rotate linear;
}

@keyframes rotate {
    0% {
        transform: rotate(0deg);
    }
    100% {
        transform: rotate(360deg);
    }
}
```

■ JavaScript（部分） 182／main.js

```js
const targetEl = document.querySelector('.rect');
targetEl.addEventListener('animationstart', (event) => {
  // アニメーションが開始したときのイベント
});
targetEl.addEventListener('animationiteration', (event) => {
  // アニメーションで繰り返しが発生したときのイベント
  // （繰り返しが未指定の場合は発生しない）
});
targetEl.addEventListener('animationend', (event) => {
  // アニメーションが完了したときのイベント
  // （繰り返しを指定した場合は発生しない）
});
```

▼ 実行結果

183 アニメーションのための「Web Animations API」を使いたい

利用シーン
- 自由度の高いモーションを作りたいとき
- JavaScriptメインでモーションを作りたいとき

Syntax

メソッド	意味	戻り値
要素.animate(オブジェクト, オブジェクト)	アニメーションする	なし

Web Animations API※はJavaScriptでアニメーションを使うための手段のひとつです。CSS Transitions・CSS Animationsの場合はCSSにモーションを事前に登録しておく必要がありました。Web Animations APIだとJavaScriptだけで管理でき、終了時の判定をしやすいといったメリットがあります。第一引数には開始値と終了値を含むオブジェクトを、第二引数にはアニメーションの属性を含むオブジェクトを指定します。

■ **JavaScript**　　　　　　　　　　　　　　　　　　　　　　　183/main.js

```javascript
// 要素を取得
const element = document.querySelector('.rect');
element.animate(
  {
    transform: [
      'translateX(0px) rotate(0deg)', // 開始値
      'translateX(800px) rotate(360deg)' // 終了値
    ]
  },
  {
    duration: 3000, // ミリ秒指定
    iterations: Infinity, // 繰り返し回数
    direction: 'normal', // 繰り返し挙動
    easing: 'ease' // 加減速種類
  }
);
```

▼実行結果

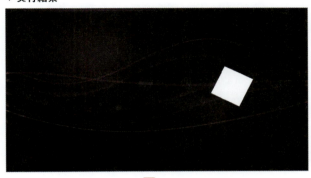

184 要素の大きさを変えたい

利用シーン
- ボタンのホバー時のインタラクションを作りたいとき
- 注目させたい要素をアニメーションさせたいとき

大きさを変化させるには、CSSのtransformプロパティーとscale()メソッドを使います。scale()メソッドは1のときは等倍、1より大きな値だと拡大され、小さな値だと縮小されます。2だと2倍、0.5だと半分の大きさになります。CSS TransitionsとWeb Animations APIの二通りのコードを紹介します。

CSS Transitionsで実現する方法
■CSS（部分） 184/CSSTransitions/style.css

```css
.rect {
  中略

  transition: all 0.5s;
}

.rect.state-show {
  transform: scale(4);
}
```

■JavaScript（部分） 184/CSSTrajsitions/main.js

```js
const element = document.querySelector('.rect');
if (element.classList.contains('state-show') === true) {
  element.classList.remove('state-show');
} else {
  element.classList.add('state-show');
}
```

Web Animations APIで実現する方法

■ JavaScript（部分） 184／WebAnimations/main.js

```javascript
const element = document.querySelector('.rect');
element.animate(
  {
    transform: [
      'scale(1)', // 開始値
      'scale(5)' // 終了値
    ]
  },
  {
    duration: 500, // ミリ秒指定
    fill: 'forwards', // 終了時にプロパティーを保つ
    easing: 'ease' // 加減速種類
  }
);
```

▼ 実行結果

185 要素を移動させたい

 移動モーションによって注意喚起を示したいとき

座標を変化させるには、CSSのtransformプロパティーにtranslate()メソッドを割り当てます。translate()メソッドを使うと垂直・水平方向に移動させることができます。CSS TransitionsとWeb Animations APIの二通りのコードを紹介します。

CSS Transitionsで実現する方法

■CSS   185/CSSTransitions/style.css

```css
.rect {
  width: 100px;
  height: 100px;
  display: block;
  position: absolute;
  background: white;
  top: 150px;

  transition: all 3s;
}

.rect.state-show {
  transform: translate(300px, 0px);
}
```

■JavaScript（部分）   185/CSSTransitions/main.js

```js
const element = document.querySelector('.rect');
if (element.classList.contains('state-show') === true) {
  element.classList.remove('state-show');
} else {
  element.classList.add('state-show');
}
```

Web Animations APIで実現する方法

■ JavaScript（部分）　　　　　　　　　　　185／WebAnimations/main.js

```javascript
const element = document.querySelector('.rect');
element.animate(
  {
    transform: [
      'translateX(0px)', // 開始値
      'translateX(300px)' // 終了値
    ]
  },
  {
    duration: 3000, // ミリ秒指定
    fill: 'forwards', // 終了時にプロパティーを保つ
    easing: 'ease' // 加減速種類
  }
);
```

▼ 実行結果

186 要素の透明度を変化させたい

利用シーン 非表示になる要素を演出したいとき

不透明度を変化させるには、CSSのopacityプロパティーを使います。opacityが1のときはまったく透過していない状態、0のときは完全に透過した状態、0.5のときは半透明となります。CSS TransitionsとWeb Animations APIの二通りのコードを紹介します。

CSS Transitionsで実現する方法

■ CSS　　　　　　　　　　　　　　　　　　　　　　186/CSSTransitions/style.css

```css
.rect {
  width: 200px;
  height: 200px;
  display: block;
  position: absolute;
  background: white;
  top: 100px;

  transition: all 0.5s;
}

.rect.state-show {
  opacity: 0.5;
}
```

■ JavaScript（部分）　　　　　　　　　　　　　　　186/CSSTransitions/main.js

```javascript
const element = document.querySelector('.rect');
if (element.classList.contains('state-show') === true) {
  element.classList.remove('state-show');
} else {
  element.classList.add('state-show');
}
```

Web Animations APIで実現する方法

■ JavaScript（部分）　　　　　　　　　　　186／WebAnimations／main.js

```
const element = document.querySelector('.rect');
element.animate(
  {
    opacity: [
      1.0, // 開始値
      0.5 // 終了値
    ]
  },
  {
    duration: 500, // ミリ秒指定
    fill: 'forwards', // 終了時にプロパティーを保つ
    easing: 'ease' // 加減速種類
  }
);
```

▼ 実行結果

187 要素の明度を変化させたい

利用シーン
- 明るさを変えることで目立たせたいとき
- フォーカスがあたっていることを示すのに役立てたいとき

明度を変化させるには、CSSのfilterプロパティーにbrightness()メソッドを使います。brightness(100%)が通常の状態で、引数のパーセンテージが100%より大きければ明るく、100%より小さければ暗く表示されます。CSS TransitionsとWeb Animations APIの二通りのコードを紹介します。

CSS Transitionsで実現する方法

■CSS　　　　　　　　　　　　　　　　　　　　187/CSSTransitions/style.css

```css
.rect {
  中略

  filter: brightness(100%);
  transition: all 0.5s;
}

.rect.state-show {
  filter: brightness(300%);
}
```

■JavaScript（部分）　　　　　　　　　　　　　187/CSSTransitions/main.js

```js
const element = document.querySelector('.rect');
if (element.classList.contains('state-show') === true) {
  element.classList.remove('state-show');
} else {
  element.classList.add('state-show');
}
```

Web Animations APIで実現する方法

■JavaScript（部分） 187/WebAnimations/main.js

```javascript
const element = document.querySelector('.rect');
element.animate(
  {
    filter: [
      'brightness(100%)', // 開始値
      'brightness(300%)'  // 終了値
    ]
  },
  {
    duration: 500, // ミリ秒指定
    fill: 'forwards', // 終了時にプロパティーを保つ
    easing: 'ease' // 加減速種類
  }
);
```

▼ 実行結果

188 要素の彩度を変化させたい

 モノクロームの表示を適用したいとき

彩度を変化させるには、CSSのfilterプロパティーにgrayscale()メソッドを使います。「grayscale(0%)」が通常の状態で、引数のパーセンテージが100％のときがモノクロの表示となります。CSS TransitionsとWeb Animations APIの二通りのコードを紹介します。

CSS Transitionsで実現する方法

■CSS　　　　　　　　　　　　　　　　　　　188/CSSTransitions/style.css

```css
.rect {
  中略

  filter: grayscale(0%);
  transition: all 0.5s;
}

.rect.state-show {
  filter: grayscale(100%);
}
```

■JavaScript（部分）　　　　　　　　　　　　188/CSSTransitions/main.js

```javascript
const element = document.querySelector('.rect');
if (element.classList.contains('state-show') === true) {
  element.classList.remove('state-show');
} else {
  element.classList.add('state-show');
}
```

Web Animations APIで実現する方法
■JavaScript（部分）

188/WebAnimations/main.js

```javascript
const element = document.querySelector('.rect');
element.animate(
  {
    filter: [
      'grayscale(0%)', // 開始値
      'grayscale(100%)' // 終了値
    ]
  },
  {
    duration: 500, // ミリ秒指定
    fill: 'forwards', // 終了時にプロパティーを保つ
    easing: 'ease' // 加減速種類
  }
);
```

▼実行結果

189 requestAnimationFrame()を使いたい

利用シーン
- WebGLやHTML Canvasでアニメーション処理を作りたいとき
- プログラミングアート、3Dの演出を作りたいとき

Syntax

メソッド	意味	戻り値
requestAnimationFrame(関数)	時間経過で呼び出したい関数を登録する	数値

時間経過で変化し続けるにはrequestAnimationFrame()メソッドを利用します。requestAnimationFrame()メソッドは再描画の前に関数の呼び出しを要求する命令です。一般的なディスプレイの場合、1秒間に60回画面更新されます。この時間は約16ミリ秒となります。setTimeout()メソッドやsetInterval()メソッドでこれよりも少ない時間を指定しても画面に表示されないムダな処理が発生してしまう可能性があります。ウェブのアニメーションではrequestAnimationFrame()メソッドを使うのが、もっともムダがなくなめらかに見せられます。

requestAnimationFrame()メソッドは一度しか呼び出されません。アニメーションを実装するには連続して呼び出す必要があるので、関数のなかで自身の関数を呼び出すように予約しておきます。こうすれば、常にtick関数が実行され続けます。

■ JavaScript

```
tick();
function tick() {
  requestAnimationFrame(tick);
  // アニメーション処理を記述する
}
```

requestAnimationFrame()メソッドは主にWebGLやHTML Canvasなどを利用する場面で使用します。
関数を止めたい場合は次の方法があります。

- **requestAnimationFrame()の呼び出しをしない**
- **cancelAnimationFrameを使ってキャンセルする**

■ **JavaScript**

```
tick();
function tick() {
  if (条件文) {
    requestAnimationFrame(tick);
  }

  // アニメーション処理を記述する
}
```

requestAnimationFrame()メソッドの戻り値としてrequestIDと呼ばれるID（数値）が発行されます。requestIDを保存しておき、任意のタイミングでcancelAnimationFrame()メソッドに引数として与えることで、フレームアニメーションのリクエストをキャンセルできます。

■ **JavaScript**

```
tick();
let requestID;
function tick() {
  requestID = requestAnimationFrame(tick);

  // アニメーション処理を記述する
}

cancelAnimationFrame(requestID);
```

190 requestAnimationFrame()でHTML要素を動かしたい

 利用シーン マウスストーカーなど演出をつくるとき

requestAnimationFrame()メソッドでは、アニメーションの雰囲気をコードで細かくプログラムできるのが利点です。

requestAnimationFrame()メソッドを使って、HTML要素をアニメーションとして動かすには、要素のstyle属性の値を使います。さきほどのページの方法でアニメーションが常に呼ばれる関数tickを定義します。
▶▶189 tick関数の中でstyle属性を使い、値を上書きします。style属性の多くは単位が必須なので、文字列で単位を付与するのを忘れないように注意してください。

■ HTML　　　　　　　　　　　　　　　　　　　　　　　190/index.html

```
<div class="stoker">
    👻
</div>
```

■ CSS　　　　　　　　　　　　　　　　　　　　　　　　190/style.css

```
.stoker {
  position: fixed;
  top: 0;
  left: 0;
  will-change: transform;
  font-size: 5rem;
}
```

■ JavaScript 190／main.js

```javascript
// マウスストーカーの要素を取得
const el = document.querySelector('.stoker');

// マウス座標
let mouseX = 0;
let mouseY = 0;
// ストーカーの座標
let currentX = 0;
let currentY = 0;
// マウス移動時
document.body.addEventListener('mousemove', (event) => {
  // マウス座標を保存
  mouseX = event.clientX;
  mouseY = event.clientY;
});

tick();
function tick() {
  // アニメーションフレームを指定
  requestAnimationFrame(tick);

  // マウス座標を遅延してストーカーの座標へ反映する
  currentX += (mouseX - currentX) * 0.1;
  currentY += (mouseY - currentY) * 0.1;

  // ストーカーの要素へ反映
  el.style.transform = `translate(${currentX}px, ${currentY}px)`;
}
```

190

requestAnimationFrame()でHTML要素を動かしたい

▼ 実行結果

マウスカーソルに向かって、マウスストーカーがゆっくりと近づいてくる

開発者ツールを使うと、要素のstyle属性がリアルタイムで更新されていることを確認できます。

style属性のなかのtransformプロパティーの値が常に変化している

画像・音声・動画の
取り扱い

Chapter
11

191 画像をスクリプトで読み込みたい

利用シーン
- 画像の読み込み中にローディングを表示したいとき
- 画像読み込み後、画像データにアクセスするとき

Syntax

プロパティー	意味	型
src	リソースを指定する	文字列

画像をスクリプトで表示するには、HTML内にimg要素を配置しておき、参照に対してsrc属性に文字列を代入します。document.querySelector()メソッドを使って参照するために、img要素にはid属性などを割り当てておきます。HTMLではsrc属性は空文字にしておくといいでしょう。

本来はimg要素ではページ読み込み時に自動で画像が読み込まれますが、スクリプトの制御によって任意のタイミングで画像を表示できます。HTMLのsrc属性にははじめは値を設定しないでおきます。空文字であってもネットワーク通信が発生するためです。

■ HTML　　　　　　　191/index.html
```html
<img id="myImageA" />
<img id="myImageB" />
```

■ JavaScript　　　　　191/main.js
```javascript
const imgA = document.querySelector('#myImageA');
imgA.src = 'images/photo_a.jpg';

const imgB = document.querySelector('#myImageB');
imgB.src = 'images/photo_b.jpg';
```

▼ 実行結果

192 画像の読み込み完了時に処理を行いたい

利用シーン
- 画像の読み込み中にローディングを表示したいとき
- 画像読み込み後、画像データにアクセスするとき

Syntax

構文	意味
onload	読み込み完了時の処理を指定する

画像の読み込み完了後に処理をしたい場合にはonloadイベントを使います。たとえば、画像の読み込みが完了するまでは「読み込み中」と表示させておき、読み込み終わってから演出を兼ねて表示するといった使い道があります。HTMLのsrc属性にははじめは値を設定しないでおきます。空文字であってもネットワーク通信が発生するためです。

■ **HTML** 　　　　　　　　　　　　　　　　　　　　　　　192/index.html

```html
<img id="myImage" width="640" height="426"/>
```

■ **JavaScript** 　　　　　　　　　　　　　　　　　　　　　　192/main.js

```javascript
const img = document.querySelector('#myImage');
img.onload = () => {
  // 画像の読み込み完了後の処理
  img.classList.remove('loading');
};
img.src = 'images/photo.jpg';
img.classList.add('loading');
```

192

画像の読み込み完了時に処理を行いたい

▼ 実行結果

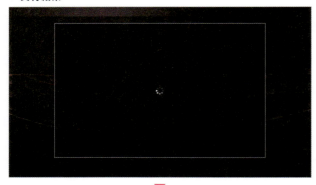

193 ウェブページ内の画像を遅延読み込みさせる

利用シーン
- 画像の読み込み中にローディングを表示したいとき
- 画像読み込み後、画像データにアクセスするとき

ウェブページ内の画像を遅延読み込みする場合は、DOMContentLoadedイベント発生時にimg要素を検索しdata-src属性の値をMapに保存したうえで空にします。img要素でsrc属性を使っていないのは、src属性に空文字が入っていると通信が発生するためです。そのため、通信にまったく影響しない独自のdata-src属性を用意しています。次に必要になったタイミングで保存していたMapからsrc属性に戻します。サンプルでは、ボタンをクリックしたときに画像を読み込むように指定しています。

■ HTML

193/index.html

```
<p>
  <img data-src="images/photo_a.jpg"
       width="320"
       height="214"/>
  <img data-src="images/photo_b.jpg"
       width="320"
       height="214"/>
</p>
<button class="btn">読み込む</button>
```

■ JavaScript

193/main.js

```
// 保存用にMapを用意
const srcMap = new Map();
window.addEventListener('DOMContentLoaded', () => {
  // img要素を一括で参照
  const imgs = document.querySelectorAll('img');
  imgs.forEach((img) => {
    // 各img要素のdata-src属性をMapに保存
    srcMap.set(img, img.dataset.src);
    // 遅延読み込みのため空にしておく
    img.removeAttribute('src');
  });
});
```

193

ウェブページ内の画像を遅延読み込みさせる

```javascript
const btn = document.querySelector('.btn');
btn.addEventListener('click', () => {
  // img要素を一括で参照
  const imgs = document.querySelectorAll('img');
  imgs.forEach((img) => {
    // 保存していたMapからsrcを割り当てる
    const source = srcMap.get(img);
    img.src = source;
  });
});
```

▼ 実行結果

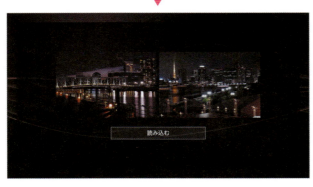

194 Base64の画像を表示する

利用シーン プログラムで生成した画像データを表示したいとき

JPEGやPNGファイルはバイナリファイルであり、テキストエディターで開けません。対してBase64で画像を用意すれば文字列として画像を管理できます。JavaScriptに文字列のBase64文字列があるとして、これを画面に表示するにはsrc属性に文字列を代入します。Base64文字列は先頭が「data:image/jpeg;base64」や「data:image/png;base64」となっています。

■ HTML　　　　　　　　　　　　　　　　　　　　　　　　194/index.html

```html
<img id="myImage" />
```

■ JavaScript　　　　　　　　　　　　　　　　　　　　　　　194/main.js

```javascript
const img = document.querySelector('#myImage');
img.src = 'data:image/jpeg;base64,/9j/4 中略 ioWaX//2Q==';
```

Base64を利用する場面としては、次の使い方を想定できます。

- JavaScriptだけでアセット（画像）を一元管理したい
- データベースに画像を文字列として保存していた
- サーバーサイドの通信で文字列として受け取った
- canvas要素から文字列として保存した

▼ 実行結果

195 スクリプトからimg要素を追加したい

- 動的に画像を配置したいとき
- 大量の画像を効率よく配置したいとき

Syntax

メソッド	意味	戻り値
new Image()	img要素のインスタンスを生成する	img要素

img要素のインスタンスはImageオブジェクトを使って作成できます。もしくは、「new Image();」の代わりに「document.createElement('img');」と記述しても同じ処理が得られます。作成したものはDOMツリーの表示させたい部分に追加する必要があります。body要素内に表示する場合はdocument.body.appendChild()メソッドを利用して追加します。

■HTML　　　　　　　　　　　　　　　　　　　　　　　195／index.html

```html
<div class="container"></div>
```

■JavaScript　　　　　　　　　　　　　　　　　　　　195／main.js

```javascript
// 挿入したい要素の参照を取得
const container = document.querySelector('.container');
for (let i = 0; i < 10; i++) {
  // Imageオブジェクトを作る
  const img = new Image();
  // src属性にファイルパスを指定
  img.src = `images/photo-${i}.jpg`;
  // 要素に挿入する
  container.appendChild(img);
}
```

▼ 実行結果

196 音声を使いたい

利用シーン
- 音声をHTMLタグで扱いたいとき
- 音声をループ再生させたいとき
- 音声コントロールのUIを表示させたいとき

Syntax

プロパティー	意味	型
src	リソースを指定	文字列
controls	コントロールバーを表示	なし
loop	ループを指定	なし
preload	プリロードの種類を指定	文字列

audioタグは音声ファイルを再生することのできるマルチメディア系のタグです。HTML内にaudio要素を配置します。src属性には音声ファイルを指定しておきます。

■ HTML　　　　　　　　　　　　　　　　　　　　　　　196/index.html
```
<audio src="music.mp3"></audio>
```

再生・一時停止などのボタンを使うことができます。controlsなしの場合は画面に何も表示されません。コントロールバーはブラウザーごとに独自のデザインのコントローラーが表示されます。

■ HTML　　　　　　　　　　　　　　　　　　　　　　　196/index.html
```
<audio src="music.mp3" controls></audio>
```

audio要素で音楽をループ再生させたい場合は、loop属性を指定します。

■ HTML　　　　　　　　　　　　　　　　　　　　　　　196/index.html
```
<audio src="music.mp3" controls loop></audio>
```

音声をあらかじめ読み込むかどうかの指定をpreload属性で行うことができます。指定できる値はauto（自動）、metadata（メタデータのみを読み込み）、none（自動読み込みをしない）です。

■ HTML　　　　　　　　　　　　　　　　　　　　　　　196/index.html

```
<audio src="music.mp3" controls preload="none"></audio>
```

▼ 実行結果

197 音声をスクリプトで制御したい

利用シーン スクリプトで音声の再生状態を管理したいとき

Syntax

メソッド	意味	戻り値
play()	再生	Promise
pause()	一時停止	なし

audio要素のplay()メソッド、pause()メソッドを利用することで、音声の再生や停止を行えます。

■HTML
197/index.html

```html
<div>
  <audio id="myAudio" src="assets/music.mp3" controls></audio>
</div>
<div>
  <button id="btnPlay">再生</button>
  <button id="btnPause">停止</button>
</div>
```

■JavaScript（部分）
197/main.js

```js
const audio = document.querySelector('#myAudio');
```

再生をするにはplay()メソッドを利用します。

```js
audio.play();
```

一時停止する場合は、pause()メソッドを利用します。音声の再生ヘッドがその位置で止まります。

```js
audio.pause();
```

198 音声の再生位置を変更したい

 音声の再生位置をジャンプさせたいとき

Syntax

プロパティー	意味	型
currentTime	再生ヘッドの値（秒）。読み書きに対応	数値
duration	音声の長さ（秒）。読み取り専用	数値

audio要素のcurrentTimeプロパティーを使うと、現在の再生位置（秒）を確認したり、設定したりできます。音声をスクリプトでスキップさせたいときに利用できます。音声の長さdurationよりも小さな値を設定するようにしてください。

■ JavaScript

```
const audio = document.querySelector('#myAudio');
audio.currentTime = 1.0;
```

durationプロパティーを使えば、音声の長さを調べることができます。注意点として、音声データのメタ情報の読み込みが完了するまでは長さは取得できません。そのため、メタ情報の読み込み完了を示すloadedmetadataイベントの発生を監視する必要があります。このイベントが発生後は、durationプロパティーから音声データの長さを参照できます。

■ JavaScript

```
const audio = document.querySelector('#myAudio');
audio.addEventListener('loadedmetadata', () => {
  console.log(audio.duration); // 音声の長さ（秒）
});
```

199 音声のボリュームを変更したい

利用シーン
- 音声の再生音量をスクリプトで変更させたいとき
- ミュートにさせたいとき

Syntax

プロパティー	意味	型
volume	ボリュームの値	数値
muted	ミュートであるかの状態	真偽値

音声のボリュームを確認・設定するにはvolumeプロパティーを使います。0.0（消音）〜1.0（最大音量）の範囲で音量を設定できます。mutedプロパティーを使っても消音状態を確認・設定できます。volumeプロパティーは細かい音量を調整するのに対して、mutedプロパティーは消音であるかどうかだけを制御します。

■ JavaScript

```javascript
const audio = document.querySelector('#myAudio');
audio.volume = 1.0;
```

■ JavaScript

```javascript
const audio = document.querySelector('#myAudio');
audio.muted = true;
```

200 音声を読み込みたい (Web Audio API)

利用シーン
- モバイルのウェブサイトで同時に複数の音を再生したいとき
- オーディオ波形を取得し、サウンドビジュアライザーを作りたいとき
- オーディオデータを取得し、サーバーに送信したいとき

Web Audio APIは音を扱える上級者向けの機能です。audio要素に比べて実現できることが多く、制約も少ないのが利点です。たとえば、音声波形のデータを取得してサウンドビジュアライザーを作れたり、モバイルブラウザーは同時再生可能な音の数の制約がないのでBGMと効果音を同時に再生したりすることもできます。

ただし、扱うには難易度の高いWeb Audio APIに対する理解が必要であり、長めのコードを書かなければなりません。サンプルとしてサウンドファイルを読み込み再生するまでのコードを紹介します。loadAndPlay()関数を実行すれば、音が再生されます。

■ HTML
200/index.html

```html
<button onclick="loadAndPlay()">再生する</button>
<button onclick="stop()">停止する</button>
```

■ JavaScript
200/main.js

```javascript
loadAndPlay();

let source;

// 再生させたいとき
async function loadAndPlay() {
  const context = new AudioContext();

  // サウンドファイルを読み込む
  const data = await fetch('assets/music.mp3');
  // ArrayBuffer として扱う
  const buffer = await data.arrayBuffer();
  // オーディオデータとして変換する
  const decodedBuffer = await context.decodeAudioData(buffer);

  // ソースを作成
  source = context.createBufferSource();
```

200 音声を読み込みたい（Web Audio API）

```
  // ソースにオーディオデータを割り当てる
  source.buffer = decodedBuffer;
  // スピーカーをつなげる
  source.connect(context.destination);
  // 再生を開始する
  source.start(0);
}

// 停止させたいとき
function stop() {
  // 再生を停止する
  source.stop();
}
```

▼ 実行結果

201 動画を読み込みたい

利用シーン
- ウェブサイト内に動画を組み込むとき
- ウェブサイトの演出として動画を配置したいとき

Syntax

プロパティー	意味	型
src	リソースを指定	文字列
controls	コントロールバーを表示	なし
autoplay	自動再生	なし
loop	ループを指定	なし
preload	プリロードの種類を指定	文字列
playsinline	インライン再生を指定	なし

映像を読み込むにはvideoタグを使います。HTMLにはvideo要素を配置し、src属性には動画ファイルへのパスを指定します。width属性とheight属性でビデオの横幅と高さを指定します。width属性とheight属性がない場合は、ビデオサイズにあわせてリサイズされます。

■ HTML

```html
<video src="動画ファイルのURL" width="横幅" height="高さ"></video>
```

controls属性を使うことで、ビデオ用の再生・一時停止などのボタンを利用できるようになります。

■ HTML

```html
<video src="sample.mp4" width="320" height="240" controls></video>
```

ビデオを自動再生させたい場合はautoplay属性を指定します。

■ HTML

```html
<video src="sample.mp4" autoplay></video>
```

201

動画を読み込みたい

ビデオを再生するまで、サムネイルの画像を表示したい場合はポスターフレームを指定します。poster属性を使って画像ファイルを指定します。ビデオを再生したときにはポスターフレームは非表示になります。

■HTML

```
<video src="sample.mp4" poster="imgs/poster.jpg" controls></video>
```

動画をあらかじめ読み込むかどうかの指定をpreload属性で行うことができます。指定できる値はauto（自動）、metadata（メタデータのみを読み込み）、none（自動読み込みをしない）です。videoタグはwidthとheight属性を指定していない場合は、ビデオサイズにあわせてリサイズされます。この場合、preload属性でmetadataもしくはautoにしている場合は自動的にビデオサイズが取得されリサイズされます。preload属性がnoneの場合は再生を開始するときにはじめてビデオサイズが取得されリサイズされます。

■HTML

```
<video src="sample.mp4" preload="none"></video >
```

▼ 実行結果

スマートフォンのブラウザーで、ビデオをウェブページに埋め込んだまま自動再生させたいときはplaysinline属性とmuted属性を両方指定します。

■HTML

```
<video src="sample.mp4" autoplay playsinline muted></video>
```

202 動画をスクリプトで制御したい

利用シーン 動画の再生状態を管理したいとき

Syntax

メソッド	意味	戻り値
play()	再生	Promise
pause()	一時停止	なし

video要素のplay()メソッドやpause()メソッドを利用することで、動画の再生や停止を行えます。

■ HTML

202/index.html

```
<div>
  <video id="myVideo"
         width="480"
         height="320"
         src="assets/sample.mp4">
  </video>
</div>
<div>
  <button id="btnPlay">再生</button>
  <button id="btnPause">停止</button>
</div>
```

JavaScriptでHTMLに配置したvideo要素を参照します。

■ JavaScript

202/main.js

```
const video = document.querySelector('#myVideo');
```

再生するにはplay()メソッドを利用します。

■ JavaScript

202/main.js

```
video.play();
```

動画をスクリプトで制御したい

一時停止する場合は、pause()メソッドを利用します。pause()は動画の再生ヘッドがその位置で止まります。その場所から再度再生できます。

■ JavaScript 202/main.js

```
video.pause();
```

▼ 実行結果

203 カメラを使いたい

利用シーン: ウェブカメラでサイト内にユーザーのカメラを表示したいとき

ウェブカメラを使って映像や音声をウェブページ上で利用できます。インタラクティブなコンテンツや、リアルタイムのビデオチャットなど多くの目的で利用できます。
ウェブカメラを使うにはgetUserMedia()メソッドを利用します。video要素のsrcObject属性にウェブカメラのストリームを指定することで表示されます。なお、video要素にはautoplay属性も指定しておきます。autoplay属性を指定しないと、ブラウザーによっては画面描画が遅延するためです。

■HTML

203/index.html

```html
<video id="myVideo" width="640" height="480" autoplay></video>
```

■JavaScript

203/main.js

```javascript
let stream;

async function loadAndPlay() {
  const video = document.getElementById('myVideo');
  stream = await getDeviceStream({
    video: { width: 640, height: 320 },
    audio: false
  });
  video.srcObject = stream;
}

function stop() {
  const video = document.getElementById('myVideo');
  const tracks = stream.getTracks();

  tracks.forEach((track) => {
    track.stop();
  });

  video.srcObject = null;
}
```

203

カメラを使いたい

```
function getDeviceStream(option) {
  if ('getUserMedia' in navigator.mediaDevices) {
    return navigator.mediaDevices.getUserMedia(option);
  } else {
    return new Promise(function(resolve, reject) {
      navigator.getUserMedia(option, resolve, reject);
    });
  }
}
```

▼実行結果

SVGやcanvas要素を取り扱う

Chapter

12

204 SVGを使いたい

利用シーン
- 拡大・縮小で荒れないグラフィックを使いたいとき
- さまざまなスマートフォンにレスポンシブ対応できるグラフィックを使いたいとき

SVGとはスケーラブル・ベクター・グラフィックスの略で、ベクター画像を扱えます。画像の拡大縮小に強いため、レスポンシブウェブデザインの対応をしやすいのが利点です。また、SVGはDOMとして操作できるため、JavaScriptと組み合わせて使うとインタラクションデザインにも使えます。

ウェブで使用する画像は、大きく分けてラスター画像とベクター画像に分けることができます。ラスター画像はドットの集合体で構成される画像です。代表的なフォーマットとしてJPEG、PNG、GIFがあり、画像の横幅・縦幅を元のサイズ以上に拡大すると画像がボケます。一方、ベクター画像は頂点・塗り・線の集まりのことです。代表的なフォーマットとしてSVGがあり、画像を横幅・縦幅を元のサイズ以上に拡大してもくっきり表示されます。

ラスター画像
ドットの集合体
JPEG、PNG、GIF

ベクター画像
頂点情報、塗り、線の集まり
SVG

ラスター画像とベクター画像

SVGは2次元のグラフィックをXMLで記述するための言語です。ベクターであるため、解像度にとらわれない利点があります。SVGには多彩なグラフィックを表現できる機能が備わっています。

```
<svg
  xmlns="http://www.w3.org/2000/svg"
  viewBox="0 0 800 500">
  <path d="M775.453,524.886c-29.126(中略)"
fill="#ecd47a"/>
  <path d="M155.711,677.7c-21.365-8(中略)"
fill="#dea890"/>
  ...
</svg>
```

SVG

SVGでできること

テキストエディターで画像名.svgというファイルを生成します。コードはHTMLやXMLと同じようにタグを用います。

■SVG

```
<svg xmlns="http://www.w3.org/2000/svg"
     viewBox="0 0 200 200">
  （ここに図形のためのコードを書く）
</svg>
```

viewBox属性は、SVGの描画領域の定義に使います。X座標・Y座標・幅・高さの4つの値によって矩形の描画領域が定義されます。たとえば、「viewBox="0 0 200 200"」と定義し、半径50の円を描くと、次のような見た目になります。

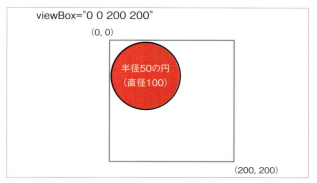

SVGのviewBox

SVGコードを直接HTMLコードに貼り付けるインラインSVGとして記述します。

■HTML

```
<!DOCTYPE html>
<head>
  <meta charset="utf-8">
  <title>タイトル</title>
</head>
<body>
<!-- SVGコードを記述する -->
<svg xmlns="http://www.w3.org/2000/svg"
  viewBox="0 0 540 540" width="500" height="500">
  <path
    fill-opacity="0"
    stroke="#999999"
    d="M25,349
        c57,-84,138,-176,228,-166
        c111,11,120,200,260,81"
  >
</svg>
</body>
```

img要素、インラインSVG共に、SVGを表示する横幅と高さをwidth属性とheight属性で設定します。前述のviewBox属性は、SVG内のグラフィックの座標を定めるものでした。次の図に示すのは、「viewBox="0 0 200 200"」のSVGで半径50（直径100）の円を描き、widthとheightを変更した場合の例です。左側が半径50px（直径100px）の円になっているのに対して、右側は半径25px（直径50px）となっています。SVGで画像の大きさを考える場合には、width・height属性とviewBox属性の関係に注意しましょう。

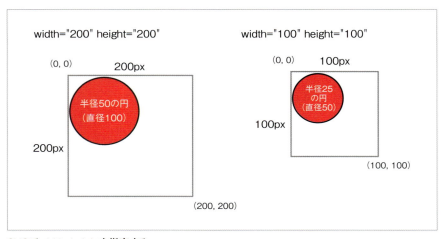

SVGでwidth, heightを指定する

205 SVGで要素を動的に追加したい

利用シーン　JavaScriptで外部のデータを元にグラフィックを描きたいとき

Syntax

メソッド	意味	戻り値
document.createElementNS('http://www.w3.org/2000/svg', SVG要素名)	SVG要素を生成する	SVG要素

■ HTML　　　　　　　　　　　　　　　　　　　　　　　　　　　205/index.html

```
<svg
  viewBox="0 0 200 200"
  width="200" height="200"
  id="mySvg">
</svg>
```

JavaScriptでSVG要素を生成するにはdocument.createElement()ではなく、document.createElementNSという命令を使います。メソッド名は似ていますが、NS（Name Space：名前空間）がメソッド名の末尾に付いています。HTMLとSVGとでは厳密に名前空間が異なります。そのため、名前空間「http://www.w3.org/2000/svg」を指定しないと、HTML上のSVGにアクセスできません。

■ JavaScript　　　　　　　　　　　　　　　　　　　　　　　　　　205/main.js

```javascript
const myCircle = document.createElementNS(
'http://www.w3.org/2000/svg', 'circle');

myCircle.setAttribute('cx', '100');
myCircle.setAttribute('cy', '100');
myCircle.setAttribute('r', '100');
myCircle.setAttribute('fill', '#FFFF8D');

const mySvg = document.querySelector('#mySvg');
mySvg.appendChild(myCircle);
```

205

SVGで要素を動的に追加したい

▼実行結果

206 SVG要素のスタイルを変更したい

利用シーン ユーザーのインタラクションによってグラフィックを変化させるとき

Syntax

メソッド	意味	戻り値
要素.setAttribute(属性名, 値)	要素の属性を設定する	なし

SVG要素をdocument.querySelector()メソッド等で参照し、属性値をsetAttribute()メソッドを使うことでスタイルを変更できます。SVGでは、HTMLのDOM操作と同じように扱えます。

■ HTML　　　　　　　　　　　　　206/index.html

```
<svg viewBox="0 0 200 200"
     width="200" height="200">
  <circle id="myCircle1"
          cx="100" cy="100"
          stroke-width="2"
          stroke="#FFFFFF"
  />
</svg>
```

■ JavaScript　　　　　　　　　　206/main.js

```
const circle1 = document.querySelector('#myCircle1');
circle1.setAttribute('r', '100'); // 半径を指定
circle1.setAttribute('fill', '#FFFF8D'); // 塗りの色を指定
circle1.setAttribute('fill-opacity', '0.5'); // 塗りの透明度を指定
```

属性値を変更するsetAttribute()メソッドでは、第一引数に変更したい属性名を、第二引数に変更したい値を指定します。

▼ 実行結果

207 SVG要素をマウス操作したい

ユーザーのインタラクションによってグラフィックを変化させるとき

SVG要素をマウスで反応させたい場合は、DOMに対してイベントを仕込みます。たとえば、クリックしたことを判定したい場合はSVG要素の参照をdocument.querySelector()メソッドで取得します。次にclickイベントをaddEventListener()メソッドで監視します。

■ HTML　　　　　　　　　　　　　　　　　　　　　　　　　　207／index.html

```html
<svg viewBox="0 0 200 200"
     width="200" height="200">
  <circle id="myCircle"
          cx="100" cy="100"
          r="95"
          fill="#BBDEFB"/>
</svg>
```

■ JavaScript　　　　　　　　　　　　　　　　　　　　　　　　207／main.js

```javascript
const circle = document.querySelector('#myCircle');

circle.addEventListener('click', (event) => {
  alert('クリックされました');
});
```

▼ 実行結果

クリックするとアラートが表示される

208 SVG要素をアニメーションさせたい

利用シーン SVG要素を時間経過で変化させたいとき

SVGはDOMの仕様に準拠しているので、一定時間ごとにJavaScriptからDOMを操作することでアニメーションを実現できます。たとえば、円の色を徐々に赤色にするにはSVG要素を取得し、属性値を書き換えていきます。アニメーションのためにはrequestAnimationFrame()メソッドを利用します。

■ **HTML**　　　　　　　　　　　　　　　　　　　　　　208/index.html

```html
<svg viewBox="0 0 200 200"
     width="200" height="200">
  <circle id="myCircle"
          cx="100" cy="100"
          r="95"
          fill="#BBDEFB"/>
</svg>
```

■ **JavaScript**　　　　　　　　　　　　　　　　　　　208/main.js

```javascript
const myCircle = document.querySelector('#myCircle');
let time = 0;

animate();

function animate() {
  // 時間で変化
  time += 0.1;
  // 色を変化
  myCircle.style.fill = `hsl(0, 100%, ${time}%)`;

  // 目標値に達するまで繰り返す
  if (time < 50) {
    requestAnimationFrame(animate);
  }
}
```

▼ 実行結果

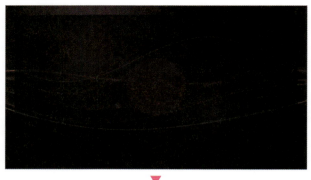

JavaScriptのメリットは、表現力の高さです。塗りと線の変化、拡縮・回転・移動、パスの変形、パスに沿ったアニメーション等、あらゆるアニメーションが可能です。ただ、SVGをCSSでアニメーションさせる場合に比べるとコードが煩雑で実装難易度は高めであるといえます。

209 SVGで描いたグラフィックをダウンロードさせたい

利用シーン SVGで描いたグラフィックをローカルに保存させたいとき

SVG要素はJavaScirptを使って、ファイルとしてダウンロードさせることができます。画像作成サービスなどを開発した場合には役立つでしょう。SVG要素をdocument.querySelector()メソッドを使って取得し、outerHTMLプロパティーで文字列を得ます。ブラウザーごとに保存の方法が異なるので、ブラウザーごとに適切なデータ形式へ変換します。サンプルを通してSVG要素をダウンロードする方法を紹介します。

■HTML　　　　　　　　　　　　　　　　　　　　　　　　　　209/index.html

```html
<svg viewBox="0 0 200 200"
     width="200" height="200"
     id="mySvg">
  <circle cx="100" cy="100" r="100" fill="#FFFF8D"/>
</svg>
<br />
<button id="btnSave">保存する</button>
```

■JavaScript　　　　　　　　　　　　　　　　　　　　　　　209/main.js

```javascript
// 保存ボタンをクリックしたときの処理
document.querySelector('#btnSave').addEventListener('click', saveFile);

// ファイルとして保存
function saveFile() {
  // ファイル名
  const fileName = 'mySvg.svg';
  // SVG要素を取得
  const content = document.querySelector('#mySvg').outerHTML;
  // データを準備
  const dataUrl = 'data:image/svg+xml,\n' + encodeURIComponent(content);

  // BOMの文字化け対策
```

209

SVGで描いたグラフィックをダウンロードさせたい

```javascript
const bom = new Uint8Array([0xef, 0xbb, 0xbf]);
const blob = new Blob([bom, content], { type: 'text/plain' });

if (window.navigator.msSaveBlob) {
  // for IE
  window.navigator.msSaveBlob(blob, fileName);
} else if (window.URL && window.URL.createObjectURL) {
  // for Firefox, Chrome, Safari
  const a = document.createElement('a');
  a.download = fileName;
  a.href = window.URL.createObjectURL(blob);
  document.body.appendChild(a);
  a.click();
  document.body.removeChild(a);
} else {
  // for Safari
  window.open(dataUrl, '_blank');
}
}
```

210 キャンバス要素を使いたい

利用シーン **ビットマップベースの図形をスクリプトで扱いたいとき**

Syntax

メソッド	意味	戻り値
canvas.getContext('2d')	キャンバスから命令群を取得	コンテキスト
context.fillRect(x, y, 幅, 高さ)	矩形領域を塗る	なし

グラフィックを扱えるのはSVGだけではありません。canvas要素もグラフィックを扱うための機能です。SVGはベクターグラフィックスであるのに対して、canvas要素はビットマップベースのグラフィックスです。そのため、拡大縮小時には適切にサイズを調整しなければ、ドットがきれいに表示できません。
イラストなどのグラフィックはSVGが適しているのに対して、canvas要素は画像加工などの方面で役立ちます。
キャンバスを要素を使うには、canvas要素をHTMLに配置します。JavaScriptでid値を使って参照し、描画命令を扱うオブジェクト「コンテキスト」を取得します。コンテキストのfillRect()メソッドで矩形を描くことができます。

■ HTML
210/index.html

```html
<canvas id="my-canvas"
        width="400"
        height="400">
</canvas>
```

■ JavaScript
210/main.js

```javascript
// キャンバス要素の参照を取得
ccnst canvas = document.querySelector('#my-canvas');
// コンテキストを取得
ccnst context = canvas.getContext('2d');
// 図形を描く
ccntext.fillRect(0, 0, 100, 100);
```

210 キャンバス要素を使いたい

▼ 実行結果

211 キャンバス要素に塗りと線を描きたい

利用シーン canvasに図形を描きたいとき

Syntax

プロパティー	意味	型
context.fillStyle	塗りの色やスタイル	文字列

Syntax

メソッド	意味	戻り値
context.strokeRect(x, y, 幅, 高さ)	矩形領域の境界線を描く	なし
context.fillRect(x, y, 幅, 高さ)	矩形領域を塗る	なし

図形の塗りというのは図形に囲まれた領域となります。fillStyleプロパティーで塗りの色を指定します。fillRect()メソッドで塗りだけの矩形を描きます。fillRect()メソッドを実行する前にfillStyleプロパティーを設定する必要があるので、処理順には注意してください。

■HTML
211/fill/index.html

```html
<canvas id="my-canvas"
        width="100"
        height="100">
</canvas>
```

■JavaScript
211/fill/main.js

```javascript
// キャンバス要素の参照を取得
const canvas = document.querySelector('#my-canvas');
// コンテキストを取得
const context = canvas.getContext('2d');
// 塗りの色を指定
context.fillStyle = 'red';
// 矩形を描く
context.fillRect(0, 0, 100, 100);
```

▼ 実行結果

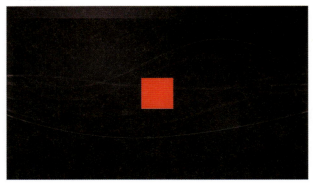

線とは図形の境界線のことです。lineWidthプロパティーで線の太さを、strokeStyleプロパティーで線の色を設定できます。strokeRect()メソッドで線分だけの矩形を描けます。

■ JavaScript　　　　　　　　　　　　　　　　　　211/stroke/main.js

```javascript
// キャンバス要素の参照を取得
const canvas = document.querySelector('#my-canvas');
// コンテキストを取得
const context = canvas.getContext('2d');
// 線の幅を指定
context.lineWidth = 3;
// 選の色を指定
context.strokeStyle = 'red';
// 矩形を線で描く
context.strokeRect(0, 0, 100, 100);
```

▼ 実行結果

212 キャンバスに画像を貼り付けたい

利用シーン canvasで外部から読み込んだ画像を表示させたいとき

Syntax

メソッド	意味	戻り値
context.drawImage(image, dx, dy);	canvas要素に画像を描く	なし

canvas要素で画像を組み込むためには、drawImage()メソッドを使います。画像はImageオブジェクトを使って描きます。Imageオブジェクトの読み込み完了後でなければcanvas要素には描けないので、描画前にonloadを使って読み込みを事前にすませておきます。drawImage()メソッドの第二・第三引数は配置したい座標となります。

■ JavaScript 212/main.js

```javascript
// キャンバス要素の参照を取得
const canvas = document.querySelector('#my-canvas');
// コンテキストを取得
const context = canvas.getContext('2d');

// Imageインスタンスを作成
const img = new Image();
// 画像読み込み後の処理
ing.onload = () => {
  // コンテキストを通してcanvasに描く
  context.drawImage(img, 0, 0);
};
// 画像を読み込みを開始する
img.src = 'sample.jpg';
```

キャンバスに画像を貼り付けたい

▼実行結果

213 キャンバスの画素情報を使いたい

- 画素情報を調べたいとき
- 画像加工するための画素情報を得たいとき

Syntax

メソッド	意味	戻り値
context.getImageData(dx, dy, width, height)	指定した領域のピクセル情報を取得する	ImageDataオブジェクト

canvasコンテキストのピクセルデータを取得するにはgetImageData()メソッドを使用します。戻り値はImageDataオブジェクトとなります。

■ **JavaScript（部分）** 213/main.js

```javascript
// 画素情報を得る
const imageData = context.getImageData(0, 0, 100, 100);
console.log(imageData.data); // 画素配列
```

この配列は連続した数値が格納されています。この並び方にはルールがあり、配列は連続する4要素を1セットとして、画素数の数だけ存在します。一画素ごとにRGBA（赤、緑、青、アルファ）の順番で並んでいます。画素は左上座標を起点として、水平方向（右側）へ順番に進みます。水平方向の端まで到達したら垂直方向に1画素だけずれて左側に戻ります。

```
[
  // 赤，緑，青，アルファ
  255,
  0,
  0,
  255,  // 0番目の画素
  255,
  0,
  0,
  255,  // 1番目の画素
  255,
  0,
```

213

キャンバスの画素情報を使いたい

```
    0,
    255,  //  2番目の画素
    255,
    0,
    0,
    255,  //  3番目の画素
    255,
    0,
    0,
    255   //  4番目の画素
    //  画素数分だけ繰り返し
];
```

▼ 実行結果

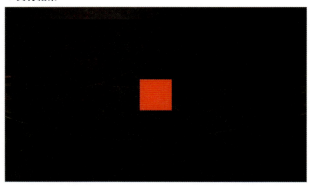

赤い矩形を描いたcanvas要素をgetImageData()メソッドで画素情報を調べる。コンソールパネルには画素情報が配列として出力されている

214 画像のRGBA値を調べたい

利用シーン
- マウスの下にある画像の画素情報を調べたいとき
- 画像に含まれる色を調べたいとき

マウスカーソルの下にある色を表示するにはcanvas要素のgetImageData()メソッドが役立ちます。canvas要素のmousemoveイベントを監視し、マウスカーソルの座標をlayerXとlayerYで取得します。getImageData()メソッドの第一引数と第二引数にマウス座標を割り当てることで、マウス座標に対応するピクセル配列を調べることができます。ピクセル情報をCSSのrgba()記法に調整して画面表示します。

■ HTML 214/index.html

```html
<canvas id="my-canvas"
        width="100"
        height="100">
</canvas>
<p class="log"></p>
```

■ JavaScript 214/main.js

```javascript
// キャンバス要素の参照を取得
const canvas = document.querySelector('#my-canvas');
// コンテキストを取得
const context = canvas.getContext('2d');
// Imageインスタンスを作成
const img = new Image();
// 画像読み込み後の処理
img.onload = () => {
  // コンテキストを通してcanvasに描く
  context.drawImage(img, 0, 0);
};
// 画像を読み込みを開始する
img.src = 'sample.jpg';

// マウスが動いたとき
canvas.addEventListener('mousemove', (event) => {
```

214

画像のRGBA値を調べたい

```javascript
  // マウスの座標を取得
  const x = event.layerX;
  const y = event.layerY;
  // ImageDataを取得
  const imageData = context.getImageData(x, y, 1, 1);
  // 画素配列を取得
  const data = imageData.data;
  const r = data[0]; // 赤
  const g = data[1]; // 緑
  const b = data[2]; // 青
  const a = data[3]; // アルファ
  // 文字列として色情報を扱う
  const color = `rgba(${r}, ${g}, ${b}, ${a})`;

  const el = document.querySelector('.log');
  // 背景色に指定
  el.style.background = color;
  // 文字として指定
  el.textContent = color;
});
```

▼ 実行結果

215 キャンバスの画像を加工したい

利用シーン 読み込んだ画像にエフェクトをかけたいとき

Syntax

メソッド	意味	戻り値
context.putImageData(イメージデータ)	イメージデータを入力する	なし

画像をコンテキストに代入するにはputImageData()メソッドを利用します。getImageData()メソッドは取得のためのメソッドであったのに対して、putImageData()メソッドは代入のためのメソッドとなります。
次のサンプルではひとつ目のcanvas要素で画像を配置し、getImageData()メソッドで画素配列を取得します。モノクロームの色を計算で求めて、新規に作成したImageDataオブジェクトへ色を割り当てます。最後にふたつ目のcanvas要素にgetImageData()メソッドを使い代入することで、モノクロームの写真を表示しています。

■ JavaScript（部分）
215/main.js

```javascript
// キャンバス要素の参照を取得
const canvas1 = document.querySelector('#canvas-original');
// コンテキストを取得
const context1 = canvas1.getContext('2d');
// Imageインスタンスを作成
const img = new Image();
// 画像読み込み後の処理
img.onload = () => {
  // コンテキストを通してcanvasに描く
  context1.drawImage(img, 0, 0);

  // 画素情報を得る
  const imageData = context1.getImageData(0, 0, 150, 150);
  const data = imageData.data;

  const monoImageData = new ImageData(150, 150);
```

```javascript
  const monoArr = monoImageData.data;
  for (let i = 0; i < data.length / 4; i += 1) {
    // 画素情報を取得
    const r = data[i * 4 + 0];
    const g = data[i * 4 + 1];
    const b = data[i * 4 + 2];
    const a = data[i * 4 + 3];

    // 平均値を求める(簡易的な計算のため)
    const color = (r + g + b) / 3;

    // 新しい配列に色を指定
    monoArr[i * 4 + 0] = color;
    monoArr[i * 4 + 1] = color;
    monoArr[i * 4 + 2] = color;
    monoArr[i * 4 + 3] = a;
  }

  // キャンバス要素の参照を取得
  const canvas2 = document.querySelector('#canvas-effected');
  // コンテキストを取得
  const context2 = canvas2.getContext('2d');
  // コンテキストに新しい画素情報を割り当てる
  context2.putImageData(monoImageData, 0, 0);
};
// 画像を読み込みを開始する
img.src = 'sample.jpg';
```

▼ 実行結果

216 キャンバスの画像をDataURLで取得したい

●キャンバスの描画結果を文字列として取得したいとき
●文字列とすることでサーバーに保存したいとき
●キャンバスの描画結果をimg要素に複製したいとき

Syntax

メソッド	意味	戻り値
canvas.toDataURL()	DataURL形式で出力する	文字列

canvas要素で描いたグラフィックはtoDataURL()メソッドを使うとDataURL形式で出力できます。DataURL形式は文字列となるので柔軟に扱えます。たとえば、データベースで文字列として保存できるなどさまざまな活用方法があります。次のサンプルではcanvas要素に描いた図形を複製したものです。canvasの画像表示結果を文字列に変換し、img要素のsrc属性に代入しています。

■HTML
216/index.html

```html
<canvas id="my-canvas"
        width="100"
        height="100">
</canvas>
<br />
<img id="my-img" />
```

■JavaScript
216/main.js

```javascript
// キャンバス要素の参照を取得
const canvas = document.querySelector('#my-canvas');
// コンテキストを取得
const context = canvas.getContext('2d');
context.fillStyle = 'red';
context.fillRect(0, 0, 100, 100);
context.fillStyle = 'green';
context.fillRect(25, 25, 50, 50);

// Base64の文字列を得る
```

216

キャンバスの画像をDataURLで取得したい

```
const data = canvas.toDataURL();
console.log(data);

// img要素に代入する
const img = document.querySelector('#my-img');
img.src = data;
```

▼ 実行結果

console.log()メソッドで出力したBase64文字列情報

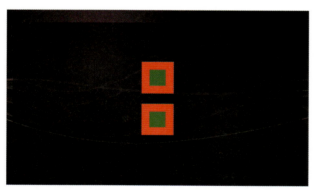

上側がオリジナルのcanvas要素で、下側はcanvas要素の表示結果をtoDataURL()メソッドで複製したもの

217 PNG/JPEGなど異なる形式のDataURLを取得したい

利用シーン
- PNG形式のDataURLを取得したいとき
- JPEG形式のDataURLを取得したいとき

Syntax

メソッド	意味	戻り値
canvas.toDataURL([形式※])	指定した形式のDataURLを取得する	文字列

※ 省略可能です。

canvas.toDataURL()メソッドでは引数を与えることで、異なる形式のDataURLを取得できます。

JPEG画像へ変換する方法

toDataURL()メソッドの引数に変換したい種別としてimage/jpegを指定することで、JPEG画像形式としてのDataURLの文字列を戻り値として受け取れます。JPEG画像は背景色が黒くなり、透過されないため注意が必要です。

■ JavaScript

```
const data = canvas.toDataURL('image/jpeg');
```

▼ 実行結果

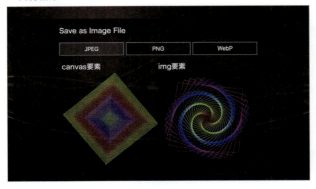

PNG画像へ変換する方法

toDataURL()メソッドの引数に変換したい種別としてimage/pngを指定することで、PNG画像形式としてのDataURLの文字列を戻り値として受け取れます。PNG形式であれば、JPEGとは異なり背景を透過できます。可逆圧縮となるので画質の劣化もありません。

■JavaScript

```javascript
const data = canvas.toDataURL('image/png');
```

▼実行結果

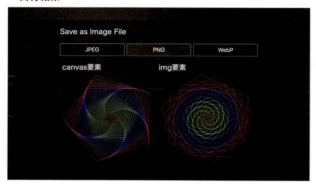

WebP画像へ変換する方法

WebP（ウェッピー）形式の保存にも対応しています。WebPは新しい画像形式だけあって、JPEGやPNGと比べても容量が小さくなります。WebP形式でも、背景色を透過して保存できます。

■JavaScript

```javascript
const data = canvas.toDataURL('image/webp');
```

▼実行結果

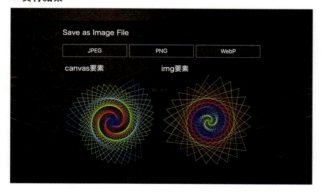

218 キャンバスで描いたグラフィックをダウンロードしたい

利用シーン
- ブラウザー上で描いた図形をユーザーのマシンにダウンロードさせたいとき
- ブラウザー上で加工した画像をユーザーのマシンにダウンロードさせたいとき

Syntax

メソッド	意味	戻り値
new Blob(配列, オプション)	Blobオブジェクトを作成する	Blobオブジェクト

a要素を用意することで、ユーザーにcanvas要素で描いたグラフィックをダウンロードさせることができます。画像データはtoDataURL()メソッドを使い、Base64文字列として取得します。バイナリとして扱うため、Blobオブジェクトへと変換します。

■ **JavaScript（部分）**　　　　　　　　　　　　　　　　218/main.js

```javascript
// キャンバス要素の参照を取得
const canvas2 = document.querySelector('#canvas-effected');

// ファイルの種類とファイル名を指定
const mimeType = 'image/png';
const fileName = 'download.png';

// Base64文字列を取得
const base64 = canvas2.toDataURL(mimeType);

// Base64文字列からUint8Arrayに変換
const bin = atob(base64.replace(/^.*,/, ''));
const buffer = new Uint8Array(bin.length);
for (let i = 0; i < bin.length; i++) {
  buffer[i] = bin.charCodeAt(i);
}

// Blobを作成
const blob = new Blob([buffer.buffer], {
  type: mimeType
```

218 キャンバスで描いたグラフィックをダウンロードしたい

```
});

// 画像をダウンロードする
if (window.navigator.msSaveBlob) {
  // for IE
  window.navigator.msSaveBlob(blob, fileName);
} else if (window.URL && window.URL.createObjectURL) {
  // for Firefox, Chrome, Safari
  const a = document.createElement('a');
  a.download = fileName;
  a.href = window.URL.createObjectURL(blob);
  document.body.appendChild(a);
  a.click();
  document.body.removeChild(a);
} else {
  // for Other
  window.open(base64, '_blank');
}
```

▼実行結果

処理の実行タイミングを制御する

Chapter
13

219 一定時間後に処理を行いたい

利用シーン
- 遅延して処理を行いたいとき
- とある要素を非表示にしておき、数秒後に表示させたいとき

> Syntax

メソッド	意味	戻り値
setTimeout(関数, ミリ秒)	指定時間に関数を呼び出す	数値

setTimeout()メソッドを使うことで指定ミリ秒数後に関数を実行できます。JavaScriptはスクリプトを上から順番に実行しますが、敢えて時間をずらして実行したい場合に利用できます。setTimeout()メソッドは一度しか関数が呼ばれません。第一引数に関数を、第二引数にミリ秒（1000分の1秒）を数値で指定します。

■ JavaScript

```javascript
setTimeout(timer1, 1000); // 1000ミリ秒後に実行
function timer1() {
  // 任意の処理
}
```

setTimeout()メソッドの第一引数の関数は、匿名関数（名前のない関数）を使って記述できます。

■ JavaScript

```javascript
setTimeout(function() {
  // 任意の処理
  console.log(this); // windowオブジェクト
}, 1000); // 1000ミリ秒後に実行
```

ただ、setTimeout()メソッドとfunctionを使うとthisのスコープが変わる場合もあるため、プロパティーへの参照がうまくいかないこともあるでしょう。thisのスコープがはずれないアロー関数と組み合わせて使うといいでしょう。

■ JavaScript

```
setTimeout(() => {
  // 任意の処理
  console.log(this); // このオブジェクト
}, 1000); // 1000ミリ秒後に実行
```

サンプルとして、現在時刻を表示するコードを紹介します。console.log()メソッドで時刻を表示するようにしていますが、setTimeout()メソッドで呼び出したコードは起動時の時刻に対して、1秒後に処理されていることがわかります。

■ JavaScript　　　　　　　　　　　　　　　　　　　　　　　　　　219/main.js

```
console.log('起動時の時刻', new Date().toLocaleTimeString());

setTimeout(() => {
  // 任意の処理
  console.log('setTimeout後の時刻', new Date().toLocaleTimeString());
}, 1000); // 1000ミリ秒後に実行
```

▼ 実行結果

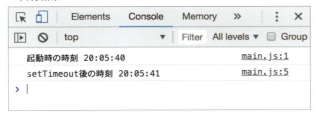

220 一定時間後の処理を解除したい

利用シーン setTimeout()メソッドで仕込んだ処理をキャンセルしたいとき

Syntax

メソッド	意味	戻り値
clearTimeout(タイマーID)	setTimeout()メソッドで登録した呼び出しをキャンセルする	なし

setTimeout()メソッドで指定したものの、実行されるまでの間でキャンセルしたいこともあるでしょう。そのときはclearTimeout()メソッドを使います。setTimeout()メソッドの戻り値はタイマーIDと呼ばれる数値です。キャンセルしたいタイミングでclearTimeout()メソッドにタイマーIDを渡すことで、setTimeout()メソッドの呼び出しを解除できます。

■ JavaScript

```javascript
const timerId = setTimeout(timer1, 1000); // 1000ミリ秒後に実行
function timer1() {
  // 任意の処理
}

clearTimeout(timerId); // 解除
```

221 一定時間ごとに処理を行いたい

利用シーン
- 周期的に処理を行いたいとき
- アニメーション用途に関数を呼び出したいとき

Syntax

メソッド	意味	戻り値
setInterval(関数, ミリ秒)	指定時間間隔で連続で関数を呼び出す	数値

setInterval()メソッドを使うことで指定ミリ秒数の間隔で関数を実行できます。setTimeoutの場合は一度きりしか呼ばれませんでしたが、setIntervalはウェブページを開いている間、指定時間の間隔で常に実行されます。

■ JavaScript

```javascript
setInterval(timer1, 1000); // 1000ミリ秒ごとに実行
function timer1() {
  // 任意の処理
}
```

第一引数に関数を、第二引数にミリ秒（1000分の1秒）を数値で指定します。
匿名関数を使って記述できます。スコープが変わるため、アロー関数と組み合わせて使うといいでしょう。

■ JavaScript

```javascript
setInterval(() => {
  // 任意の処理
}, 1000); // 1000ミリ秒ごとに実行
```

サンプルとして、現在時刻を表示するコードを紹介します。console.log()メソッドで時刻を表示するようにしていますが、setInterval()メソッドで呼び出したコードは起動時の時刻に対して、1秒ごとに処理されていることがわかります。

221

一定時間ごとに処理を行いたい

■ **JavaScript** 221/main.js

```javascript
console.log('起動時の時刻', new Date().toLocaleTimeString());

setInterval(() => {
  // 任意の処理
  console.log('setIntervalでの時刻', new Date().toLocaleTimeString());
}, 1000); // 1000ミリ秒後に実行
```

▼ 実行結果

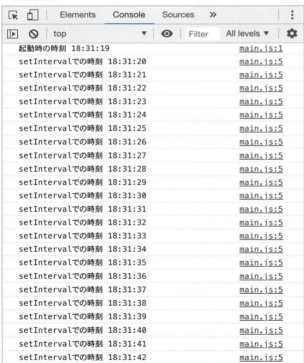

222 一定時間ごとの処理を解除したい

利用シーン: setInterval()メソッドで仕込んだ処理をキャンセルしたいとき

Syntax

メソッド	意味	戻り値
clearInterval(インターバルID)	setInterval()メソッドで登録した呼び出しをキャンセルする	なし

setInterval()メソッドで指定したものの、実行されるまでの間でキャンセルしたいこともあるでしょう。そのときはclearInterval()メソッドを使います。setInterval()メソッドの戻り値は数値となります。この数値を変数に保存しておき、キャンセルしたいタイミングでclearInterval()メソッドにその数値を渡します。

■ JavaScript

```javascript
const interlvalId = setInterval(timer1, 1000); // 1000ミリ秒ごとに実行
function timer1() {
  // 任意の処理
}

clearInterval(interlvalId); // 解除
```

たとえば、1秒ごとに3回だけ関数を呼び出すコードは次のようになります。

■ JavaScript

```javascript
const interlvalId = setInterval(timer1, 1000);
let count = 0;
// 1000ミリ秒ごとに実行
function timer1() {
  count += 1;
  console.log(count, new Date().toLocaleTimeString()); // 数値を出力
  if (count === 3) {
    clearInterval(interlvalId); // 解除
  }
}
```

222 一定時間ごとの処理を解除したい

▼ 実行結果

```
1 "21:02:16"
2 "21:02:17"
3 "21:02:18"
>
```

223 非同期処理を行える Promiseを使いたい

 非同期処理を扱いたいとき

Syntax

メソッド	意味	戻り値
new Promise(関数)	プロミスを作成する	Promiseインスタンス
Promiseインスタンス.then(関数)	成功したときのコールバック関数を呼び出す	Promise

Promiseオブジェクトは非同期処理を扱える機能です。Promiseを使うと非同期処理を扱いやすくなるため、コードの可読性が向上します。fetch()メソッドをはじめブラウザー標準の機能にもPromiseを使うものが増えていたり、await・asyncのような記述方法の基本となったりしているので、習得しておきたい基本機能のひとつといえるでしょう。

Promiseのコンストラクター引数には非同期処理を行う関数を指定します。この関数のなかでは、非同期処理の完了としてのresolve()メソッドが呼ばれるのを待機します。Promiseインスタンスのthen()メソッドを使うと、resolve()メソッドが実行された後に続けたい処理を記述できます。次のコードは一秒後に続く処理を、Promiseを使って記述したものです。

■ **JavaScript**

```javascript
const promise = new Promise((resolve) => {
  setTimeout(() => {
    // resolve()を呼び出すとPromiseの処理が完了
    resolve();
  }, 1000);
});

// then()メソッドで続く処理を記述できる
promise.then(() => {
  console.log('次の処理'); // 一秒後に実行される
});
```

resolve()メソッドの引数には任意の値を設定できます。ここに設定した引数がthen()メソッド内の処理で使用できます。

223 非同期処理を行えるPromiseを使いたい

■JavaScript

```javascript
const promise = new Promise((resolve) => {
  setTimeout(() => {
    resolve('orange');
  }, 1000);
});

promise.then((value) => {
  console.log(value); // 結果: 'orange'
});
```

224 Promiseで処理の成功時・失敗時の処理を行いたい

利用シーン **失敗する可能性のある非同期処理を扱いたいとき**

Syntax

メソッド	意味	戻り値
Promiseインスタンス.catch(関数)	失敗したときのコールバック関数を呼び出す	Promise

Promiseで失敗時の処理を行いたいときは、コンストラクターの引数にrejectを含む関数を指定します。rejectは処理が失敗したことを示す処理を割り当てます。rejectが実行された場合には、catch()メソッドが呼ばれます。

■ **JavaScript**

```javascript
const promise = new Promise((resolve, reject) => {
  if (flag === true) {
    resolve('orange');
  } else {
    reject('apple');
  }
});

promise.then((value) => {
  console.log(value); // 結果: 'orange'
});

promise.catch((value) => {
  console.log(value); // 結果: 'apple'
});
```

これはメソッドチェーン（各メソッドをつなげること）として記述できます。メソッドチェーンとして記述すれば、コードがコンパクトとなるので積極的に利用するといいでしょう。

Promiseで処理の成功時・失敗時の処理を行いたい

■JavaScript
```javascript
new Promise((resolve, reject) => {
  if (flag === true) {
    resolve('orange');
  } else {
    reject('apple');
  }
})
  .then((value) => {
    console.log(value); // 結果: 'orange'
  })
  .catch((value) => {
    console.log(value); // 結果: 'apple'
  });
```

225 Promiseで並列処理をしたい

利用シーン: 非同期処理を一斉に開始し、すべての完了を待ってから処理したいとき

Syntax

メソッド	意味	戻り値
Promise.all(配列)	複数のPromiseを並列に実行する	Promise

複数の処理を同時に実行させ、すべてが完了したときに次の処理につなげるにはPromise.all()メソッドを利用します。Promiseインスタンスを含む配列を作成し、Promise.all()メソッドの引数として割り当てます。Promiseですべての処理が完了したときに、then()メソッドで指定した関数が呼ばれます。並列処理の場合は、配列の順番通りに処理が終わるわけではありません。

■JavaScript
225/main.js

```javascript
// 配列を作成
const arrFunc = [];
for (let i = 0; i < 5; i++) {
  const func = (resolve) => {
    console.log(`処理${i}を開始`, new Date().toLocaleTimeString());
    // 0〜2秒ぐらいで遅延
    const delayMsec = 2000 * Math.random();

    // 遅延処理
    setTimeout(() => {
      console.log(`処理${i}が完了`, new Date().toLocaleTimeString());
      resolve();
    }, delayMsec);
  };
  // 配列に保存
  arrFunc.push(func);
}

console.log(arrFunc);

// 関数を含めた配列を、Promiseの配列に変換
```

225 Promiseで並列処理をしたい

```javascript
const arrPromise = arrFunc.map((func) => new Promise(func));

console.log(arrPromise);

// 並列処理を実行
Promise.all(arrPromise).then(() => {
  console.log('すべての処理が完了しました');
});
```

▼ 実行結果

```
▼(5) [f, f, f, f, f]                              main.js:21
  ▶ 0: (resolve) => {…}
  ▶ 1: (resolve) => {…}
  ▶ 2: (resolve) => {…}
  ▶ 3: (resolve) => {…}
  ▶ 4: (resolve) => {…}
    length: 5
  ▶ __proto__: Array(0)
処理0を開始 20:42:49                               main.js:5
処理1を開始 20:42:49                               main.js:5
処理2を開始 20:42:49                               main.js:5
処理3を開始 20:42:49                               main.js:5
処理4を開始 20:42:49                               main.js:5
                                                  main.js:26
▼(5) [Promise, Promise, Promise, Promise, Promise]
  ▶ 0: Promise {<resolved>: undefined}
  ▶ 1: Promise {<resolved>: undefined}
  ▶ 2: Promise {<resolved>: undefined}
  ▶ 3: Promise {<resolved>: undefined}
  ▶ 4: Promise {<resolved>: undefined}
    length: 5
  ▶ __proto__: Array(0)
処理3が完了 20:42:50                              main.js:12
処理0が完了 20:42:50                              main.js:12
処理2が完了 20:42:50                              main.js:12
処理4が完了 20:42:51                              main.js:12
処理1が完了 20:42:51                              main.js:12
すべての処理が完了しました                          main.js:31
>
```

226 Promiseで直列処理をしたい

 外部データを取得して後続処理につなげたいとき

処理が終わった後に、次の処理をつなげていく書き方を紹介します。たとえば、外部データを取得してから、次の処理に繋げる場合などこの書き方が役立ちます。Promiseのみで実装する方法と、await・asyncを使った記述方法を紹介します。直列処理の場合はawait・asyncを使ったほうがコードを簡潔に書けます。

Promiseのみで実装する方法

■ JavaScript　　　226/sample1/main.js

```javascript
Promise.resolve()
  .then(
    () =>
      new Promise((resolve) => {
        setTimeout(() => {
          console.log('1つめのPromise', new Date().toLocaleTimeString());
          resolve();
        }, 1000);
      })
  )
  .then(
    () =>
      new Promise((resolve) => {
        setTimeout(() => {
          console.log('2つめのPromise', new Date().toLocaleTimeString());
          resolve();
        }, 1000);
      })
  );
```

await・asyncを使った記述方法

■ JavaScript　　　　　　　　　　　　　　　　　　226／sample2／main.js

```javascript
start();

async function start() {
  await new Promise((resolve) => {
    setTimeout(() => {
      console.log('1つめのPromise', new Date().toLocaleTimeString());
      resolve();
    }, 1000);
  });

  await new Promise((resolve) => {
    setTimeout(() => {
      console.log('2つめのPromise', new Date().toLocaleTimeString());
      resolve();
    }, 1000);
  });
}
```

▼ 実行結果

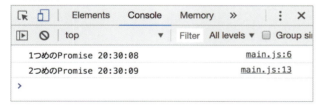

227 Promiseで動的に直列処理をしたい

利用シーン 複数の非同期処理を順番に開始し、すべての完了を待ちたいとき

コードの設計上、Promiseの実行が先にわかっているものであれば先述の方法で実装できます。▶▶226 しかし、動的にPromiseの数が変わってくる場合、さきほどの実装方法では実現できません。その場合は、非同期処理を行う関数を配列に保存しておき、ループ文のなかでPromiseとawaitを使って処理をつなげていきます。Promiseはインスタンス化した瞬間に関数が実行されるので、Promiseは実行の直前までインスタンス化しないことがポイントです。ループ文のなかのawaitはPromiseの完了をまつので、配列に保存した非同期処理を順番に行います。

■ JavaScript　　　　　　　　　　　　　　　　227/main.js

```javascript
// 配列を作成
const listFunctions = [];

// 動的に関数を追加
for (let i = 0; i < 5; i++) {
  // 1秒後に処理をする非同期関数を作成
  const func = (resolve) => {
    // setTimeoutで遅延処理
    setTimeout(() => {
      console.log(`関数${i}が完了しました`, new Date().toLocaleTimeString());
      resolve(); // Promiseを完了
    }, 1000);
  };
  // 配列に保存
  listFunctions.push(func);
}
// 配列の中身を出力
console.log(listFunctions); // 結果: [ [Function: func], ...

execute();

async function execute() {
  // 非同期処理を順番に実行
  for (let i = 0; i < listFunctions.length; i++) {
```

227

Promiseで動的に直列処理をしたい

```
    const func = listFunctions[i];
    await new Promise(func);
  }
}
```

▼ 実行結果

```
(5) [f, f, f, f, f]                    main.js:19
  0: (resolve) => {…}
  1: (resolve) => {…}
  2: (resolve) => {…}
  3: (resolve) => {…}
  4: (resolve) => {…}
  length: 5
  __proto__: Array(0)
関数0が完了しました 20:36:29        main.js:10
関数1が完了しました 20:36:30        main.js:10
関数2が完了しました 20:36:31        main.js:10
関数3が完了しました 20:36:32        main.js:10
関数4が完了しました 20:36:33        main.js:10
```

さまざまなデータの送受信方法

Chapter
14

228 JSONの概要を知りたい

利用シーン
- ネットワークからデータを送受信したいとき
- データを定義したいとき

JSONとは汎用的なデータ形式です。サーバーとの通信に使ったり、外部ファイルとしてデータを保存したりする場合に使います。JSONはJavaScriptだけでなく、PHPやJavaなど他のプログラム言語でも利用されます。JSONはテキストエディターで編集できたり、JavaScriptの読み込みが簡単だったり、どんな構造のデータでも柔軟に記録できたりといった利点があります。

JSONファイルの構造を確認しましょう。例として、学校のあるクラスの情報をJSONデータとして定義します。4年C組は生徒が40人存在するという情報は次のように定義できます。

■JSON　　　　　　　　　　　　　　　　　JSONのデータ・フォーマット例

```json
{
  "students": 40,
  "grade": 4,
  "name": "C組"
}
```

JSONデータはキーと値を組み合わせて定義します。上記だと、studentsがキーに、40が値となります。キーは文字列のみとなり必ずダブルクオーテーションで囲みます。基本的にはJavaScriptの文法がそのまま使え、値は数値、文字列、真偽値、配列、オブジェクト型が使えます。

配列とオブジェクトを使うと、構造化された情報を定義できます。次の例は「別所分校」という学校に生徒数40名の4年C組と生徒数20名の2年B組が存在することを示したものです。JSONはオブジェクトのなかにオブジェクトを含められるため、深い階層のデータを定義できます。

■JSON

```json
{
  "name" : "別所分校",
  "classes" : [
    {
      "students": 40,
      "grade": 4,
      "name": "C組"
    },
    {
```

```
        "students": 20,
        "grade": 2,
        "name": "B組"
    },
]
}
```

JavaScriptのオブジェクトと配列は要素の最後のカンマは許容されていますが、JSONでは最後のカンマは文法エラーとなります。

▪JSON　　　　　　　　　　　　　　　　　　　　　　　　　　　　　　　　　　OK

```
{
  "name" : [1, 2, 3, 4]
}
```

▪JSON　　　　　　　　　　　　　　　　　　　　　　　　　　　　　　　　　　NG

```
{
  "name" : [1, 2, 3, 4,]
}
```

文字列の定義はダブルクオートを利用します。シングルクオートや、ダブルクオートなしの場合は、文法エラーになります。

▪JSON　　　　　　　　　　　　　　　　　　　　　　　　　　　　　　　　　　OK

```
{
  "name" : [1, 2, 3, 4]
}
```

▪JSON　　　　　　　　　　　　　　　　　　　　　　　　　　　　　　　　　　NG

```
{
  name: [1, 2, 3, 4];
}
```

▪JSON　　　　　　　　　　　　　　　　　　　　　　　　　　　　　　　　　　NG

```
{
  'name' : [1, 2, 3, 4]
}
```

229 JSONをパースしたい

- JSONの文字列をJavaScriptのオブジェクトに展開したいとき
- ネットワークから読み込んだJSON文字列を扱いたいとき

Syntax

メソッド	意味	戻り値
JSON.parse(文字列)	JSON形式の文字列を、JSONオブジェクトに変換	オブジェクト

文字列をJSONとして解析し、JavaScriptの値やオブジェクトに変換するにはJSON.parse()メソッドを使います。JSON.parse()メソッドで展開した文字列はJavaScriptのオブジェクトに展開されているので、ドットでキーを参照できます。

■ JavaScript

```javascript
// JSON文字列
const jsonString = `{ "students": 40, "grade": 4, "name": "C組" }`;

// 文字列をJavaScriptのオブジェクトに変換
const data = JSON.parse(jsonString);

console.log(data); // 結果は図版を参照

console.log(data.students); // 結果: 40
console.log(data.grade); // 結果: 4
console.log(data.name); // 結果: "C組"
```

▼ 実行結果

```
▼ {students: 40, grade: 4, name: "C組"}
    grade: 4
    name: "C組"
    students: 40
  ▶ __proto__: Object
40
4
C組
```

230 オブジェクトをJSONに変換したい

利用シーン　JavaScriptのオブジェクトをJSONの文字列に変換したいとき

Syntax

メソッド	意味	戻り値
JSON.stringify(obj)	JavaScriptオブジェクトをJSON文字列に変換	文字列

JSON.stringify()メソッドを使うと、JavaScriptのオブジェクトをJSON文字列に変換できます。引数にはオブジェクトを指定します。

■ JavaScript

```javascript
const data = {a: 1000, b:'こんにちは、世界'};
const str = JSON.stringify(data);

console.log(str); // 結果:　{ "a": 1000, "b": "こんにちは、世界" }
```

▼ 実行結果

```
{"a":1000,"b":"こんにちは、世界"}
```

231 JSONの変換時にインデントを付けたい

利用シーン
- JavaScriptのオブジェクトをJSONの文字列に変換したいとき
- JSONにインデントを付け可読性をあげたいとき

Syntax

メソッド	意味	戻り値
JSON.stringify(obj, null, ' ')	JavaScriptオブジェクトをインデント付きでJSON文字列に変換	文字列

JSON.stringify()メソッドの第三引数はJSON文字列に改行とインデントを挿入するために使います。インデントとして利用したい文字列を指定します。数値を指定した場合はスペースの数になります。たとえば以下のように利用します。

■ JavaScript

```javascript
const data = {a: 1000, b:'こんにちは、世界'};
const str = JSON.stringify(data, null, '  ');
console.log(str);
```

▼ 実行結果

```
{
  "a": 1000,
  "b": "こんにちは、世界"
}
```

232 JSONの変換ルールをカスタマイズしたい

利用シーン　部分的にデータをJSONに変換したくないとき

Syntax

メソッド	意味	戻り値
JSON.stringify(obj, replacer)	JavaScriptオブジェクトを一部のデータを変換してJSON文字列に変換	文字列

JSON.stringify()メソッドの第二引数はリプレイサーと呼ばれる関数を指定します。JSONデータへ変換するときに独自のルールを設定できます。

たとえば、数値の場合は無効化し、文字列だけを変換するようにしています。

■ JavaScript

```javascript
const replacer = (key, value) => {
  // 数値だったら無視する
  if (typeof value === 'number') {
    return undefined;
  }
  return value;
};

const obj = {
  pref: 'tokyo',
  orange: 100,
  flag: true,
  apple: 100
};
const str = JSON.stringify(obj, replacer, '  ');
console.log(str);
```

▼ 実行結果

```
{
  "pref": "tokyo",
  "flag": true
}
```

233 fetch()メソッドでテキストを読み込みたい

 データを取得したいとき

Syntax

メソッド	意味	戻り値
fetch(URL)	URLからデータを取得	Promise

fetch()メソッドを使えば外部ファイルを簡単に受信できます。プログラム上からはデータのダウンロードが済むまでの時間がわからないため、非同期処理として実装します。具体的にはPromiseのthen()メソッドを利用します。fetch()でデータを得た後にはthen()が呼び出されます。これが第一段階です。コードの①に相当します。

ネットワークから読み込んだデータにはさまざまな形式があるため、プログラムで目的とするデータ形式として解析しなければなりません。今回はテキストデータとして読み込みたいので、①で得たデータにtext()メソッドを実行して、テキストデータとして解析します。この結果を受けて、次のthen()で解析した結果を受け取られます。これが第二段階です。ここがコードの②と③に相当します。

Promiseを使った場合は次の構文で利用できます。

Promiseのみで記載した場合
■JavaScript

```javascript
fetch('sample.txt') // ①
  .then((data) => data.text()) // ②
  .then((text) => {
    console.log(text);
  }); // ③
```

await・asyncを使った記述方法

await・asyncを使った場合は次の構文で利用できます。await・asyncはPromiseによる非同期処理を同期処理のようにわかりやすく書けることが利点です。

■JavaScript（部分） 233/main.js

```javascript
async function load() {
  const data = await fetch('sample.txt'); // ①
  const text = await data.text(); // ②
  console.log(text); // ③
  // テキストを出力
  document.querySelector('#log').innerHTML = text;
}

load();
```

▼実行結果

fetch()メソッドでJSONを読み込みたい

利用シーン JSON形式のテキストファイルを読み込みたいとき

JSONを扱うには2段階の手順を踏みます。まずはfetch()メソッドでデータを読み込みます。その次にjson()メソッドを実行します。そうすることでJSONフォーマットとして解析でき、JSONオブジェクトとして取り扱えます。

Promiseのみで記載した場合
■JavaScript

```javascript
fetch('sample.json')
  .then((data) => data.json())
  .then((obj) => {
    console.log(obj);
  });
```

await・asyncを使って記載した場合
■JavaScript（部分）

234/main.js

```javascript
async function load() {
  // ファイルを読み込む
  const data = await fetch('sample.json');
  // JSONとして解析
  const obj = await data.json();
  console.log(obj); // 結果: {name: "別所分校", classes: Array(2)}
  // テキストを出力
  document.querySelector('#log').innerHTML =
JSON.stringify(obj, null, '  ');
}

load();
```

▼ 実行結果

```
▼ {name: "別所分校", classes: Array(2)} ℹ
  ▼ classes: Array(2)
    ▶ 0: {students: 40, grade: 4, name: "C組"}
    ▶ 1: {students: 20, grade: 2, name: "B組"}
      length: 2
    ▶ __proto__: Array(0)
    name: "別所分校"
  ▶ __proto__: Object
```

235 fetch()メソッドでXMLを読み込みたい

利用シーン **XML形式のテキストファイルを読み込みたいとき**

XMLはデータを表現するマークアップ言語の一種です。主にサーバー間のデータのやりとりの目的で使われ、記述形式がわかりやすいという特徴があります。HTMLのように開始タグと終了タグで値を定義し、属性値で補助的な情報を付与します。複雑な情報表現ができるため、さまざまな目的で使われています。
XMLの場合はデータを読み込んだ後に、データを参照するのに手間がかかります。対して、JSONの場合は読み込んだ段階でJavaScriptのデータ型に展開されるため、JSONのほうがコード量も少なくなります。

■ XML

XMLのデータ・フォーマット例

```xml
<data version="1">
  <orange>1</orange>
  <apple>2</apple>
</data>
```

Promiseのみで記載した場合

■ JavaScript

```javascript
fetch('sample.xml')
  .then((response) => response.text())
  .then((str) => new DOMParser().parseFromString(str, 'application/xml'))
  .then((xml) => {
    console.log(xml);
    console.log(xml.querySelector('orange').innerHTML);
  });
```

await・asyncを使って記載した場合
■ JavaScript（部分） 235/main.js

```javascript
async function load() {
  // ファイルを読み込む
  const response = await fetch('sample.xml');
  // テキストとして解析
  const text = await response.text();
  // XMLとして解析
  const xml = new DOMParser().parseFromString(text,
'application/xml');

  console.log(xml); // 結果: #document
  // テキストを出力
  document.querySelector('#log').textContent = text;
}

load();
```

▼ 実行結果

```
▼#document
    <data version="1">
      <orange>1</orange>
      <apple>2</apple>
    </data>
```

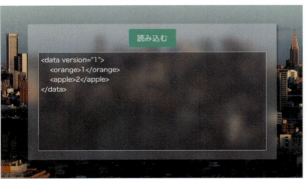

236 fetch()メソッドでバイナリを読み込みたい

利用シーン
- バイナリファイルを読み込みたいとき
- テキストファイルではない形式を扱いたいとき

画像や3Dデータの多くはテキストではないフォーマットで保存されています。これらはバイナリ形式と呼びます。バイナリ形式で読み込むにはblob()メソッドで展開します。バイナリをウェブで扱う場面は、3Dデータや画像解析の分野などがあります。

Promiseのみで記載した場合

■ JavaScript

```javascript
const btn = document.querySelector('button');
btn.addEventListener('click', () => {
  fetch('./sample.jpg')
    .then((res) => res.blob())
    .then((blob) => {
      const image = new Image();
      image.src = URL.createObjectURL(blob);
      document.body.appendChild(image);
    });
});
```

await・asyncを使って記載した場合

■ JavaScript（部分）　　　　　　　　　　　　　　　236／main.js

```javascript
async function load() {
  // データを読み込む
  const res = await fetch('./sample.jpg');
  // blob として解析する
  const blob = await res.blob();

  // img 要素を作る
  const image = new Image();
  // blob を src 属性に代入
  image.src = URL.createObjectURL(blob);
  // 画面に表示する
  document.querySelector('#log').appendChild(image);
}

load();
```

▼ 実行結果

237 fetch()メソッドでデータを送信したい

利用シーン
- ●ウェブサーバーのプログラムにデータを渡したいとき
- ●ウェブサーバーと連携したプログラムを作りたいとき

ウェブサーバーのプログラムにデータを渡したいときにもfetch()メソッドを利用できます。データ送信方法として、GET方式とPOST方式の2種類があります。

ウェブコンテンツのURLに「?key=value」のような文字が入ったURLを見かけたことはありませんか？ URLにパラメーターを付与する方式をGET方式といいます。URLでウェブページの結果が一意に決まるような場面で最適です。GET方式はSEO（検索エンジン最適化）と相性がよいとされています。

ただし、URLにパラメーターが入っていると、送信データの中身が丸見えといったプライバシーの問題もあります。URLはさまざまな場面（たとえば、アクセス解析など）でログとして残ってしまう可能性があるので、プライバシーに関することはGETパラメーターとして含めないのが一般的です。そのため、フォームの内容やプライバシーに関するデータはPOST方式を利用します。POST方式の場合はURLにフォームの送信情報が載りません。また、HTTPSプロトコルで通信している限りはPOSTの中身は第三者が見れません。そのため安全にデータを送信できます。

ここではPOST方式で解説を進めます。

POSTで送信する場合はメソッドとヘッダー、ボディー情報を指定します。どのようなデータをサーバーに送信するかによってコードが変わってきます。さまざまな方法があるので、主要な方式を紹介します。

JSONフォーマットで送る場合（application/json方式）

JSONフォーマットでサーバーにデータを送る方法です。fetch()メソッドの第二引数にオプションを指定します。データを送信したら、サーバーからのレスポンスを受け取ることにします。サーバーからのレスポンスを確認しないと、通信が成功したかどうかがわからないためです。

■ JavaScript

```javascript
const obj = {hello: 'world'};

const data = {
  method: 'POST',
  headers: {
    'Content-Type': 'application/json'
  },
  body: JSON.stringify(obj)
};

fetch('./new', data)
  .then((res) => res.text())
  .then(console.log);
});
```

PHPではfile_get_contents('php://input')メソッドを使って、入力値を受け取ります。この段階では文字列として受け取っているので、文字列をPHPでJSONデータとして変換する必要があります。json_decode()メソッドを使って変換します。

■ PHP

```php
<?php
$json_string = file_get_contents('php://input'); ##今回のキモ

// PHPで文字列をJSONデータとして展開する
$obj = json_decode($json_string);

echo $obj->{"hello"};
```

フォーム方式で送る場合（multipart/form-data方式）

次はフォーム形式で送ります。この方法はPHP側で値を受け取りやすいといったメリットがあります。JavaScriptでFormDataオブジェクトを利用すると、キー・バリューの組み合わせで送信データを定義できます。この場合、サーバー側にはmultipart/form-dataというフォーマットで送信されますが、これは主に画像や添付ファイルなどをサーバーへアップロードするときに使用されるフォーマットです。サンプルコードは以下のようになります。Content-Typeの値は自動的に設定されるので、コード上で明示的に指定しないでください。

■JavaScript

```javascript
const body = new FormData();
body.set('hello', 'world');

const data = {
  method: 'POST',
  body: body
};

fetch('./new', data)
  .then((res) => res.text())
  .then(console.log);
```

PHP側では$_POST連想配列の中に自動的に値が保存されています。キーを指定し、値を出力しましょう。

■PHP

```php
<?php
echo $_POST["hello"];
```

fetch()メソッドでデータを送信したい

フォーム方式で送る場合（application/x-www-form-urlencoded方式）

このフォーマットは「[キー1=値1&キー2=値2&...]」という形でキーと値のペアをサーバーに送信します。日本語などのマルチバイト文字は使用できないのでURLエンコードをしてサーバーへ送信します。URLSearchParamsのインスタンスを作成し、set()メソッドでキーと値を設定します。送信時には、明示的にheadersのContent-Typeの値を「application/x-www-form-urlencoded; charset=utf-8」と指定します。

■ JavaScript

```javascript
const params = new URLSearchParams();
params.set('hello', 'world');

const data = {
  method: 'POST',
  headers: {
    'Content-Type': 'application/x-www-form-urlencoded; charset=utf-8'
  },
  body: params
};

fetch('./form_xform.php', data)
  .then((res) => res.text())
  .then(console.log);
```

PHP側では$_POST連想配列の中に自動的に値が保存されています。キーを指定し、値を出力しましょう。

■ PHP

```php
<?php
echo $_POST["hello"];
```

238 XMLHttpRequestでテキストを読み込みたい

利用シーン　古いブラウザーでデータ通信をしたいとき

Syntax

メソッド	意味	戻り値
new XMLHttpRequest()	インスタンスを生成する	XMLHttpRequest
open(メソッド, url)	リクエストを初期化する	なし
send()	リクエストを送信する	なし

fetch()メソッドよりも昔から存在する機能でXMLHttpRequestというJavaScriptの機能があります。XMLHttpRequestはfetch()メソッドよりも冗長な制御をしなければなりませんが、低レベルの制御ができたり、古いブラウザーでも利用できたりするといった利点があります。
XMLHttpRequestオブジェクトのインスタンスの、読み込みが完了したことを示すloadイベントを監視します。イベントハンドラーではresponseTextプロパティーを参照することで、通信で取得した文字列を参照できます。

■ **JavaScript（部分）**　　　　　　　　　　　　　　　　　　238/main.js

```javascript
// XHRを作成
const req = new XMLHttpRequest();
// 読み込み完了時のイベント
req.addEventListener('load', (event) => {
  // レスポンスを受け取る
  const text = event.target.responseText;

  // テキストを出力
  document.querySelector('#log').innerHTML = text;
});
// ファイルを指定
req.open('GET', './sample.txt');
// 読み込み開始
req.send();
```

▼ 実行結果

239 XMLHttpRequestでデータの読み込み状況を取得したい

利用シーン
- 外部ファイルの読み込みの割合を調べたいとき
- プログレスバーを表示させたいとき

Syntax

プロパティー	意味	型
event.loaded	現在の読み込み量	数値
event.total	総容量	数値

XMLHttpRequestオブジェクトのインスタンスの、読み込みが進行したことを示すprogressイベントを監視します。イベントハンドラーではtotalプロパティーが総容量を、loadedプロパティーが現在の読み込み量を示します。loadedとtotalの割合を掲載すれば、何パーセントのデータが読み込まれたのか調べられます。

■ HTML（部分） 239／index.html

```html
<div class="progress">
  <div class="progress-bar"></div>
</div>
```

■ CSS 239／style.css

```css
.progress {
  position: relative;
  width: 600px;
  height: 20px;
  border-radius: 10px;
  background: gray;
  overflow: hidden;
  display: block;
  margin: 20px auto;
}

.progress-bar {
  position: absolute;
  background: orangered;
```

```css
  content: '';
  height: 20px;
  display: block;
}
```

■ **JavaScript（部分）**　　　　　　　　　　　　　　239/main.js

```javascript
// XHRを作成
const req = new XMLHttpRequest();
// データの種類を設定
req.responseType = 'blob';

req.addEventListener('progress', (event) => {
  // 読み込みの割合を算出(0〜1)
  const rate = event.loaded / event.total;

  // プログレスバーの幅を変更する
  const element = document.querySelector('.progress-bar');
  element.style.width = `${rate * 100}%`;
});

// 読み込み完了時のイベント
req.addEventListener('load', (event) => {
  // レスポンスを受け取る
  const data = event.target.response;
  // 画像データに変換
  const source = URL.createObjectURL(data);

  // 画像を作成
  const image = new Image();
  image.src = source;
  // テキストを出力
  document.querySelector('#log').appendChild(image);
});
// ファイルを指定
req.open('GET', './sample.jpg');
// 読み込み開始
req.send();
```

▼ 実行結果

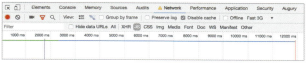

Google Chromeでは[Network]タブの一番右側のネットワーク帯域を「Fast 3G」に変更すると確認しやすい

240 XMLHttpRequestで読み込み中の通信をキャンセルしたい

利用シーン すでに開始したネットワーク通信をキャンセルしたいとき

Syntax

メソッド	意味	戻り値
abort()	通信を中断する	なし

XMLHttpRequestオブジェクトのインスタンスのabort()メソッドを使うと、そのインスタンスが行っている通信を中断できます。中断すると、中断したことを示すabortイベントが発生し、loadイベントは発生しません。次のサンプルではわざと50％の確率で読み込みを失敗するように記述しています。何度か読み込みを試すと、読み込みに失敗し、画面上に「読み込みに失敗しました」と表示されます。

■ JavaScript（部分） 240/main.js

```javascript
// XHRを作成
const req = new XMLHttpRequest();
// データの種類を設定
req.responseType = 'blob';

// 読み込みに失敗したときのイベント
req.addEventListener('abort', (event) => {
  // 画面に表示
  document.querySelector('#log').textContent = '読み込みに失敗しました';
});

// 読み込み完了時のイベント
req.addEventListener('load', (event) => {
  中略
});
// ファイルを指定
req.open('GET', './sample.jpg');
// 読み込み開始
req.send();
```

240 XMLHttpRequestで読み込み中の通信をキャンセルしたい

```
// 50%の確率で
if (Math.random() > 0.5) {
  // わざと読み込みを中断する
  req.abort();
}
```

▼ 実行結果

画像の読み込みに成功した場合

画像の読み込みに失敗した場合

241 バックグランドでスクリプトを実行させたい

利用シーン **負荷の高い処理を実行したいとき**

Syntax

メソッド	意味	戻り値
new Worker(ファイルパス)	Web Workerのインスタンスを作成する	インスタンス

JavaScriptはメインスレッドで動作しますが、負荷の高い処理を実行すると、その最中は操作不能となります。JavaScriptの処理がUIを担当するメインスレッドを止めてしまうためです。解決する手段のひとつにWeb Workerという仕様があります。Web Workerはメインスレッドのイベントと分離して処理が実行されます。Web Workerで負荷の高い計算処理を実行する場合に役立ちます。注意点として、Web Workerはメインのスクリプトとはスレッドが異なるので、DOM操作ができません。また、Web Workerはページが開いているときのみ実行されます。

Web Workerとメインスレッドとでデータをやり取りにするには、postMessage()メソッドを使ってメッセージを送信し、受け取ったメッセージにはonmessageイベントハンドラーで返信します。メッセージはonmessageイベントのdata属性に格納されます。

■ HTML
241/index.html

```html
<div class="wrap">
  <input type="number" value="1" id="numA" /> +
  <input type="number" value="2" id="numB" /> =
  <span class="result"></span>
</div>
<button>計算する</button>
```

■ JavaScript
241/main.js

```javascript
// 参照を取得
const numA = document.querySelector('#numA');
const numB = document.querySelector('#numB');
const result = document.querySelector('.result');
const btn = document.querySelector('button');
```

```javascript
// ワーカーを作成
const worker = new Worker('worker.js');

// ボタンをクリックしたとき
btn.addEventListener('click', () => {
  worker.postMessage([Number(numA.value), Number(numB.value)]);
  console.log('[メインスクリプト] ワーカーへメッセージを送信');
});

// ワーカーから受信したとき
worker.onmessage = function(e) {
  // 結果を画面に表示
  result.textContent = e.data;
  console.log('[メインスクリプト] ワーカーからメッセージを受信');
};
```

■ JavaScript　　　　　　　　　　　　　　　　　　　　　　241／worker.js

```javascript
onmessage = (e) => {
  console.log('[ワーカー] メインスクリプトからメッセージを受信');

  // 足し算を実行
  const result = e.data[0] + e.data[1];

  console.log('[ワーカー] メインスクリプトにメッセージを送信');
  postMessage(result);
};
```

241

バックグランドでスクリプトを実行させたい

▼ 実行結果

main.jsとworker.jsは別のファイルとする必要がある

242 バックグランドでサービスワーカーを実行させたい

利用シーン ブラウザーの裏側でネットワークの監視をしたいとき

Syntax

メソッド	意味	戻り値
navigator.serviceWorker.register()	サービスワーカーを登録する	Promise

サービスワーカーは開いているウェブページの裏側で常に起動するスクリプトです。Web Workerはページが開いているときのみ実行されるのに対して、サービスワーカーはブラウザーを閉じていても実行できるという利点があります[※]。プッシュ通知やキャッシュ機能を利用するのに役立ちます。

※ 執筆時点ではGoogle ChromeとMozilla Firefox、Microsoft Edgeのみがブラウザーを閉じていても実行できます。Safari 12はブラウザー終了時にはServiceWorkerは動作しません。

■ JavaScript　　　　　　　　　　　　　　　　　　　　　　　　　242/main.js

```javascript
if ('serviceWorker' in navigator) {
  navigator.serviceWorker
    .register('serviceworker.js')
    .then((registration) => {
      // 登録成功
      console.log('ServiceWorkerの登録に成功');
    })
    .catch((error) => {
      // 登録失敗
      console.log('ServiceWorkerの登録に失敗: ', error);
    });
}
```

■ JavaScript　　　　　　　　　　　　　　　　　　　　　　242/serviceworker.js

```javascript
self.addEventListener('fetch', (event) => {
  console.log('通信が発生', event.request);
});
```

main.jsとserviceworker.jsは別のファイルとする必要がある

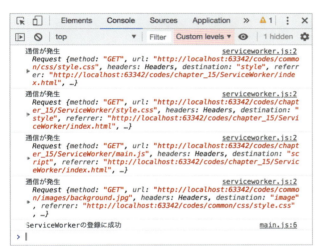

サービスワーカーでは通信情報を監視できる

> **Column　サービスワーカーでキャッシュ機能を利用するには**
>
> キャッシュ機能を利用するにはGoogleが提供するライブラリWorkboxを利用するのがいいでしょう。サービスワーカーに、URLルールを記載することで、サービスワーカーのキャッシュが利用可能になります。オフライン時にウェブページを表示させたり、HTTPキャッシュよりも強力なキャッシュ機能を構築できたりするためウェブサイトの高速な配信に役立ちます。

Workbox | Google Developers
https://developers.google.com/web/tools/workbox/

■ **JavaScript**　サービスワーカーのJavaScriptのコード例

```
// JSライブラリを読み込む
importScripts(
  'https://storage.googleapis.com/workbox-cdn/releases/3.4.1/workbox-sw.js'
);

// Googleフォントのキャッシュ戦略
workbox.routing.registerRoute(
  new RegExp('https://fonts.(?:googleapis|gstatic).com/(.*)'),
  workbox.strategies.cacheFirst({
    cacheName: 'google-fonts',
    plugins: [
      new workbox.cacheableResponse.Plugin({
        statuses: [0, 200]
      })
    ]
  })
);
```

243 プッシュ通知を実行させたい

利用シーン　ブラウザーからOSのプッシュ通知枠を使って通知させたいとき

Syntax

プロパティー	意味	戻り値
Notification.permission	ブラウザーが通知を許可しているか	文字列

Syntax

メソッド	意味	戻り値
Notification.requestPermission()	通知の許可を求める	なし
new Notification(通知タイトル)	通知する	Notification

JavaScriptのNotification APIを使用することで、ウェブサイトからユーザーにプッシュ通知を送ることができます。プッシュ通知はOSの通知枠を使って表示されます。ブラウザーがアクティブでない状態でも、プッシュ通知が届けばユーザーへ通知し行動を促す有効な手段となります。

■ JavaScript　　　　　　　　　　　　　　　243/main.js

```javascript
const btn = document.querySelector('button');
btn.addEventListener('click', notify);

// 通知を試みる
function notify() {
  switch (Notification.permission) {
    case 'default': // デフォルト状態だったら
      // 通知の許可を求めます
      Notification.requestPermission();
      break;
    case 'granted': // 許可されていれば
      // 許可されている場合はNotificationで通知
      new Notification('こんにちは');
      break;
    case 'denied': // 拒否されていれば
      alert('通知が拒否されています');
```

```
        break;
    }
}
```

通知はブラウザー側への許可制となっています。Notification.permissionプロパティーでブラウザーが通知を許可しているかを確認します。値がdefaultの場合はNotification.requestPermission()メソッドを実行して許可を求めます。

通知の許可を求めるダイアログが表示される

値がgrantedの場合は通知を行えるので、「new Notification("メッセージ")」を実行します。すると、OSの枠を使って通知が表示されます。

macOSの場合は通知センター（画面右上）に表示される

Windows 10の場合は画面右下に表示される

Column
ブラウザーを閉じている場合でも プッシュ通知を使いたい場合

この機能はブラウザーでページを開いているときのみプッシュできます。もし、ブラウザーをこのページを開いていない場合にプッシュ通知したい場合は、サービスワーカーを利用します。サービスワーカーを利用するには、次の記事を参考にしてください。

Webサイトからプッシュ通知を送ろう！ JavaScriptでのプッシュ通知の実装方法 - ICS MEDIA
https://ics.media/entry/11763

ローカルデータの
取り扱い

Chapter
15

244 localStorageを使って ローカルデータを使いたい

 利用シーン 永続的にデータをブラウザーに保存したいとき

Syntax

メソッド	意味	戻り値
localStorage.setItem('myParam', data)	ローカルストレージへの書き込み	なし
localStorage.getItem('myParam')	ローカルストレージからの読み出し	文字列

localStorageはブラウザー上にデータを保存できる手軽な手段です。windowオブジェクトにlocalStorageオブジェクトが存在するので、直接localStorageと記述すればどこからでも呼び出せます。localStorageに保存されたデータには保持期間の制限はありません。

保存時にはsetItem()メソッドを使って保存します。第一引数にはキー名を、第二引数には任意のデータを指定します。文字列や数値、真偽値、オブジェクト、配列などさまざまなデータ型を利用できます。読み出し時にはgetItem()メソッドを使います。第一引数にはキー名を指定します。これは保存時に指定したキー名と同じものです。

■ HTML
244/index.html

```html
<section class="localStorage">
  <h2>ローカルストレージ</h2>
  <input type="text"/>
  <button class="btnSave">保存する</button>
  <button class="btnRead">読み出す</button>
</section>
```

■ JavaScript
244/main.js

```javascript
const section = document.querySelector('.localStorage'); // 親要素を取得
const btnRead = section.querySelector('.btnRead'); // ボタン要素を取得
const btnSave = section.querySelector('.btnSave'); // ボタン要素を取得
const input = section.querySelector('input'); // テキスト入力欄の要素

// 「保存する」ボタンをクリックしたとき
btnSave.addEventListener('click', () => {
  // テキスト入力欄の文字列を取得
```

```javascript
  const data = input.value;

  // ローカルストレージに保存
  localStorage.setItem('myKey', data);
});

// 「読み出す」ボタンをクリックしたとき
btnRead.addEventListener('click', () => {
  // ローカルストレージから読み出す
  const data = localStorage.getItem('myKey');

  // テキスト入力欄の文字列に代入
  input.value = data;
});
```

▼ 実行結果

localStorageを使ってローカルデータを使いたい

プライベートブラウジング・シークレットウインドウの挙動

ブラウザーには履歴を残さないモードとして、プライベートブラウジングの機能があります。プライベートブラウジングの利用時には、ブラウザーごとにlocalStorageの挙動が異なるので注意してください。ウインドウを閉じるまでlocalStorageが保持されているブラウザーもあれば、Safariでは事実上データをlocalStorageに書き込めません。

Google Chromeのシークレットウインドウの場合、一度ブラウザーにlocalStorageの値は保存される。ただし、ブラウザーを開き直すとlocalStorageの値はクリアされる

セッションストレージ

localStorageに似た機能でsessionStorageという機能があります。sessionStorageはlocalStorageと使い方は同じです。localStorageに保存されたデータには保持期間の制限はないのに対して、sessionStorageはセッションが終わると同時に（ブラウザーが閉じられたときに）クリアされます。

245 Storage APIからデータを消したい

利用シーン　ストレージからデータを消したいとき

Syntax

メソッド	意味	戻り値
localStorage.removeItem(キー名)	ローカルストレージからキーをひとつ削除する	なし
localStorage.clear()	ローカルストレージをクリアする	なし

localStorageやsessionStorageからデータを消す際、一部のデータを削除するにはremoveItem()メソッドを使います。引数に指定するのはアイテムのキーです。また、当該ドメインのストレージオブジェクト全体を空にするにはclear()メソッドを使います。

■HTML

245／index.html

```html
<h2>ローカルストレージ</h2>
<input type="text"/>
<p>
  <button class="btnSave">保存する</button>
  <button class="btnRemove">削除する</button>
  <button class="btnClear">すべてクリアする</button>
</p>
```

■JavaScript（部分）

245／main.js

```javascript
// 「保存する」ボタンをクリックしたとき
btnSave.addEventListener('click', () => {
  // テキスト入力欄の文字列を取得
  const data = input.value;

  // ローカルストレージに保存
  localStorage.setItem('myKey1', data);
  localStorage.setItem('myKey2', data);
});
```

```javascript
// 「削除する」ボタンをクリックしたとき
btnRemove.addEventListener('click', () => {
  // ローカルストレージから削除する
  localStorage.removeItem('myKey1');
});

// 「クリアする」ボタンをクリックしたとき
btnClear.addEventListener('click', () => {
  // クリアする
  localStorage.clear();
});
```

▼ 実行結果

ブラウザー表示

「保存する」ボタンでキーをふたつ保存した状態

removeItem()メソッドでキーをひとつ削除した状態

clear()メソッドでローカルストレージを空にした状態

246 Cookieを使ってローカルデータを使いたい

利用シーン　Cookieにデータを保存したいとき

Syntax

プロパティー	意味	型
document.cookie	Cookieを参照する	文字列

Cookieは古くからウェブのデータ保存やセッションの管理に使われてきました。localStorageはさまざまなデータを保存できるのが特徴ですが、Cookieは1次元の文字列でしか保存できません。Cookieの値はクライアントサイドで利用できますが、サーバーサイドでも共有して読み込み、書き換えできます。扱いに工夫が必要ですが、サーバーとの値を共有する場合など利用することもあるでしょう。

Cookieはそのプロパティーで1次元しかデータを持たないので複雑なデータを保存するには注意が必要です。Cookieの値では、=や;などの特殊記号や日本語文字は「%82%A0」のような形式にエンコードして記録しておき、読み出し時にデコードする必要があります。

■ HTML　　　　　　　　　　　　　　　　　　　246/index.html

```html
<section class="cookie">
  <h2>クッキー</h2>
  <button class="btnSave">保存する</button>
  <button class="btnRead">読み出す</button>
</section>
```

■ JavaScript　　　　　　　　　　　　　　　　　246/main.js

```javascript
const btnRead = document.querySelector('.btnRead'); // ボタン要素を取得
const btnSave = document.querySelector('.btnSave'); // ボタン要素を取得

// 「保存する」ボタンをクリックしたとき
btnSave.addEventListener('click', () => {
  // クッキーを保存する（代入しているが、それぞれが保存できる）
  document.cookie = 'id=1';
  document.cookie = 'age=30';
  document.cookie = `name=${encodeURIComponent('山田')}`;
```

```
});

// 「読み出す」ボタンをクリックしたとき
btnRead.addEventListener('click', () => {
  // クッキーを読み出す
  alert(document.cookie);
});
```

▼ 実行結果

ボタンをクリックすると、Cookieへの保存や、読み出しができるようにしている

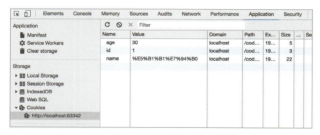

読み出したCookieをalert()メソッドで表示。エンコードされた文字列として保存されている

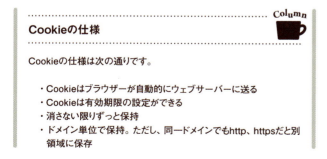

Cookieの値はGoogle Chromeの開発者ツールのApplicationタブで確認できる

………………………………………………………… Column

Cookieの仕様

Cookieの仕様は次の通りです。

- Cookieはブラウザーが自動的にウェブサーバーに送る
- Cookieは有効期限の設定ができる
- 消さない限りずっと保持
- ドメイン単位で保持。ただし、同一ドメインでもhttp、httpsだと別領域に保存

247 Cookieからデータを読み出したい

利用シーン Cookieの値を参照したい

document.cookieの値を読み出しても、キー・バリューがそれぞれ文字列として結合しており、JavaScriptで扱うにも不便です。そこで、Cookieの文字列は連想配列に分解すると使いやすくなります。document.cookie文字列のセミコロンやイコールを分解して、連想配列としてのObjectへ変換するコードを紹介します。気を付けたいのは、Cookieの値はすべて文字列となるという点です。

■ JavaScript（部分） 247/main.js

```javascript
// 「読み出す」ボタンをクリックしたとき
btnRead.addEventListener('click', () => {
  // クッキーを読み出す
  const obj = convertCookieToObject(document.cookie);
  console.log(obj); // コンソールに出力

  document.querySelector('#log').innerHTML =
    JSON.stringify(obj, null, ' ');
});

/**
 * クッキーをObjectに変換します。
 * @param cookies クッキー文字列
 * @return 連想配列
 */
function convertCookieToObject(cookies) {
  const cookieItems = cookies.split(';');

  const obj = {};
  cookieItems.forEach((item) => {
    // 「=」で分解
    const elem = item.split('=');
    // キーを取得
    const key = elem[0].trim();
```

247

Cookieからデータを読み出したい

```
  // バリューを取得
  const val = decodeURIComponent(elem[1]);
  // 保存
  obj[key] = val;
  });
  return obj;
}
```

▼ 実行結果

Cookieでキー・バリュー方式でデータを記録したもの。「読み出す」ボタンをクリックすると、Cookieに保存された値をObject型として取り出せる

スマートフォンの
センサー

Chapter
16

248 位置情報を取得したい

利用シーン マップで現在位置を表示したいとき

Syntax

メソッド	意味	戻り値
navigator.geolocation.getCurrentPosition(成功時の関数, 失敗時の関数)	位置情報を取得する	なし

Syntax

プロパティー	意味	型
position.coords.latitude	緯度	数値
position.coords.longitude	経度	数値
position.coords.accuracy	緯度経度の誤差	数値

GPSは地図アプリやSNSアプリのチェックインなどの位置情報を取得する際に使用されるセンサーです。Geolocation APIでアクセスできます。位置情報を取得するためにはnavigator.geolocation.getCurrentPosition()メソッドを使います。ここで取得したposition.coords.accuracyプロパティーは緯度経度の誤差を示しており、取得した緯度経度の位置から半径○m以内に実際の位置があるということを表しています。

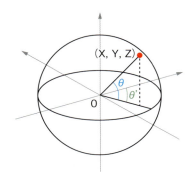

θ ＝仰角（緯度）
θ' ＝方位角（経度）

■ JavaScript

```javascript
// 現在位置の取得
navigator.geolocation.getCurrentPosition(geoSuccess, geoError);

// 取得成功
function geoSuccess(position) {
  // 緯度
  const lat = position.coords.latitude;
  // 経度
  const lng = position.coords.longitude;
  // 緯度経度の誤差(m)
  const accuracy = Math.floor(position.coords.accuracy);
}

// 取得失敗(拒否)
function geoError() {
  alert('Geolocation Error');
}
```

▼ 実行結果

サンプルとして、現在位置を示すコードを紹介します。ブラウザーでアクセスして、位置情報の提供に許可します。すると、現在の緯度経度を取得してGoogle Maps上へマーカーを配置します。
マップを表示するにはGoogle Maps APIを利用します。

248

位置情報を取得したい

▪HTML

```html
<script src="https://maps.googleapis.com/maps/api/js?v=3.exp">
</script>
```

▪JavaScript

```javascript
// 現在位置の取得
navigator.geolocation.getCurrentPosition(geoSuccess, geoError);

function geoSuccess(position) {
  // 緯度
  const lat = position.coords.latitude;
  // 経度
  const lng = position.coords.longitude;

  setMap(lat, lng);
}

function setMap(lat, lng) {
  // 緯度経度を設定
  const latlng = new google.maps.LatLng(lat, lng);

  // マーカーを追加
  const marker = new google.maps.Marker({
    map: map,
    draggable: true,
    animation: google.maps.Animation.DROP,
    position: latlng
  });
}
```

注意点として、GPSは外部環境を受けやすいため完璧な位置を検出することは難しいです。屋内や地下ではGPS信号が届きにくくなるため、ネット回線経由で位置情報を取得します（スマートフォンでの設定が必要です）。

249 ジャイロセンサーや加速度センサーを使いたい

利用シーン
- 傾きを調べたいとき
- 方角を知りたいとき
- 加速度を調べたいとき

Syntax

プロパティー	意味	型
event.beta	X軸の傾き	数値
event.gamma	Y軸の傾き	数値
event.alpha	Z軸の傾き	数値

Syntax

プロパティー	意味	型
event.acceleration.x	X軸の加速度	数値
event.acceleration.y	Y軸の加速度	数値
event.acceleration.z	Z軸の加速度	数値

ジャイロセンサー（傾き）

ジャイロセンサーとは、傾き（回転）を検出するセンサーです。ユーザーがスマートフォンを縦・横のどちらかで使用しているのかを検知してディスプレイを縦・横向きに切り替えるなどの制御を行うために設置されています。DeviceOrientation Eventでアクセスできます。
X・Y・Z軸の値を取得するためには下記のようにwindowオブジェクトのdeviceorientationイベントを監視します。

■ **JavaScript**

```javascript
// DeviceOrientation Event
window.addEventListener('deviceorientation', deviceorientationHandler);

// ジャイロセンサーの値が変化
function deviceorientationHandler(event) {
  // X軸
  const beta = event.beta;
  // Y軸
  const gamma = event.gamma;
  // Z軸
  const alpha = event.alpha;
}
```

▼ 実行結果

ジャイロセンサー(方角)

ジャイロセンサーは傾きの他に方角を取得できます。サンプルとして方位磁石を紹介します。

Safariではevent.webkitCompassHeadingパラメーターから方角を取得できますが、その他のスマートフォン環境ではサポートされていません。すべてのスマートフォン環境で方角を取得したい場合は、代用としてジャイロセンサーの値を利用します。W3Cの「DeviceOrientation Event Specification (https://w3c.github.io/deviceorientation/)」にて公開されている、ジャイロセンサーで取得した傾きから方角を算出するロジックを用います。

以下のソースコードで方角を0〜360度の数値で取得します。0度は北、90度は東、180度は南、270度は西となります。

■JavaScript

```javascript
function getCompassHeading(alpha, beta, gamma) {
  const degtorad = Math.PI / 180;

  const _x = beta ? beta * degtorad : 0;
  const _y = gamma ? gamma * degtorad : 0;
  const _z = alpha ? alpha * degtorad : 0;

  const cY = Math.cos(_y);
  const cZ = Math.cos(_z);
  const sX = Math.sin(_x);
  const sY = Math.sin(_y);
  const sZ = Math.sin(_z);

  const Vx = -cZ * sY - sZ * sX * cY;
  const Vy = -sZ * sY + cZ * sX * cY;
```

```javascript
  let compassHeading = Math.atan(Vx / Vy);

  if (Vy < 0) {
    compassHeading += Math.PI;
  } else if (Vx < 0) {
    compassHeading += 2 * Math.PI;
  }

  return compassHeading * (180 / Math.PI);
}
```

▼ 実行結果

加速度センサー（慣性）

加速度センサーとは、一定時間で速度がどの方向にどれだけ変化したかを検出するセンサーです。スマートフォンではXYZの3方向を検出できる3軸加速度センサーが主流となっています。使い道として、スマートフォンが落下して物体に衝突したことなどを検知できます。
DeviceMotion Eventでアクセスできます。
次のサンプルではスマートフォンを上下左右に振るとその方向へ矢印がアニメーションします。X・Y・Z軸の値を取得するためには下記のようにwindowオブジェクトのdevicemotionイベントを監視します。

■ JavaScript

```javascript
// DeviceMotion Event
window.addEventListener('devicemotion', devicemotionHandler);

// 加速度が変化
function devicemotionHandler(event) {
  // 加速度
```

```
    // X軸
    const x = event.acceleration.x;
    // Y軸
    const y = event.acceleration.y;
    // Z軸
    const z = event.acceleration.z;
}
```

▼ 実行結果

250 バイブレーションを使いたい

 ユーザーにフィードバックを伝えたいとき

Syntax

プロパティー	意味	型
navigator.vibrate(振動させるミリ秒)	デバイスを振動させる	真偽値

バイブレーションは主にマナーモード時の着信表現として用いられます。端末内のモーターを回転させることで「ブルブルッ」と振動させることができます。Vibration APIでアクセスできます。

振動させるためには下記のようにJavaScriptでnavigator.vibrate(振動させるミリ秒)メソッドを実行します。配列を指定することで振動パターンを設定できます。

■ JavaScript

```javascript
// 1000ミリ秒振動
navigator.vibrate(1000);

// 500ミリ秒振動して100ミリ秒停止、その後500ミリ秒振動
navigator.vibrate([500, 100, 500]);
```

▼ 実行結果

残念ながらiOSではサポートされているブラウザーはありません。一方のAndroidではGoogle Chrome・Mozilla Firefoxでサポートされています。

プログラムの
デバッグ

Chapter
17

251 情報・エラー・警告を出力したい

利用シーン
- JavaScriptのコードの実行結果を知りたいとき
- レベルに応じてコンソールを使い分けたいとき

Syntax

メソッド	意味	戻り値
console.log(値1, 値2, ...)	ログを表示する	なし
console.info(値1, 値2, ...)	情報を表示する	なし
console.warn(値1, 値2, ...)	警告を表示する	なし
console.error(値1, 値2, ...)	エラーを表示する	なし

コンソールの命令には4種類のレベルがあります。動作を確認するためのログや、警告やエラーとしてログを表示できます。使い分けることで、ログの種類をコンソールパネルで確認しやすくなります。ブラウザーコンソールは、これらのレベルによって文字色が異なっています。

■ JavaScript
251/main.js

```javascript
console.log('ログです');
console.info('情報です');
console.warn('警告です');
console.error('エラーです');
```

たとえばGoogle Chromeの開発者ツールでは、logとinfoは黒文字、warnは黄色、errorは赤色の文字で表示されます。
使い分けの基準として、警告を示すconsole.warn()は非推奨であることを示したり、エラーであるconsole.error()はプログラムが意図せぬ動作をしていることを示したりするのにいいでしょう。

コンソールの出力結果。メソッドによってコンソールの色を変えられるので、重要度に応じて使い分けるといい

252 オブジェクトの構造を出力したい

利用シーン 深い階層のデータの中身を知りたいとき

Syntax

メソッド	意味	戻り値
corsole.dir(オブジェクト)	オブジェクトの構造を出力する	なし
corsole.table(オブジェクト)	オブジェクトの構造	なし

オブジェクトや配列を使っていると、深い階層のデータを扱うことがあります。そのようなデータを効率良く出力するのにconsole.dir()とconsole.table()が役立ちます。
console.dir()は、オブジェクトの構造を出力できます。

■ **JavaScript** 252/dir/main.js

```javascript
const myObject = {
  id: 2,
  name: '鈴木'
};
console.dir(myObject);

// body要素の構造を出力
console.dir(document.body);
```

Google Chromeの開発者ツールでは次のように表示されます。

オブジェクトの構造を出力したい

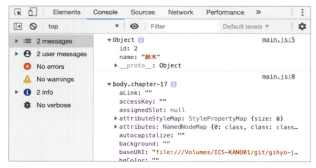

console.dir()メソッドでの出力結果。オブジェクトの中身がツリーで確認できる

console.table()の場合は、データが表組みで表示されます。

■ JavaScript   252/table/main.js

```javascript
const myArray = [
  { id: 100, name: '鈴木', age: 25 },
  { id: 200, name: '田中', age: 30 },
  { id: 300, name: '太郎', age: 35 }
];
console.table(myArray);
```

▼ 実行結果

253 エラーの挙動について知りたい

利用シーン プログラム実行中にエラーが発生したときの挙動を知りたいとき

定数に値を再代入したり、undefined.myValueのように存在しない値にアクセスしたりするとエラー（例外）が発生します。エラーが発生するとプログラムはそこで中断され、それ以降の処理は実行されません。次のコードではわざとエラーを発生させていますが、ブラウザーのコンソールにエラーが発生していることがわかります。

■ **JavaScript** 253/main.js

```javascript
const a = 10;
console.log(`定数aの値は${a}です`); // 「定数aの値は10です」と出力される
a = 20; // aに値を再代入しようとすると、エラーが発生
console.log(`処理が実行されました`); // エラーが発生したため、実行されない
```

▼ 実行結果

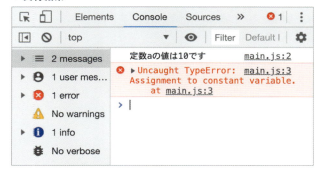

Google Chromeの開発者ツール

254 Errorオブジェクトを生成したい

 エラーの内容を設定したいとき

Syntax

メソッド	意味	戻り値
new Error(エラー内容)	Errorインスタンスを生成する	Errorオブジェクト

Syntax

プロパティー	意味	型
Errorインスタンス.message	エラー内容	文字列

エラーはプログラム実行中に自動で発生する他、開発者側で発生させることも可能です。「エラーを投げる（throw error）」と表現します。関数に不正な値が渡された場合やAPIの戻り値が意図せぬ値になった場合などに使用します。
エラーの内容はErrorオブジェクトで表現します。インスタンス化時の引数にエラーの内容を設定できます。

■ JavaScript

```javascript
// Errorオブジェクトのインスタンス化
const error = new Error('エラーが発生しました');
```

Errorオブジェクトにはエラーに関する情報が含まれており、Errorインスタンスのmessageプロパティーでエラー内容を取得できます。

■ JavaScript

```javascript
// Errorオブジェクトのインスタンス化
const error = new Error('エラーが発生しました');
console.log(error.message); // 「エラーが発生しました」とログに出力される
```

255 エラーを投げたい

利用シーン：API通信時に不正な値が発見されたらエラー扱いにしたいとき

Syntax

構文	意味
throw Errorインスタンス	エラーを投げる

生成したエラーを投げるには、throwを用います。引数が数値でなかった場合にエラーを投げ、その内容をアラートで表示するサンプルを紹介します。

■ JavaScript　　　　　　　　　　　　　　　　　　255/main.js

```javascript
/** 引数valueが数値でない場合にエラーを発生させる関数 */
function myFunction(value) {
  if (typeof value !== 'number') {
    // エラーを生成する
    const error = new Error(`「${value}」はNumberではありません`);
    // エラー内容をアラートで表示する
    alert(error.message);
    // エラーを投げる
    throw error;
  }

  console.log(`「${value}」は数値です`);
}

// 関数に数値を渡す（エラーなし）
myFunction(5);
// 関数に文字列を渡す（エラーが発生する）
myFunction('鈴木');
```

255
エラーを投げたい

▼ 実行結果

コンソールを見ると、エラー内容が表示されている（Google Chrome の開発者ツール）

256 エラー発生時にエラーを検知したい

利用シーン
- エラーの種類を検知したいとき
- エラーが発生しても処理を止めたくないとき
- エラーが発生したら別の処理をしたいとき

Syntax

構文	意味
try { } catch(error) { }	エラーをキャッチして処理をする

エラーが発生すると、その後のスクリプトの処理は中断されます。コンテンツによってはエラーが発生しても処理を中断せず、続けたい場合もあるでしょう。そのような場合に使うのがtry catchです。try { }の部分でエラーが発生すると、catch(error) { }部分が実行されます。catch(error) { }部分ではErrorオブジェクトを受けとり、エラー内容の表示などが可能です。try catchでエラーが処理されるので、後続の処理も実行されます。

■ JavaScript　　　　　　　　　　　　　　　　　　　　　256/main.js

```javascript
const a = 10;

try {
  a = 20; // aへの再代入。エラー
} catch (error) {
  console.log(`エラーが発生しました: ${error.message}`);
}

// 中断されることなく実行される
console.log(`定数aの値は${a}です`);
```

256

エラー発生時にエラーを検知したい

▼ 実行結果

「定数aの値は10です」の出力処理が中断されることなく実行されている
（Google Chromeの開発者ツール）

257 エラー発生時にもコードを実行したい

利用シーン
- エラーが発生しても処理を止めたくないとき
- エラーが発生したら別の処理をしたいとき

Syntax

構文	意味
try { } catch(error) { } finally { }	エラーをキャッチして処理をする

finally { }は、try { }部分のエラー発生の有無に変わらず実行されます。エラーが発生していても、していなくても、必ず実行したいコードがあればfinally { }の部分に処理を書くといいでしょう。次のサンプルでは50％の確率でエラーが発生するようにしていますが、エラーが発生していてもfinallyのコードが実行されていることがわかります。

■ JavaScript

257/main.js

```javascript
/** 50%の確率でエラーが発生し、try cacthで処理する */
function generateError() {
  try {
    // 50%の確率でエラーを発生させる
    if (Math.random() > 0.5) {
      throw new Error();
    } else {
      console.log('エラーなし');
    }
  } catch (error) {
    // エラー発生時の処理
    console.log(`エラーが発生`);
  } finally {
    // エラー発生有無に関わらず実行される
    console.log('エラーの処理が完了しました');
    console.log('----------');
  }
}

// 3秒ごとにgenerateError()を実行する
setInterval(generateError, 3000);
```

257

エラー発生時にもコードを実行したい

▼ 実行結果

エラー発生有無にかかわらずfinally {}部分の処理が実行されている
（Google Chromeの開発者ツール）

258 エラーの種類について知りたい

利用シーン エラー発生時にそのエラーの種類を知りたいとき

Syntax

種類	意味
RangeError	値が許容範囲にない
ReferenceError	宣言されていない変数を読み出そうとした
SyntaxError	言語の構文が不正
TypeError	データ型が不正
URIError	URIが不正

Errorオブジェクトにはいくつか種類があります。JavaScriptの書き方によってエラーが発生したときは、エラーの種別がわかっていると修正方針がわかります。たとえば、SyntaxErrorは構文の間違いなので、コードの書き方に間違いがないか調べるといいでしょう。TypeErrorはnullのオブジェクトに対してアクセスしている箇所がないか調べます。

■ **JavaScript**　　　　　　　　　　　　　　　　　　　　　　SyntaxErrorの例

```javascript
try {
  let obj  null; // わざと間違えたコード
} catch (error) {
  console.error(error); // SyntaxError: Unexpected token null
}
```

▼ 実行結果

```
❌ Uncaught SyntaxError: Unexpected token null
```

258

エラーの種類について知りたい

■JavaScript　　　　　　　　　　　　　　　　　　　　　　　TypeErrorの例

```javascript
try {
  const obj = { a: null };
  obj.a.myMethod();
} catch (error) {
  console.error(error); // TypeError: Cannot read property 'myMethod' of null
}
```

▼ 実行結果

```
▶TypeError: Cannot read property 'myMethod' of null
    at <anonymous>:3:9
```

関数やクラスについて詳しく知る

Chapter 18

259 関数内で使う定数や変数の影響範囲（スコープ）について知りたい

- 処理をひとかたまりごとに分割したいとき
- 変数・定数の有効範囲を狭めたいとき

Syntax

構文	意味
{}	ブロックスコープ

定数や変数には影響範囲があります。letやconstで宣言した変数と定数は、{}で囲まれた範囲「ブロック」にて使用できます。変数・定数が有効な範囲を「スコープ」といい、ブロックのスコープのことを「ブロックスコープ」といいます。

次の例では、定数aはブロックスコープ内で使用されているため、すべてのconsole.log()メソッドで20が出力されます。外側で宣言した変数・定数は内側のブロックで使用可能です。

■JavaScript

```javascript
{
  const a = 20;
  // 20が出力
  console.log(a);

  {
    // 20が出力
    console.log(a);
  }
}
```

▼ 実行結果

```
20
20
```

ブロック{}の外側で定数aを使うとエラーになります。ブロックのなかで定数aが宣言されているので、ブロックスコープの外側からアクセスできないためです。

■ JavaScript

```
{
  {
    const a = 20;
  }

  // スコープ外なのでエラー
  console.log(a);
}
```

▼ 実行結果

```
❌ ▶ Uncaught ReferenceError:
   a is not defined
       at <anonymous>:7:15
```

すべてのスコープの外側（トップレベル）は「グローバルスコープ」となります。グローバルスコープで宣言した定数・変数はすべてのブロック内で使用可能です。

■ JavaScript

```
const a = 20;

{
  console.log(a); // 結果: 20
}
```

ブロックは、関数、if、for文などあらゆる箇所でも用います。関数の例を紹介します。次の定数myValueは関数myFunction内でのみ有効です。

■ JavaScript

```
function myFunction() {
  const myValue = '鈴木';
  console.log(myValue); // 結果: '鈴木'

  function myChildFunction() {
    console.log(myValue); // 結果: '鈴木'
  }
}

// スコープ外なのでエラー
console.log(myValue);
```

if文の場合も確認しましょう。if文の外側では、定数myValue2は参照できずエラーになります。

■ JavaScript

```
if (true) {
  // myValue2を定義
  const myValue2 = '鈴木';
}

// myValue2はスコープ外なのでエラー
console.log(myValue2);
```

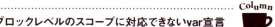

ブロックレベルのスコープに対応できないvar宣言

変数を宣言する際、letではなくvarを用いることも可能です。varは従来用いられてきた宣言方法です。しかし、varを用いた変数の場合はブロックスコープに対応できません。次のようなコードでも、変数myValueが使用可能です。

■ JavaScript

```
{
  var myValue = 20;
}

console.log(myValue); // 結果: 20（エラーにならない）

if (true) {
  if (true) {
    var myValue2 = '鈴木';
  }
}

console.log(myValue2); // 結果: '鈴木'（エラーにならない）
```

この挙動では定数・変数のスコープがわかりづらくなり、バグの原因となってしまいます。varは基本的には使用せず、ブロックスコープに対応したconstやletで処理を書くほうが安全です。本書ではこの理由からすべての定数・変数宣言はconstとletで行っています。

260 クラスを定義したい

- ある機能をひとまとめにしたクラスを作成したいとき
- オブジェクト指向プログラミングをJavaScriptで実践したいとき

Syntax

構文	意味
class クラス名 {}	クラスを宣言する

クラスは、classキーワードを用いて宣言します。クラスの名前は任意ですが、大文字からキャメルケースで定義するのが通例です。

JavaScript

```javascript
class MyClass {}
```

クラスではconstructor()文を記述すると、その中身が初期化時に実行されます。constructor()はひとつしか記述できません。

JavaScript

```javascript
class MyClass {
  constructor() {
    console.log('クラスが初期化された');
  }
}
```

クラスの初期化時に外部から初期値を渡すこともできます。初期値はconstructor()の引数として受け取れます。

クラスを定義したい

■ JavaScript

```javascript
class MyClass {
  constructor(value1, value2) {
    console.log(`${value1}`);
    console.log(`${value2}`);
  }
}

// 初期値の「田中」と「24」がコンソールログに出力される
new MyClass('田中', 24);
```

▼ 実行結果

| 田中 |
| 24 |

　クラスには、そのクラスに属する変数や関数を持つことが可能です。クラスに属するという意味で、クラスの「メンバー」と呼ばれます。メンバーについては後述します。 ▶▶262 ▶▶263

■ JavaScript

```javascript
class MyClass {
  constructor() {
    // メンバー変数
    this.myField = '鈴木';
  }

  // メンバー関数
  myMethod() {
    console.log(this.myField);
  }
}
```

261 クラスを使いたい（インスタンス化）

利用シーン
- クラスをインスタンス化したいとき
- 作成したクラスを使用したいとき

Syntax

構文	意味
new クラス名()	クラスをインスタンス化する

class宣言で定義したクラスを実際のデータとして使うためには、new演算子を用いて「new クラス名()」とします。この作業を「インスタンス化」といいます。インスタンス化されたデータは、クラス内の各フィールドやメソッドにアクセスできます。

■ JavaScript

```javascript
class MyClass {
  constructor() {
    this.classField = 12;
  }

  classMethod() {
    console.log('メソッドが実行されました');
  }
}

const myInstance = new MyClass();

console.log(myInstance.classField); // 結果: 12
myInstance.classMethod(); // 結果: 'メソッドが実行されました'
```

▼ 実行結果

```
12
メソッドが実行されました
```

262 クラスで変数を使いたい

利用シーン
- クラスに変数を保持したいとき
- APIの通信結果を保持するクラスを作りたいとき

Syntax

構文	意味
this.変数名=値	メンバー変数を定義する

クラスに属する変数は「クラスフィールド」「クラス変数」「メンバー変数」といいます。
たとえば、クラスMyClass対してmyFieldというメンバー変数を定義するには次のようにconstructor()内にthis.変数名と記述します。thisとはクラス自身のことを指します。letやconstを記述しないことに注意してください。

■ JavaScript

```javascript
class MyClass {
  constructor() {
    this.myField1 = 100;
    this.myField2 = '鈴木';
  }
}
```

メンバー変数には、初期値の代入が可能です。代入しない場合はundefinedになります。

■ JavaScript

```javascript
class MyClass {
  constructor() {
    // myFieldに初期値「鈴木」を代入
    this.myField = '鈴木';
  }
}
```

インスタンス（new クラス名()）からメンバー変数にアクセスするには、インスタンス.メンバー変数名とします。オブジェクトのプロパティーにアクセスするときと同じです。

■ JavaScript

```javascript
class MyClass {
  constructor() {
    this.myField1 = 100;
    this.myField2 = '鈴木';
  }
}

// インスタンス化
const myInstance = new MyClass();

console.log(myInstance.myField1); // 結果: 100
console.log(myInstance.myField2); // 結果: '鈴木'
```

メンバー変数に初期値を代入する場合、constructor()の引数として渡します。

■ JavaScript

```javascript
// 2つの引数を受け取るクラス
class MyClass {
  constructor(myField1, myField2) {
    this.myField1 = myField1;
    this.myField2 = myField2;
  }
}

const myInstance = new MyClass('鈴木', '田中');
console.log(myInstance.myField1); // 結果: '鈴木'
console.log(myInstance.myField2); // 結果: '田中'
```

constructor()も関数ですので、引数の初期値が指定可能です。

■ JavaScript

```javascript
// myField2に初期値を指定する
class MyClass1 {
  constructor(myField1, myField2 = 'りんご') {
    this.myField1 = myField1;
    this.myField2 = myField2;
  }
}

const myInstance = new MyClass('鈴木');
console.log(myInstance.myField2); // 結果： 'りんご'
```

例として、API通信結果のJSONデータを格納するクラスを作成します。

■ JavaScript

```javascript
/** API通信結果を格納するクラス */
class ApiResultData {
  constructor() {
    this.result;
    this.errorMessage;
    this.userName;
    this.age;
  }
}

/** レスポンスデータのパース（ApiResultDataへの変換）を想定した関数 */
function parseData(response) {
  const apiResultData = new ApiResultData();

  apiResultData.result = response.result;
  apiResultData.errorMessage = response.error_message;
  apiResultData.userName = response.user_name;
  apiResultData.age = response.age;

  console.log(`${apiResultData.userName} / ${apiResultData.age}歳`);
}
```

```
// APIのレスポンスデータを想定
const apiResponse = {
  result: true, // API通信の結果
  user_name: '鈴木',
  age: 24
};

// データをパース
parseData(apiResponse); // '鈴木 / 24歳'が出力される
```

▼ 実行結果

```
鈴木 / 24歳
```

263 クラスでメソッドを使いたい

利用シーン **クラスにメソッドを定義したいとき**

Syntax

構文	意味
メソッド名() { 処理内容 }	メンバー関数を定義する

クラスに属する関数は「クラスメソッド」や「メンバー関数」と呼びます。
たとえば、クラスMyClass対してmyMethodというメンバー関数を定義するには次のように記述します。「function」と記述しないことに注意してください。メンバー関数はいくつでも定義できます。

■ JavaScript

```
class MyClass {
  constructor() {}

  myMethod() {
    return 'Hello Word';
  }
}
```

インスタンス（new クラス名()）からメンバー関数にアクセスするには、インスタンス.メンバー関数名とします。

■ JavaScript

```
class MyClass {
  myMethod1() {
    return 'HelloWorld';
  }

  myMethod2() {
    return 100;
  }
}
```

```
// インスタンス化
const myInstance = new MyClass();

console.log(myInstance.myMethod1()); // 結果: 'HelloWorld'
console.log(myInstance.myMethod2()); // 結果: 100
```

メンバー関数内部では、thisはクラス自身を指します。よって、メンバー変数にアクセスしたい場合はthis.フィールド名とします。

■ JavaScript

```
class MyClass {
  constructor() {
    this.myField = '鈴木';
  }

  myMethod() {
    console.log(this.myField);
  }
}

ccnst myInstance = new MyClass();

myInstance.myMethod();
```

▼ 実行結果

```
鈴木
```

264 インスタンスを作らずに呼び出せる静的なメソッドを使いたい

利用シーン クラスをインスタンス化することなくメソッドを呼び出したいとき

Syntax

構文	意味
static メソッド名() { 処理内容 }	静的メソッドを定義する

クラスをインスタンス化することなく呼び出されるメソッドを静的メソッド、スタティックメソッドと呼びます。静的メソッドは、次のようにstatic宣言により定義します。呼び出す際は、クラス名.メソッド名です。

■ JavaScript

```javascript
class MyClass {
  static method() {
    console.log('staticなメソッドです');
  }
}

// 静的メソッドの呼び出し
MyClass.method(); // 'staticなメソッドです'
```

使い所のひとつは、汎用的に用いたいメソッドの定義です。また、クラスのプロパティーの状態に依存しない関数の定義などが考えられます。

姓と名ふたつのパラメーターを受け取りひとつの文字列にして返す汎用的なスタティックメソッドを、StringUtilクラスに定義するサンプルを紹介します。

■ JavaScript

```javascript
class StringUtil {
  static createFullName(firstName, familyName) {
    return `${familyName} ${firstName}`;
  }
}

const myFullName = StringUtil.createFullName('一郎', '鈴木');
console.log(myFullName); // 結果: '鈴木 一郎'
```

265 クラスを継承したい

利用シーン
- あるクラスの機能を拡張したクラスを作りたいとき
- ビルトインオブジェクトを継承したいとき

Syntax

構文	意味
class クラス名 extends 親クラス名 {}	親クラスを継承して新しいクラスを宣言する

クラスには、あるクラスのプロパティーやメソッドを受け継ぎ、新しいクラスを作成する「継承」という機能があります。次の例では、MyParentクラスを継承したMyChildクラスを定義しています。

■ JavaScript

```javascript
// 継承元のクラス（親クラス）
class MyParent {
  parentMethod() {
    console.log('MyParentクラスのメソッドです');
  }
}

// MyParentを継承したクラス（子クラス）
class MyChild extends MyParent {
  constructor() {
    super();
  }

  childMethod() {
    console.log('MyChildクラスのメソッドです');
  }
}

const myChild = new MyChild();
myChild.parentMethod(); // 結果: 'MyParentクラスのメソッドです'
myChild.childMethod();  // 結果: 'MyClassクラスのメソッドです'
```

266 クラスで値を設定・取得するためのsetter・getterを使いたい

利用シーン クラスのフィールドのような振る舞いをする関数を使いたいとき

Syntax

構文	意味
set プロパティー名(値) { }	setterを定義する
get プロパティー名	getterを定義する

setter・getterとは、クラスのフィールドのような振る舞いをする仕組みのことです。setは値をセットするためのもの、getは値を取得するためのものです。

MyClassというクラスに、customFieldという名前のsetter、getterを定義する例です。

■ **JavaScript**

```javascript
class MyClass {
  // 「customField」のsetter
  set customField(value) {
    this._customField = value;
  }

  // 「customField」のgetter
  get customField() {
    return this._customField;
  }

  constructor(value) {
    this._customField = value;
  }
}
```

MyClassのcustomFieldに対して値の設定・取得をします。customFieldがまるでMyClassのフィールドのように振る舞いますが、実際に実行されているのはsetとgetで定義したそれぞれのメソッドです。

■ JavaScript

```
const myInstance = new MyClass();

// 値のセット(set customField(値) {}部分が実行されている)
myInstance.customField = 20;

// 値の取得(get customField() {}部分が実行されている)
console.log(myInstance.customField); // 結果: 20
```

▼ 実行結果

```
20
```

setはメソッドのように定義していますが、myInstance.customField(20)のように記述できません。プロパティーのように「myInstance.customField = 20」と代入形式で記述します。

267 thisが参照するものを固定したい（アロー関数）

利用シーン クラスのメンバー変数をメソッド内やイベントリスナー内で参照したいとき

Syntax

構文	意味
() => {}	アロー関数を定義する

JavaScriptにおいて、thisが参照するものは実行箇所によって異なります。アロー関数を使うと、thisの実行箇所にかかわらず参照先が変わらないので、コードが読みやすくなります。

クリック回数を計測するプログラムを通して解説します。LikeCounterクラスを作り、メンバー変数clickedCountでクリック回数をカウントする目的のプログラムです。これは正しく動作しません。

■**JavaScript**　　　　　　　　　　　　　　　　　　　　　　　　　　　NG

```javascript
class LikeCounter {
  constructor() {
    // ボタンをクリックした数
    this.clickedCount = 0;

    const button = document.querySelector('.button');
    const clickedCountText = document.querySelector('.clickedCountText');

    button.addEventListener('click', function() {
      this.clickedCount += 1;
      clickedCountText.textContent = this.clickedCount;
    });
  }
}

new LikeCounter();
```

問題は次の箇所です。イベントリスナー内でthisが参照するものはイベントターゲットとなるため、this.clickedCountはLikeCounterのメンバー変数を参照しないのです。

■ JavaScript

```javascript
button.addEventListener('click', function() {});
```

▼ 実行結果

ボタンをクリックしても、数字が正しくカウントアップされない

次のようにイベントリスナー部分をアロー関数に書き換えることで、プログラムは正しく動作します。イベントリスナー内のthisは、LikeCounterクラスを参照するためです。

■ JavaScript

267/main.js

```javascript
class LikeCounter {
  constructor() {
    // ボタンをクリックした数
    this.clickedCount = 0;

    const button = document.querySelector('.button');
    const clickedCountText = document.querySelector('.clickedCountText');

    // アロー関数でイベントリスナーを定義する
    button.addEventListener('click', () => {
      this.clickedCount += 1;
      clickedCountText.textContent = this.clickedCount;
    });
  }
}

new LikeCounter();
```

thisが参照するものを固定したい（アロー関数）

▼ 実行結果

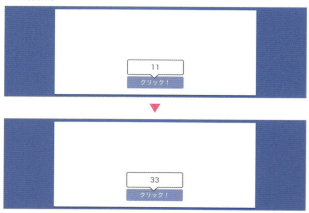

ボタンをクリックすると数字が正しくカウントアップされる

コードの文脈によらずthisの内容が把握できるので、多くの場合はアロー関数を使う方がわかりやすいでしょう。

JavaScriptを
より深く知る

Chapter
19

268 JavaScriptの読み込みタイミングを最適化したい

利用シーン
- JavaScriptの読み込み待ちでページの表示を妨げたくないとき
- 素早くウェブページを表示させたいとき

Syntax

構文	意味
`<script src="パス" async></script>`	JSファイルを非同期で読み込み、即座に実行
`<script src="パス" defer></script>`	JSファイルを非同期で読み込み、HTMLの解析完了後に実行

ウェブページを表示する際、ブラウザーはHTMLコードの上部のコードから順番に解析します。headタグ内にscriptタグが存在する場合、そこにたどり着いた時点で解析が一時停止され、JavaScriptファイルのダウンロードと実行が同期的に行われます。scriptタグにdefer属性やasync属性を設定すると、JavaScriptのダウンロードは非同期で行われ、HTMLの解析は停止されなくなります。

asyncとdeferの違いは、JavaScriptの実行タイミングです。asyncの場合はダウンロードが完了次第ただちに実行され、deferの場合はHTMLの解析完了後に実行されます。defer属性を持つscriptタグが複数ある場合、JavaScriptのコードは上から順番に実行されます。asyncの場合、実行順は保証されません。そのため、asyncは他のJavaScriptファイルと独立して動作するような処理に利用するのがいいでしょう。たとえば、アクセス解析やSNSのページプラグインなどがasyncと相性がいいといえます。

■HTML

index.html

```html
<head>
  <!--
    各スクリプトは非同期で読み込まれる。
    HTMLの解析が完了した後、上から順番に実行される。
  -->
  <script src="script1.js" defer></script>
  <script src="script2.js" defer></script>
  <script src="script3.js" defer></script>
</head>
```

Column
defer属性を使うと、HTMLのDOM取得がしやすい

ceferはHTMLの解析後に実行されるため、document.cuerySelector()等でDOM上の各要素を操作できます。本書のサンプルの多くは、「`<script src="パス" defer></script>`」でJavaScriptを読み込んでいます。

Chap 19 JavaScriptをより深く知る

269 処理ごとにファイルを分割したい（ESモジュール）

 処理ごとにファイルを分割したいとき

ESモジュールとは、複数のJavaScriptファイルを依存関係に応じて適切に読み込む仕組みのことです。
巨大化したプログラムを1個のJavaScriptファイルに記述すると、処理の見通しが悪くなり、バグの原因になります。

■ JavaScript

```javascript
class MyClass1 {
  // 数10行のコード
}

class MyClass2 {
  // 数10行のコード
}

new MyClass1();
new MyClass2();
```

ESモジュールを使うと、処理ごとにJavaScriptファイルを分割できます。
出力するモジュールにはexportを、モジュールを取り込むにはimportをそれぞれ使います（後述）。 ▶270 ▶271
MyClass1、MyClass2よりそれぞれ文字列を取得し、#log要素内に出力するサンプルを通して使い方を紹介します。

■ JavaScript　　　　　　　　　　　　　　　　　　　　　　　269/MyClass1.js

```javascript
export class MyClass1 {
  myMethod1() {
    return 'MyClass1のメソッドが実行されました';
  }
}
```

■ JavaScript　　　　　　　　　　　　　　　　　　　　　　　　269／MyClass2.js

```javascript
export class MyClass2 {
  myMethod2() {
    return 'MyClass2のメソッドが実行されました';
  }
}
```

■ JavaScript　　　　　　　　　　　　　　　　　　　　　　　　269／main.js

```javascript
// MyClass1.jsをimport
import { MyClass1 } from './MyClass1.js';
// MyClass2.jsをimport
import { MyClass2 } from './MyClass2.js';

// MyClass1のメソッドより文字列を取得する
const message1 = new MyClass1().myMethod1();
// MyClass2のメソッドより文字列を取得する
const message2 = new MyClass2().myMethod2();

// #log要素に出力する
const log = document.querySelector('#log');
log.innerHTML += `<p>${message1}</p>`;
log.innerHTML += `<p>${message2}</p>`;
```

ESモジュールを使うときは、HTMLのscriptタグで「type="module"」と書きます。

■ HTML　　　　　　　　　　　　　　　　　　　　　　　　　269／index.html

```html
<script type="module" src="main.js" defer></script>
中略
<div id="log"></div>
```

▼ 実行結果

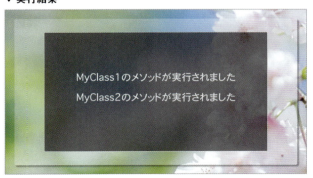

270 モジュールをエクスポートしたい (export)

利用シーン　定数、関数などをモジュールとしてエクスポートしたいとき

Syntax

構文	意味
export モジュール	モジュールを公開する

exportはモジュールをエクスポート（外に公開）するための宣言です。export宣言を設定したデータがモジュールとして公開されます。クラス、オブジェクト、変数・定数、関数など、あらゆるものをモジュールとして扱えます。

■ JavaScript

```javascript
// 定数myConstantをエクスポート
export const myConstant = 2;

// オブジェクトmyObjectをエクスポート
export const myObject = { name: '鈴木', age: 18 };

// 関数myFunctionをエクスポート
export function myFunction() {
  console.log('my task');
}

// クラスmyFunctionをエクスポート
export class MyClass {
  constructor() {}
}
```

exportを複数宣言することで、ひとつのJavaScriptファイルから複数のモジュールをエクスポートできます。
export defaultとすると、ひとつのJavaScriptファイルからひとつのモジュールだけをエクスポートします。

■ JavaScript

```javascript
export class MyModule1 {}
export const MyModule2 = 200;
```

```javascript
export default モジュール名;
```

271 モジュールをインポートしたい（import）

利用シーン
- モジュールを取り込みたいとき
- サーバー上のモジュールをURLを指定して取り込みたいとき

Syntax

構文	意味
import { モジュール名 } from './ファイル.js'	モジュールを取り込む

importはモジュールをインポート（取り込む）ための宣言です。基本的には次の形式で取り込めます。

■ JavaScript

```javascript
import { モジュール名 } from 'JavaScriptファイル.js';
```

import文のfromの中では「./xxx.js」のように拡張子が必須です。例ではJavaScriptファイル名.jsとしていますが、実際のコードではJavaScriptファイル名.jsの前に./、/、../などを付与してファイルのパスを明示する必要があります。

■ JavaScript

```javascript
// JavaScriptファイルからモジュールを読み込む
import { モジュール名 } from 'JavaScriptファイル.js';

// JavaScriptファイルからモジュールを複数読み込む
import { モジュール名1, モジュール名2 } from 'JavaScriptファイル.js';

// モジュール1をモジュール2という名前で読み込む
import { モジュール名1 as モジュール名2 } from 'JavaScriptファイル.js';

// JavaScriptファイルから、
// export defaultで定義されたモジュールを読み込む
import モジュール名 from 'JavaScriptファイル.js';

// JavaScriptファイルからすべてのモジュールを読み込み、モジュール名とする
```

モジュールをインポートしたい (import)

```
import * as モジュール名 from 'JavaScriptファイル.js';
```

```
// モジュールの読み込みだけを行う
import 'JavaScriptファイル名.js';
```

また、サーバーにアップロードされたJavaScriptファイルがESモジュールに対応していれば、そのURLを指定してモジュールをインポートできます。

■JavaScript

```
import * as RemoteModule from 'https://example.com/module.js';
```

272 モジュールを用いた JavaScriptをHTMLで読み込みたい

利用シーン モジュール型のJavaScriptを扱いたい

Syntax

構文（HTML）	意味
`<script type="module" src="ファイル名"></script>`	ESモジュールを使ったJavaScriptの読み込み

モジュールを用いたJavaScriptを読み込むには、scriptタグのtype属性でmoduleを指定します。指定がないとimportやexportなどのJavaScriptコード内の宣言がエラーとなります。

■HTML

```html
<script type="module" src="index.js"></script>
```

また、インラインコードでもモジュールが使えます。

■HTML

```html
<script type="module">
  import { MyClass } from './MyClass.js';
  new MyClass();
</script>
```

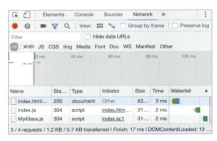
Google Chromeの開発者ツールで確認すると、MyClass.jsが読み込まれているのがわかる

273 反復処理のためのイテレータを使いたい

 反復処理が可能なオブジェクトを扱いたいとき

> Syntax

メソッド	意味	戻り値
オブジェクト[Symbol.iterator]()	イテレータを取得する	イテレータ
イテレータ.next()	次のイテレータを取得する	イテレータ

> Syntax

プロパティー	意味	型
イテレータ.value	現在の値	任意
イテレータ.done	終了したかどうか	真偽値

イテレータ（iterator）とは、複数の値に次々アクセスできる仕組みを備えたオブジェクトのことです。語源の「iterate」は「繰り返し」を意味します。イテレータを持つオブジェクトのことを「イテラブルなオブジェクト」といいます。代表的なものは配列です。配列は、for...ofで順番に項目を処理できましたが、イテラブルなオブジェクトであれば同様にfor...ofによる処理が可能です。

■JavaScript

```
const array = [1, 2, 3];

for (const value of array) {
  console.log(value);
}
```

配列の個別のイテレータにアクセスするには、「配列[Symbol.iterator]()」とします。next()メソッドを用いることで次のイテレータを取り出せます。各オブジェクトはvalue（値）、done（終了したか）のプロパティーを備えています。

■ JavaScript 273 / main.js

```javascript
const array = ['鈴木', '高橋', '田中'];

const iterator = array[Symbol.iterator]();

const next1 = iterator.next();
console.log(next1.value); // 結果: '鈴木'
console.log(next1.done);  // 結果: false

const next2 = iterator.next();
console.log(next2.value); // 結果: '高橋'
console.log(next2.done);  // 結果: false

const next3 = iterator.next();
console.log(next3.value); // 結果: '田中'
console.log(next3.done);  // 結果: false

const next4 = iterator.next();
console.log(next4.value); // 結果: undefined
console.log(next4.done);  // 結果: true
```

▼ 実行結果

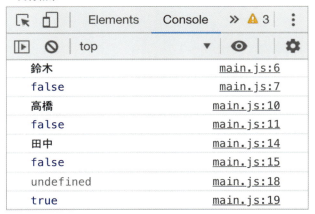

274 イテレータを自作したい（ジェネレータ）

 利用シーン オリジナルのイテレータを定義したいとき

Syntax

構文	意味
function* 関数名() {}	ジェネレータを定義する
yield 値	値を返す

イテレータを簡単に取り扱うための方法として、「ジェネレータ」があります。ジェネレータを使うとイテレータを自作できるようになります。
ジェネレータを定義するには、次のようにfunction宣言に対してアスタリスク（*）を付与します。

■JavaScript

```
// ジェネレータの定義
function* myGenerator() {}
```

イテレータでは、イテレータ.next()で次々に値を取り出せました。ジェネレータでは、「次に何の値を取り出すか」をyieldによって指定します。

■JavaScript

```
// ジェネレータの定義
function* myGenerator() {
  yield '鈴木';
  yield '田中';
  yield '後藤';
}
```

生成されるのはイテラブルなオブジェクトなので、next()やdoneを使用できます。

■ JavaScript

```javascript
function* myGenerator() {
  yield '鈴木';
  yield '田中';
  yield '後藤';
}

const myIterable = myGenerator();

// next()で値を一つずつ取り出す
console.log(myIterable.next().value); // 結果: '鈴木'
console.log(myIterable.next().value); // 結果: '田中'
console.log(myIterable.next().value); // 結果: '後藤'
console.log(myIterable.next().done);  // 結果: true
```

また、for...ofで各値にアクセス可能です。

■ JavaScript

```javascript
function* myGenerator() {
  yield '鈴木';
  yield '田中';
  yield '後藤';
}

const myIterable = myGenerator();

// for...ofで値にアクセス
for (const value of myIterable) {
  console.log(value); // 結果: '鈴木', '田中', '後藤'が順に出力
}
```

yieldは、その時点で関数の実行を停止し、next()が呼ばれると続きから実行されるという性質があります。次のジェネレータから生成されるイテレータでは1秒ずつnext()を実行していますが、1秒ごとに'こんにちは'、'今日はいい天気ですね'、'明日は晴れるでしょう'が出力されます。

■ JavaScript　　　　　　　　　　　　　　　　　274/sample1/main.js

```javascript
function* myGenerator() {
  console.log('こんにちは');
  yield 1000;
  console.log('今日はいい天気ですね');
  yield 2000;
  console.log('明日は晴れるでしょう');
  yield 3000;
}

const myIterable = myGenerator();

// 結果
// 1秒後、「こんにちは」が出力された後、1000が出力される
// 2秒後、「今日はいい天気ですね」が出力された後、2000が出力される
// 3秒後、「明日は晴れるでしょう」が出力された後、3000が出力される
// それ以降はundfinedが出力される
setInterval(() => {
  console.log(myIterable.next().value);
}, 1000);
```

▼ 実行結果

こんにちは
1000

1秒後の実行結果

こんにちは
1000
今日はいい天気ですね
2000

2秒後の実行結果

イテレータを自作したい（ジェネレータ）

こんにちは
1000
今日はいい天気ですね
2000
明日は晴れるでしょう
3000

3秒後の実行結果

ジェネレータの利用例として、指定の範囲の整数をひとつずつ返すイテレータの作例を紹介します。while()内のyieldが実行されるたびに関数が一時停止し、next()が呼ばれると再開するという仕組みです。

■ JavaScript　　　　　　　　　　　　　　　　　　　274/sample2/main.js

```javascript
// ジェネレータの定義
function* range(start, end) {
  let result = start;
  while (result <= end) {
    yield result;
    result++;
  }
}

// 使用例
for (const value of range(2, 6)) {
  console.log(value); // 結果: 2, 3, 4, 5, 6...と順番に出力される
}
```

275 自分自身のみと等しくなるデータを扱いたい（Symbol）

- 絶対に重複しないデータを扱いたいとき
- ビルトインオブジェクトに独自メソッドを追加する場合のメソッド名を作成したいとき

Syntax

メソッド	意味	戻り値
Symbol(文字列または数値[※])	シンボルを生成する	シンボル

※ 省略可能です。

シンボルは、他と重複しない値（ユニークなデータ）を扱えます。ユニーク性を生かして一意なIDに用いたり、ビルトインオブジェクトに追加する独自メソッド名として使えたりします。
新しいシンボルを生成するには、newを使わずSymbol()と記述します。

■ JavaScript

```javascript
const symbol1 = Symbol();
const symbol2 = Symbol();
console.log(symbol1 == symbol2); // 結果: false
console.log(symbol1 === symbol2); // 結果: false
```

シンボルの型は、symbolです。

■ JavaScript

```javascript
const symbol = Symbol();
console.log(typeof symbol); // 結果: 'symbol'
```

シンボルのデバッグ用にとして、生成時に値を渡すことができます。値を渡しておくことで、console.log()メソッドなどでデバッグした際にシンボルを識別できるようになります。

■JavaScript

```javascript
const symbol1 = Symbol();
const symbol2 = Symbol();
const symbol3 = Symbol('高橋');
const symbol4 = Symbol(41);

console.log(symbol1);
console.log(symbol2);
console.log(symbol3);
console.log(symbol4);
```

▼実行結果

```
Symbol()
Symbol()
Symbol(高橋)
Symbol(41)
```

symbol3, symbol4のみ区別がつく

なお、シンボルはユニークなので、同じ値を渡したとしてもふたつの値は異なります。

■JavaScript

```javascript
const symbol1 = Symbol('foo');
const symbol2 = Symbol('foo');
console.log(symbol1 == symbol2); // 結果: false
```

276 配列やオブジェクトに独自メソッドを追加したい

利用シーン
- 配列にシャッフル関数を追加したいとき
- オブジェクトにJSON変換メソッドを追加したいとき

Syntax

構文	意味
オブジェクト.prototype[シンボル] = function() {}	オブジェクトに独自メソッドを追加する
オブジェクト[シンボル]()	独自メソッドを実行する

Array、Date、Objectといった既存のオブジェクト（ビルトインオブジェクト）に独自メソッドを追加したいケースがあります。次のように、prototypeとSymbolを使うと実現できます。

■ JavaScript

```javascript
// 「myMethod」という名前のSymbol生成
const myMethod = Symbol();

// 独自メソッドの追加
Array.prototype[myMethod] = function() {
  console.log('独自メソッドです');
};

// 独自メソッドの実行
const array = [1, 2, 3];
array[myMethod](); // 結果: "独自メソッドです"
```

例として、配列にシャッフル用のshuffle()メソッドを追加します。

■ **JavaScript**

```javascript
// 「shuffle」という名前のSymbol
ccnst shuffle = Symbol();

// 配列のシャッフル関数を追加
Array.prototype[shuffle] = function() {
  // シャッフル処理
  const arrayLength = this.length;
  for (let i = arrayLength - 1; i >= 0; i--) {
    const randomIndex = Math.floor(Math.random() * (i + 1));
    [this[i], this[randomIndex]] = [this[randomIndex], this[i]];
  }

  // 自身を返す
  return this;
};

// シャッフル関数のテスト
// 配列の各数値を偶数を抜き出し、シャッフルして100倍する
const array = [1, 2, 3, 4, 5, 6, 7, 8, 9, 10];

array
  .filter((value) => value % 2 === 0)
  [shuffle]()
  .map((value) => value * 100);
```

prototypeとは、オブジェクト（Object）にメンバー（メンバー変数・メンバー関数）を追加するためのプロパティーです。Array、Date、FunctionはすべてObjectを継承したオブジェクト（ビルトインオブジェクト）なので、全オブジェクトにてprototypeが存在します。

console.dir()でprototypeの中身を確認すると、次のようなメンバーを確認できます。

- 文字列（Stringオブジェクト）のlength、indexOf()などの全メンバー
- 配列（Arrayオブジェクト）のmap()やfilter()などの全メンバー
- DateオブジェクトのgetDate()やgetFullYear()などの全メンバー

■ JavaScript
```javascript
console.dir(String.prototype);
console.dir(Array.prototype);
console.dir(Date.prototype);
```

```
▼ String {"", length: 0, constructor: f, anchor: f, big: f, blink: f, …}
  ▶ anchor: f anchor()
  ▶ big: f big()
  ▶ blink: f blink()
  ▶ bold: f bold()
  ▶ charAt: f charAt()
  ▶ charCodeAt: f charCodeAt()
  ▶ codePointAt: f codePointAt()
  ▶ concat: f concat()
  ▶ constructor: f String()
  ▶ endsWith: f endsWith()
  ▶ fixed: f fixed()
  ▶ fontcolor: f fontcolor()
  ▶ fontsize: f fontsize()
  ▶ includes: f includes()
  ▶ indexOf: f indexOf()
  ▶ italics: f italics()
  ▶ lastIndexOf: f lastIndexOf()
    length: 0
  ▶ link: f link()
  ▶ localeCompare: f localeCompare()
```

Google Chrome開発者ツールで、「console.dir(String.prototype)」を実行した結果

prototypeに対してメンバーを追加すれば、オブジェクト.メンバー名として自前のメンバーが使えるようになります。

■ JavaScript
```javascript
Array.prototype.myMethod = function() {
  console.log('こんにちは');
};

const array = [1, 2, 3];
array.myMethod(); // 結果: "こんにちは"
```

注意すべきは、定義済みのメンバー名と同じメンバーを定義すると上書きされてしまうことです。

276 配列やオブジェクトに独自メソッドを追加したい

■ JavaScript
```javascript
Array.prototype.filter = function() {
  console.log('既存のfilterを無視したメソッド');
};

const array = [1, 2, 3];
// "既存のfilterを無視したメソッド"と出力
// 既存のfilter()が自前のfilter()で上書きされてしまう
array.filter();
```

Array.prototype.shuffle()よりshuffle()メソッドを追加したとしましょう。現時点では配列のshuffle()メソッドはJavaScriptには存在しませんが、将来的にはJavaScriptに追加されるかもしれません。そうなると、既存のメソッドの挙動を上書きすることになり、意図せぬ結果に繋がります（プロトタイプ汚染）。そこで登場するのがユニークな値を扱えるSymbolです。

Symbolは生成時にユニーク性が保証されます。次のようにSymbolを生成して拡張メソッド名として使用した場合、この拡張メソッド名が重複することはありえません。

■ JavaScript
```javascript
const shuffle = Symbol();

// Array.prototypeの「shuffle」メンバーに関数を追加する
Array.prototype[shuffle] = function() {};
```

将来、配列にshuffle()メソッドが追加されたとしても、重複することなく安全に自前のshuffle()メソッドを使えます。

```javascript
const shuffle = Symbol();

Array.prototype[shuffle] = function() {};

const array = [1, 2, 3];

// 自前のshuffle()メソッド
array[shuffle]();
// 将来追加されたshuffle()メソッド
array.shuffle();
```

277 キーと値のコレクション「Map」を使いたい

利用シーン
- キーと値を組み合わせて扱いたいとき
- 連想配列を扱いたいとき

Syntax

メソッド	意味	戻り値
new Map(イテラブルなオブジェクト※)	Mapオブジェクトを初期化する	オブジェクト（Map）
マップ.set(キー名, 値)	キーと値のセットをマップに登録する	オブジェクト（Map）
マップ.get(キー名)	キーを指定して値を取り出す	値
マップ.has(キー名)	キーの値が存在するか	真偽値
マップ.delete(キー名)	キーの値を削除する	真偽値（削除がされたかどうか）
マップ.clear()	キーと値をすべて削除する	なし
マップ.keys()	キーからなるIteratorオブジェクト	オブジェクト（Iterator）
マップ.values()	値からなるIteratorオブジェクト	オブジェクト（Iterator）
マップ.entries()	キーと値の配列からなるIteratorオブジェクトを返す	オブジェクト（Iterator）
マップ.forEach(コールバック)	各ペアに対して処理を行う	なし

※ 省略可能です。

Syntax

プロパティー	意味	型
マップ.size	キーと値のペア数	数値

Syntax

forEach()のコールバック構文	意味
(キー, 値) => {}	キーと値を受け取って処理する

Mapオブジェクトは、キーと値を組み合わせて複数のデータをまとめて取り扱うものです。Objectも同様にキーと組み合わせて複数のデータを扱えますが、Mapにはキー・値の組み合わせデータの取扱いに特化した機

能が存在しています。他のプログラミング言語でいう連想配列や辞書（Dictionary）のような挙動をします。
Mapでは値セットのためのset()メソッド、値を取得するためのget()メソッド、値の存在確認のためのhas()メソッドなどを用いてデータを取り扱います。

■ JavaScript

```javascript
// マップの初期化
const memberList = new Map();

// マップに値を設定する
memberList.set(20, '鈴木');
memberList.set(50, '田中');
memberList.set(120, '高橋');

// または次のように記述可能
// memberList.set(20, '鈴木')
//           .set(50, '田中')
//           .set(120, '高橋');

// マップから値を取得する
console.log(memberList.get(20)); // 結果: "鈴木"

// マップの存在をチェック
console.log(memberList.has(50)); // 結果: true
```

同じキーで異なる値をセットした場合は上書きされます。

■ JavaScript

```javascript
const memberList = new Map();

memberList.set(20, '鈴木');
memberList.set(20, '田中');

console.log(memberList.get(20)); // 結果: '田中'
```

[[キー１, 値1], [キー２, 値2]]という形で初期値を指定できます。

■ JavaScript

```
// マップの初期化
const memberList = new Map([[20, '鈴木'], [50, '田中'], [120, '高橋']]);

console.log(memberList.get(50)); // '田中'が出力される
```

キーには文字列、数値、Symbolなど任意のデータを使用できます。Symbolをキーにすると、ユニーク性の保証されたペアができます。

■ JavaScript

```
const myMap1 = new Map();
myMap1.set(10, '鈴木');
console.log(myMap1.get(10)); // 結果: '鈴木'

const myMap2 = new Map();
myMap2.set('f1234_56', '田中');
console.log(myMap2.get('f1234_56')); // 結果: '田中'

const myMap3 = new Map();
const keySymbol = Symbol();
myMap3.set(keySymbol, '後藤');
console.log(myMap3.get(keySymbol)); // 結果: '後藤'
```

sizeプロパティーにより、ペア数が取得できます。

■ JavaScript

```
// マップの初期化
const memberList2 = new Map();

// マップに値を設定する
memberList2.set('123_456', '鈴木');
memberList2.set('789', '田中');
memberList2.set('222_222', '高橋');

console.log(memberList2.size); // 結果: 3
```

277

キーと値のコレクション「Map」を使いたい

各キー、各値、キーと値の各ペアの抽出には、keys()、values()、entries()を用います。いずれもIteratorオブジェクトが返るので、for ofなどで処理します。

```javascript
// マップの初期化
const memberList = new Map([[20, '鈴木'], [50, '田中'], [120, '高橋']]);

const keyList = memberList.keys();

// 20, 50, 120が順番に出力
for (const key of keyList) {
  console.log(key);
}

const valueList = memberList.values();

// '鈴木', '田中', '高橋'が順番に出力
for (const value of valueList) {
  console.log(value);
}

const entryList = memberList.entries();

// [20, '鈴木'], [50, '田中'], [120, '高橋']が順番に出力
for (const entry of entryList) {
  console.log(entry);
}
```

各ペアについて処理をするにはforEach()メソッドも使えます。

```javascript
// マップの初期化
const memberList = new Map([[20, '鈴木'], [50, '田中'], [120, '高橋']]);

// '20 : 鈴木', '50 : 鈴木', ...と出力される
memberList.forEach((value, key) => {
  console.log(`${key} : ${value}`);
});
```

278 重複しない値のコレクションのための「Set」を使いたい

利用シーン
- 必ず一意になるユーザーIDの配列を取り扱いたいとき
- 配列のように複数の値を扱うが、重複したものは除外したいとき

Syntax

メソッド	意味	戻り値
new Set(イテラブルなオブジェクト※)	Setオブジェクトを初期化する	オブジェクト (Set)
セット.add(値)	値を登録する	オブジェクト (Set)
セット.has(値)	値が存在するか	真偽値
セット.delete(値)	値を削除する	真偽値 (削除がされたかどうか)
セット.clear()	値をすべて削除する	なし
セット.values()	各値を返す	オブジェクト (Iterator)
セット.forEach(コールバック)	各値に対して処理を行う	なし

※ 省略可能です。

Syntax

プロパティー	意味	型
セット.size	要素の数	数値

Setオブジェクトは、複数の値をまとめて取り扱うものです。配列やObjectと異なり、インデックスやキーで値にアクセスする手段がないこと、同じ値をセットすると無視されることが特徴です。Setでは値セットのためのadd()メソッド、値の存在確認のためのhas()メソッドなどを用いてデータを取り扱います。任意のデータをセットできます。

■ JavaScript

```javascript
// セットの初期化
const userIdList = new Set();

// マップに値を設定する
userIdList.add(20);
userIdList.add(50);
userIdList.add(120);
```

```
// または次のように記述可能
// userIdList.add(20)
//          .add(50)
//          .add(120);

// セットの存在をチェック
console.log(userIdList.has(50)); // true
```

[値1, 値2]という形で初期値を指定できます。

■ JavaScript

```
const userIdList = new Set([20, 50, 120]);
```

各値の抽出には、values()メソッドを用います。いずれもIteratorオブジェクトが返るので、for ofなどで処理します。

■ JavaScript

```
const memberSet = new Set(['鈴木', '田中', '高橋']);

const valueList = memberSet.values();

// '鈴木', '田中', '高橋'が順番に出力
for (const value of valueList) {
  console.log(value);
}
```

各値について処理をするにはforEach()メソッドも使えます。

278

重複しない値のコレクションのための「Set」を使いたい

■ JavaScript

```javascript
const userIdList = new Set([20, 50, 120]);

// 'IDは20です', 'IDは50です', ...と出力される
userIdList.forEach((value) => {
  console.log(`IDは${value}です`);
});
```

同一の値をセットした場合、その値は無視されます。

■ JavaScript

```javascript
const userIdList = new Set([20, 50, 120]);

// 120をセット
userIdList.add(120);

// スプレッド演算子で配列に変換
const userIdArray = [...userIdList];

// [20, 50, 120]
// 「120」は一つしか追加されていない
console.log(userIdArray);
```

sizeプロパティーにより、ペア数が取得できます。

■ JavaScript

```javascript
const userIdList = new Set([20, 50, 120]);

// サイズの取得
console.log(userIdList.size); // 結果: 3
```

INDEX

記号

'	76
"	94
-	29
!	63
!=	39
!==	39
"	76
#	229
${ }	97, 101
%	29
%=	40
*	29, 582
**	29
**=	40
*=	40
.	160
...	47, 152, 163
.js	21
/	29
/* */	37
//	37
/=	40
[ ]	118, 160
_blank	336
`	76
``	97, 101
{ }	41, 160, 552
+	29, 97, 101
+=	40
<	39
<=	39
=	40
-=	40
==	39, 185
===	39, 55, 185
=>	44
>	39
>=	39

A

abort()	505
add()	596
addEventListener()	244, 245
addListener	280
after()	312
afterbegin	314
afterend	314
alert()	19, 214
altKey	272
animate()	394
animationend	392
animationiteration	392
animationstart	392
appendChild()	308
application/json方式	496
application/x-www-form-urlencoded方式	499
Array.from()	154
ArrayLikeオブジェクト	152
async	477, 572
audio要素	420
autoplay	427
await	477, 479

B

Base64	417
before()	312
beforebegin	314
beforeend	314
blob()	494
Blobオブジェクト	461
blur	236
bodyタグ	20
boolean	177
Boolean	174, 177
Boolean()	184
Boolean型	62
break	54
brightness()	402

C

canvas.getContext()	445
canvas.toDataURL()	457, 459
canvas要素	222, 445
capture	247
case	52
catch()	473
change	350, 354, 358, 368, 372, 376, 380
charAt()	85
checked	356
children	307
class	555, 565
classList.add()	338

classList.contains()	338
classList.remove()	338
classList.toggle()	340
clear()	592, 596
clearInterval()	469
clearTimeout()	466
click	252
clientX	268
clientY	268
cloneNode()	323
code	272
concat()	129
confirm()	216
console.dir()	539
console.error()	538
console.info()	538
console.log()	23, 538
console.table()	539
console.warn()	538
const	33
constructor()	555
context.drawImage()	449
context.fillRect()	445, 447
context.getImageData()	451
context.putImageData()	455
context.strokeRect()	447
continue	59
controls	420, 427
Cookie	523
crypto.getRandomValues()	70
CSS Animations	388
CSS Transitions	388
ctrlKey	272
currentTime	423

D

DataURL	364, 457, 459
Date.now()	204
Date.parse()	199
Dateインスタンス	200
Dateオブジェクト	190, 202, 208
decodeURI()	116
decodeURIComponent()	116
default	52
defer	251, 572
delete()	592, 596
devicemotion	533
deviceorientation	531
Dictionary	593
dispatchEvent()	284
Document Object Model	296
document.body	304
document.cookie	523
document.createElement()	320
document.createElementNS()	437
document.documentElement	304
document.exitFullscreen()	238
document.getElementById()	300
document.getElementsByClassName()	303
document.head	304
document.querySelector()	298
document.querySelectorAll()	301
document.title	234
document.visibilityState	274
DOM	296
DOMContentLoaded	249, 415
done	580
drag	289
dragend	289
dragenter	289
dragleave	289
dragover	289
dragstart	289
drop	289
duration	423

E

ECMAScript	18
element.requestFullscreen()	238
Elementオブジェクト	297, 331
else	49
else if	49
encodeURI()	113
encodeURIComponent()	113
endsWith()	83
entries()	592
Errorオブジェクト	542, 549
ESモジュール	574
event.acceleration.x	531
event.acceleration.y	531
event.acceleration.z	531
event.alpha	531
event.beta	531
event.changedTouches	268
event.clientX	259
event.clientY	259

event.dataTransfer.files	289
event.gamma	531
event.loaded	502
event.offsetX	259
event.offsetY	259
event.pageX	259
event.pageY	259
event.preventDefault()	385
event.screenX	259
event.screenY	259
event.total	502
export	574, 576

F

false	38, 62
fetch()	488, 490, 492, 494, 496
FileReaderオブジェクト	362
files	360
filter	402, 404
filter()	146
finally { }	547
find()	132
findIndex()	132
firstElementChild	307
focus	236
for	56, 125
for of	124
forEach()	121, 144, 592, 596
function	41, 177, 582

G

get	566
get()	592
getAttribute()	335
getComputedStyle()	345
getDate()	191
getDay()	195
getFullYear()	190
getHours()	193
getMilliseconds()	193
getMinutes()	193
getMonth()	191
getSeconds()	193
getter	566
getTime()	200
getUserMedia()	431
GET方式	496
GIF	434

Google Chrome	26
grayscale()	404

H

has()	592, 596
hasAttribute()	335
hasChild()	312
hashchange	229
hasOwnProperty()	165
headタグ	20, 572
history.back()	227
history.forward()	227
history.go()	227
HTML Canvas	406
HTMLドキュメント	249
HTML要素	296, 408

I

ID名	300
if	49
ImageDateオブジェクト	451
Imageオブジェクト	418, 449
img要素	412, 415, 418
import	574, 577
includes()	83, 131
indexOf()	80, 131
Infinity	65
innerHTML	331
input	350, 354, 376
insertAdjacentHTML()	314
insertBefore()	310
instanceof	179
isComposing	272
iterator	580

J・K

JavaScript	18, 572, 579
join()	130
JPEG	434, 459
JSON	482
JSON.parse()	484
JSON.stringify()	485, 486, 487
key	272
KeyboardEventオブジェクト	272
keydown	270, 272
keypress	270
keys()	592
keyup	270, 272

L

lastElementChild	307
lastIndexOf()	80, 131
length	77, 120
let	30
liタグ	85
load	249
loadAndPlay()	425
localeCompare()	143
localStorage.clear()	521
localStorage.getItem()	518
localStorage.removeItem()	521
localStorage.setItem()	518
localStorageオブジェクト	518
location.hash	228
location.href	225
location.reload()	226
loop	420, 427

M

maches	280
Map	592
map()	144
Mapオブジェクト	592
matchMedia()	280
Math.abs()	71
Math.acos()	73
Math.asin()	73
Math.atan()	73
Math.atan2()	73
Math.ceil()	66
Math.cos()	73
Math.E	71
Math.exp()	71
Math.floor()	66
Math.log()	71
Math.PI	73
Math.pow()	71
Math.random()	68
Math.round()	66
Math.sign()	71
Math.sin()	73
Math.sqrt()	71
Math.tan()	73
Math.trunc()	66
Mathオブジェクト	71
message	542

metaKey	272
Microsoft Edge	25
module	575, 579
mousedown	253
mouseenter	255
MouseEventオブジェクト	259
mouseleave	255
mousemove	253
mouseout	257
mouseover	257
mouseup	253
Mozilla Firefox	28
multipart/form-data方式	498
muted	424

N

NaN	65
navigator.geolocation.getCurrentPosition()	528
navigator.maxTouchPoints	224
navigator.onLine	241
navigator.pointerEnabled	224
navigator.serviceWorker.register()	510
navigator.vibrate()	535
new	557
new Array()	119
new Blob()	461
new Error()	542
new Event()	284
new Image()	418
new Map()	592
new Notification()	513
new Promise()	471
new Set()	596
new Worker()	507
new XMLHttpRequest()	500
next()	580
nextElementSibling	307
Nodeオブジェクト	296
Notification.permission	513
Notification.requestPermission()	513
null	165, 187
Null	174, 177, 187
number	177
Number	174, 177
Number()	184
Number.MAX_SAFE_INTEGER	65
Number.MAX_VALUE	65
Number.MIN_SAFE_INTEGER	65

Number.MIN_VALUE	65
Number.NEGATIVE_INFINITY	65
Number.POSITIVE_INFINITY	65
Number型	64

O

object	177
Object	175, 177, 589
Object.assign()	162
Object.entries()	167
Object.freeze()	170
Object.isFrozen()	170
Object.keys()	167
Object.preventExtensions()	171
Object.seal()	171
Object.values()	167
offline	241
offsetX	268
offsetY	268
once	247
online	241
onload	413
onmessage	507
opacity	400
open()	500
outerHTML	334

P

padEnd()	110
padStart()	110
pageX	268
pageY	268
parentNode	307
parseFloat()	184
parseInt()	184
passive	247
pause()	422, 429
play()	422, 429
playsinline	427
PNG	434, 460
pop()	127
position.coords.accuracy	528
position.coords.latitude	528
position.coords.longitude	528
postMessage()	507
POST方式	496
preload	420, 427
preventDefault()	286

previousElementSibling	307
progress	502
Promise	479
Promise.all()	475
Promiseオブジェクト	471
prompt()	218
property	158
prototype	588
push()	126

R

RangeError	549
readAsDataURL()	364
readAsText()	362
reduce()	150
reduceRight()	150
ReferenceError	549
rel="noopener"	336
remove()	318
removeChild()	316
removeEventListener()	248
repeat	272
replace()	91
replaceChild()	325
replaceWith()	327
requestAnimationFrame()	406, 408
resize	219, 277
return	41
reverse()	136
RGBA	451, 453

S

Safari	27
scale()	396
screenX	268
screenY	268
scriptタグ	19, 251, 572
scroll	262
scrollTo()	233
search()	80
selectstart	263
send()	500
set	566
set()	592
setAttribute()	335, 439
setDate()	201
setFullYear()	201
setHours()	201

setInterval()	206, 467, 469
setMilliseconds()	201
setMinutes()	201
setMonth()	201
setSeconds()	201
setter	566
setTimeout()	464, 466
Setオブジェクト	596
shift()	127
shiftKey	272
size	592, 596
slice()	88
sort()	137, 142, 143
splice()	128
split()	94
src	412, 420, 427
startsWith()	83
statement	20
static	564
string	177
String	174, 177
String()	184
String型	76
style	343
submit	385
substr()	90
substring()	88
SVG	434
switch	52
symbol	177
Symbol	174, 177, 588
Symbol()	586
Symbol.iterator	580
SyntaxError	549

T

test()	105
textContent	329
then()	471, 488
this	558, 568
throw	543
toFixed()	107
toLocaleDateString()	197
toLocaleTimeString()	197
toLowerCase()	99
toPrecision()	107
touchend	266
touchmove	266

touchstart	266
Touchオブジェクト	268
toUpperCase()	99
transform	396, 398
transitionend	390
translate()	398
trim()	79
true	38, 62
try catch	545
TypeError	549
typeof	177

U・V

undefined	32, 165, 177, 186
Undefined	174, 177, 186
Unicode	142
unshift()	126
URI	113, 116
URIError	549
URL	225
use strict	170
value	348, 352, 370, 374, 378, 580
values()	592, 596
var	554
video要素	427
visibilitychange	274
volume	424

W

Web Animations API	394
Web Audio API	425
Web Worker	507
WebGL	406
WebP	460
while	58
window.devicePixelRatio	221
window.innerHeight	219
window.innerWidth	219
window.ontouchstart	224
window.open()	231
window.scrollX	232
window.scrollY	232
windowオブジェクト	215, 219

X・Y

XML	434, 492
XMLHttpRequestオブジェクト	505
yield	582

あ行

アークコサイン	73
アークサイン	73
アークタンジェント	73
値	30, 158, 482
値渡し	181
アニメーション	388, 441
余り	29
アラート	19, 214
アロー関数	44, 246, 568
アンカー	228
暗黙の型変換	185
位置情報	528
イテレータ	580, 582
緯度	528
イベント	244
イベントターゲット	244
イベントリスナー	244
イミュータブル	176
入れ子	60
インスタンス	179
インスタンス化	557
インデックス	80, 119
インデント	486
インポート	577
ウインドウサイズ	219, 277
ウェブカメラ	431
影響範囲	552
エクスポート	576
エスケープ	113
エラー	538, 541
エラーを投げる	542, 543
エンコード	113
演算子	29
円周率	73
大文字	99, 143
オブジェクト	158, 165, 175, 588
オブジェクト型	174, 176, 181
オブジェクトの構造	539
親要素	307, 308
音声	420

か行

改行	76, 486
回転	74, 531
外部ファイル	22
カウント	77
カウントダウン	108, 206
角度	73
確認ダイアログ	216
加算	29, 31
画像	293, 412
加速度	531
型	174
型変換	184
傾き	531
可変性	176
空文字	94
関数	41, 44, 177, 464, 467
慣性	533
偽	38, 62
キー	158, 482
キーボード	270
擬似乱数	68
基本型	174
キャッシュ機能	510
キャメルケース	343
切り上げ	66
切り捨て	66
句	54
空白	79
クラス	338, 340, 555
クラスフィールド	558
クラス変数	558
クラス名	303
クラスメソッド	562
繰り返し	121
クリック	252
グローバルスコープ	553
経過時間	204
警告	538
警告ダイアログ	214
継承	297, 565
経度	528
桁数	107
結合	31, 34, 129
ケバブケース	343
厳格モード	170
検索	80, 103, 131
減算	29
誤差	65, 528
コサイン	73
コメント	37
小文字	99, 143
子要素	307, 316

コンソールパネル	23, 538
コンテキスト	445
コントロールバー	420, 427

さ行

サービスワーカー	510
再生	422, 429
再代入	31, 34
彩度	404
再読み込み	226
サイン	73
座標	259, 398
サロゲートペア	78
三角関数	73
参照渡し	181
残余引数	47
シークレットウインドウ	520
ジェネレータ	582
時間	193
時刻	197
四捨五入	66
辞書	593
指数関数	71
自然対数	71
四則演算	29
自動再生	427
シャッフル	156
シャローコピー	164
条件	49
乗算	29
小数	64
小数点	107
情報	538
初期値	32, 35, 46
除算	29
処理	49
真	38, 62
真偽値	62, 174
真偽値型	62, 184
シングルクオート	76
シンボル	174, 586
数値	64, 174
数値型	184
スキップ	59
スクロール	232, 262
スコープ	552
スタイル	343, 345
スタティックメソッド	564
スプレッド構文	152, 163
正規表現	82, 91, 94, 103, 105
整数	64, 66, 184
静的メソッド	564
西暦	190, 201
セッションストレージ	520
絶対値	71
絶対パス	22
セレクター	298
セレクター名	301
宣言	41
相対パス	22
ソート	137, 139

た行

代入	31
代入演算子	40, 97
タイムスタンプ	199, 200
ダウンロード	443, 461
タッチ	224, 266
タップ	252
タブ	274
ダブルクオート	76
タンジェント	73
置換	91, 103
直列処理	477
月	191, 201
定数	30, 33, 552
ディスプレイ	221
データ型	174
データ送信	496
テキスト	362, 488, 500
デコード	116
デフォルト引数	46
テンプレート文字列	97, 101
動画	427
動的型付け	185
透明度	400
時	201
独自メソッド	586, 588
ドラッグ	289
トリミング	79

な行

並び順	136
入力フォーム	349
ネイピア数	71
ネスト	60

年号	190
ノード	296

は行

バイナリ	494
バイブレーション	535
配列	118
パターン	103
バッククオート	76
バックスラッシュ	76
ハッシュ	229
バブリング	257
反復	56, 580
日	191, 201
比較演算子	38
比較関数	137
引数	41, 47
日付	191, 197
非同期処理	471, 473
秒	193, 201
ビルトインオブジェクト	586, 588, 589
ファイル情報	289
ファイル選択フォーム	360
フィッシャーイェーツ	156
フォームの送信	385
複合型	174
複合代入演算子	40
符号	71
復帰	76
プッシュ通知	510, 513
浮動小数点	68, 184
不変性	176
プライベートブラウジング	520
ブラウザー	23, 214
プリミティブ型	174, 176, 181
プリロード	420, 427
フルスクリーン	238
プルダウン	382
ブロック	41, 552
ブロックスコープ	552
プロトタイプ汚染	591
プロパティー	158
分	193, 201
分割代入	155, 168
平方根	71
並列処理	475
ページ遷移	225
ページ内リンク	228

ページのタイトル	234
べき乗	29, 71
別ファイル	21
変更不可能	170
変数	30, 552
ポインティングデバイス	255, 257
方角	532
ボリューム	424

ま行

マウス	253, 255, 257, 440
ミュータブル	176
ミュート	424
ミリ秒	193, 201
明示的な型変換	184
明度	402
メディアクエリ	280
メンバー	556
メンバー関数	562
メンバー変数	558
モーダルウインドウ	320
文字数	77
文字列	76, 174
文字列型	184
戻り値	42
モノクロ	404

や・ら行

要素	120, 307
曜日	195
読み込み	413, 572, 579
ラジアン	74
ラスター画像	434
ランダム	68
リサイズ	277
履歴	227
リロード	226
リンク	225
ルートパス	22
ルート要素	304
ループ	121, 167, 420, 427
例外	541
連想配列	525, 593
ローカルストレージ	518
ログ	538
論理否定演算子	63

著者紹介

池田 泰延(いけだ やすのぶ)

株式会社ICS代表。テクニカルディレクター・UIデザイナーとしてHTML・JavaScriptを用いたプロモーションサイトの制作や、アプリ開発を主に手がける。Webのインタラクティブ表現に関する最新技術を研究し、セミナー・勉強会で積極的に情報共有に取り組んでいる。筑波大学非常勤講師も務める。
Twitter : clockmaker

鹿野 壮(かの たけし)

株式会社ICSインタラクションデザイナー。九州大学音響設計学科でメディアアートを学ぶ。現在はモバイルアプリ開発やWebページ制作を専門としつつ、セミナー登壇や技術記事執筆(ICS MEDIA、Qiitaなど)で情報を発信している。JavaScriptやTypeScriptを好み、最新機能を常にキャッチアップしている。
Twitter : tonkotsuboy_com

アートディレクション	山川香愛(山川図案室)
カバー写真	川上尚見
スタイリスト	浜田恵子
デザイン	加納啓善(山川図案室)
レイアウト	BUCH+

JavaScript(ジャバスクリプト)
コードレシピ集(しゅう)

2019年 2月 8日 初版 第1刷発行
2024年 6月 6日 初版 第6刷発行

著　者　　池田 泰延・鹿野 壮
発行者　　片岡 巌
発行所　　株式会社技術評論社
　　　　　東京都新宿区市谷左内町21-13
　　　　　電話 03-3513-6150　販売促進部
　　　　　　　 03-3513-6166　書籍編集部
印刷／製本　日経印刷株式会社

定価はカバーに表示してあります
本書の一部または全部を著作権法の定める範囲を超え、無断で複写、複製、転載、テープ化、ファイルに落とすことを禁じます。
©2019　株式会社ICS

造本には細心の注意を払っておりますが、万一、乱丁(ページの乱れ)や落丁(ページの抜け)がございましたら、小社販売促進部までお送りください。送料小社負担にてお取り替えいたします。

ISBN 978-4-297-10368-2　C3055
Printed in Japan

お問い合わせに関しまして

本書に関するご質問については、本書に記載されている内容に関するもののみとさせていただきます。本書の内容を超えるものや、本書の内容と関係のないご質問につきましては、一切お答えできませんので、あらかじめご了承ください。また、電話でのご質問は受け付けておりませんので、ウェブの質問フォームにてお送りください。FAXまたは書面でも受け付けております。
本書に掲載されている内容に関して、各種の変更などのカスタマイズは必ずご自身で行ってください。弊社および著者は、カスタマイズに関する作業は一切代行いたしません。
ご質問の際に記載いただいた個人情報は、質問の返答以外の目的には使用いたしません。また、質問の返答後は速やかに削除させていただきます。

質問フォームのURL

https://gihyo.jp/book/2019/978-4-297-10368-2
※本書内容の訂正・補足についても上記URLにて行います。あわせてご活用ください。

FAXまたは書面の宛先

〒162-0846
東京都新宿区市谷左内町21-13
株式会社技術評論社　書籍編集部
「JavaScriptコードレシピ集」係
FAX：03-3513-6183